Praxishandbuch Mieterstrom

Iris Behr · Marc Großklos
Hrsg.

Praxishandbuch Mieterstrom

Fakten, Argumente und Strategien

Springer Vieweg

Herausgeber
Iris Behr
Institut Wohnen und Umwelt GmbH
Darmstadt
Deutschland

Marc Großklos
Institut Wohnen und Umwelt GmbH
Darmstadt
Deutschland

ISBN 978-3-658-17539-9 ISBN 978-3-658-17540-5 (eBook)
DOI 10.1007/978-3-658-17540-5

Die Deutsche Nationalbibliothek verzeichnet diese Publikation in der Deutschen Nationalbibliografie; detaillierte bibliografische Daten sind im Internet über http://dnb.d-nb.de abrufbar.

Springer Vieweg

Gedruckt auf säurefreiem und chlorfrei gebleichtem Papier

Springer Vieweg ist Teil von Springer Nature
Die eingetragene Gesellschaft ist Springer Fachmedien Wiesbaden GmbH
Die Anschrift der Gesellschaft ist: Abraham-Lincoln-Str. 46, 65189 Wiesbaden, Germany

Über die Autoren und Autorinnen

Iris Behr

Ist als wissenschaftliche Mitarbeiterin im IWU unter anderem mit den Arbeitsschwerpunkten „Kommunale Wohnungspolitik und -wirtschaft in Deutschland und im EU-Ausland“ und „Nachhaltige Quartiersentwicklung“ mit Blick auf Energieeffizienz und Freiraumnutzung, Mobilität und soziale Orientierung (Konversionsflächenentwicklung) sowie „Klimaschutz-und Klimaanpassung“ befasst. Lehraufträge an deutschen und englischen Universitäten haben das Tätigkeitsspektrum durch mehrjährige Auslandsaufenthalte in England und Frankreich erweitert. Sie ist Mitglied in der Deutschen Akademie für Städtebau und Landesplanung sowie Vorsitzende der Kommission Nachhaltiges Bauen am Umweltbundesamt (KNBau).

Als langjährige Stadtverordnete für BÜNDNIS 90/Die Grünen engagiert sie sich als Aufsichtsratsmitglied und Prüfungsausschussvorsitzende im kommunalen Wohnungsunternehmen. Seit 2011 ist sie ehrenamtliche Stadträtin in der Wissenschaftsstadt Darmstadt.

Kapitel 1: Mieterstrom - ein Beitrag zur Energiewende
Kapitel 4: Unternehmenssteuerrechtliche und mietrechtliche Rahmenbedingungen für die Erzeugung und den Verkauf von Mieterstrom
Kapitel 5: Erfolg durch Kooperation der Akteure
Kapitel 6: Mieterstrom - Chancen und Risiken für die Wohnungswirtschaft

Severin Beucker

Geb. 1971, Studium der Umwelttechnik in Berlin, Promotion in den Ingenieurwissenschaften an der Universität Stuttgart. Sein Schwerpunkt liegt auf der Erforschung von Innovationsprozessen sowie Geschäftsmodellen im Energie- und Gebäudesektor. 1999–2006 Fraunhofer Institut für Arbeitswirtschaft und Organisation sowie Institut für Arbeitswissenschaft und Technologiemanagement der Universität Stuttgart. Seit 2006 Gründer und Mitglied der Geschäftsführung des Borderstep Instituts für Innovation und Nachhaltigkeit. Seit 2010 Lehre an der Carl von Ossietzky Universität Oldenburg, Mitglied in internationalen Organisationen, u. a. in einer UNEP Working Group des International Resource Panels.

Kapitel 7: Messkonzepte für Mieterstrom
Kapitel 15: Weiterentwicklung von Mieterstrommodellen mit Hilfe von Smart Building Technik

Lena Cielejewski
Geboren 1988 in Münster, Studium an der Universität Duisburg-Essen, University of Portsmouth (England), Rutgers University (USA) und Universität Kassel. Mitgründerin und Geschäftsführerin von prosumergy, einem Mieterstrom-Anbieter.

Kapitel 14: Mieterstrom für Wohnungseigentümergemeinschaften

Thomas Dittmann
Geb.1966 seit 04.2012 Technischer Meister der WBG Zentrum eG

Kapitel 15: Weiterentwicklung von Mieterstrommodellen mit Hilfe von Smart Building Technik

Milena Frank
Nach einem abgeschlossenen Bachelorstudium der Umweltingenieurwissenschaften an der TU Darmstadt studiert sie seit 2015 den Masterstudiengang Energy Science and Engineering, ebenfalls an der TU Darmstadt. Schwerpunkte des Studiums sind energieeffizientes Bauen und regenerative Energien. Seit 2013 ist sie als studentische Hilfskraft im Institut Wohnen und Umwelt in Darmstadt im Bereich Energie beschäftigt.

Kapitel 8: Rolle der Stromerzeugung bei der Gebäudebilanzierung

Michael Geißler
Studium der Verfahrens- und Umwelttechnik und weiteres Studium zum Wirtschaftsingenieur. Zunächst Projektmanager bei der BEWAG AG, als Berliner Energieversorger Vorgänger der heutigen Vattenfall. 1994 Eintritt bei der Berliner Energieagentur GmbH, seit 1997 alleiniger Geschäftsführer.

Ehrenamtlicher Generalsekretär der FEDARENE, des europäischen Netzwerkes der regionalen Energie- und Klimaschutzagenturen, Vorstandsvorsitzender des Bundesverbandes der Energie- und Klimaschutzagenturen Deutschlands (eaD) e.V., Mitglied des Beirates der Investitionsbank Berlin und Mitglied des Präsidiums der Industrie- und Handelskammer Berlin.

Kapitel 11: Vom Modell zur Marke – Erfahrungen der Berliner Energieagentur aus 20 Jahren Mieterstromversorgung

Marc Großklos
Wissenschaftlicher Mitarbeiter des Institut Wohnen und Umwelt in Darmstadt. Studium der Energie- und Umweltschutztechnik an der FH Aachen, Abt. Jülich. Nach einer Tätigkeit in einem Consultingbüro für Energieeffizienz arbeitet er seit 1996 im IWU.

Schwerpunkte liegen bei der Energieeinsparung in Gebäuden (Neu- und Altbau), energieeffiziente Wärme- und Stromversorgung, regenerative Energien, Modellierung von Energiesystemen und messtechnische Evaluationen von Energiesparkonzepten. Leitung eines Forschungsprojektes zur Stromerzeugung in der Wohnungswirtschaft und Mieterstrom.

Kapitel 1: Mieterstrom - ein Beitrag zur Energiewende
Kapitel 8: Rolle der Stromerzeugung bei der Gebäudebilanzierung
Kapitel 9: Erzeugungs- und Verbrauchsprofile für die Planung von Mieterstrom
Kapitel 13: STÄWOG Bremerhaven – 10 Jahre Erfahrung mit Mieterstrom

Volker Gustedt
Zeitungsvolontariat und Redakteurstätigkeiten bei der „Goslarschen Zeitung". Anschließend Studium der Kommunikationswissenschaften, Politik, Recht und Soziologie an der LMU München. Langjährige journalistische Tätigkeiten für verschiedene Medien. Seit 2009 Pressesprecher der Berliner Energieagentur GmbH und Inhaber von attento!pr in Potsdam.

Kapitel 11: Vom Modell zur Marke – Erfahrungen der Berliner Energieagentur aus 20 Jahren Mieterstromversorgung

Simon Hinterholzer
Geb. 1988, Studium „Regenerative Energien" an der Hochschule für Technik und Wirtschaft Berlin
2012–2014 Studentischer Mitarbeiter am Reiner Lemoine Institut Berlin
2014 Studentischer Mitarbeiter am Borderstep Institut für Innovation und Nachhaltigkeit im Projekt ProSHAPE (gegenwärtig Masterarbeit zu intelligenten Stadtquartieren)

Kapitel 7: Messkonzepte für Mieterstrom

Axel Kluck
geboren 1963 in Bremerhaven. Fachwirt der Grundstücks- und Wohnungswirtschaft (Immobilienfachwirt). Prokurist der Städtischen Wohnungsgesellschaft Bremerhaven mbH und der STÄWOG Service GmbH.

Kapitel 13: STÄWOG Bremerhaven – 10 Jahre Erfahrung mit Mieterstrom

Jannes Kreis
Seit 2016 in der Stabsstelle Geschäftsfeldentwicklung Energiedienstleistungen bei der Entega AG tätig. Schwerpunkt seiner Tätigkeit ist die Weiterentwicklung der Wärmestrategie und die Optimierung des Produktlösungsportfolios mit Fokus auf die Wohnungswirtschaft. Als Wirtschaftsingenieur spezialisierte sich Herr Kreis u. a. durch seine Tätigkeit beim Fraunhofer-Institut für Windenergie und Energiesystemtechnik (IWES) im Bereich

Erneuerbare Energien und Energieeffizienz. Branchenübergreifende Expertise für Prozessoptimierungen erlangte er durch Einsätze bei der Audi AG, der Lufthansa Technik AG und der Limón GmbH. Als Referent für Dezentrale Erzeugung standen 2013 bis 2015 bei der Trianel GmbH die Entwicklung und Implementierung innovativer energiewirtschaftlicher Geschäftsmodelle (T-PED) und die Leitung des Stadtwerke-Netzwerks Dezentrale Erzeugung im Fokus.

Kapitel 12: Energiewende in der Region aktiv gestalten

Uwe Leprich
Uwe Leprich ist promovierter Volkswirt und Professor für Volkswirtschaftslehre/-politik an der Hochschule für Technik und Wirtschaft des Saarlandes. Zum 1. April 2016 wurde er für zwei Jahre an das Umweltbundesamt abgeordnet, wo er die Abteilung „Klimaschutz und Energie“ leitet. Er war u. a. Sachverständiges Mitglied der Enquete-Kommission des 14. Deutschen Bundestages „Nachhaltige Energieversorgung“ und ist seit 2011 vom Europäischen Parlament bestelltes stellvertretendes Mitglied des Administrative Board der Agency for the Cooperation of Energy Regulators (ACER). Von 2008 bis 2016 war er in der wissenschaftlichen Leitung des Instituts für ZukunftsEnergieSysteme (IZES) tätig, einem An-Institut an der Hochschule, das er 1999 mit gegründet hat. Seine Spezialgebiete umfassen Liberalisierungsanforderungen der Energiemärkte, Instrumente nationaler und internationaler Energie- und Klimaschutzpolitik sowie Dienstleistungsansätze für Akteure in liberalisierten Energiemärkten. Er ist Autor zahlreicher Fachartikel zu diesen Themen.

Kapitel 2: Zur Rolle des Mieterstroms in Energiesystemen der Zukunft

Sieghard Lückehe
Geb. 1964 in Mannheim, Studium an der Universität Kassel, Fachbereich Architektur, Architekt (Architektenkammer Bremen) und Wohnungs- und Immobilienfachwirt (EBZ/IHK). Seit 1996 Architekt bei der Städtischen Wohnungsgesellschaft Bremerhaven mbH, seit 2013 alleiniger Geschäftsführer. Mitglied in der AG Kommunaler Wohnungsunternehmen und Mitglied im VDW-Verbandsrat Niedersachsen-Bremen, stellv. Vorsitzender der AG Wohnen Bremen.

Kapitel 13: STÄWOG Bremerhaven – 10 Jahre Erfahrung mit Mieterstrom

Horst Meixner
Geb. 1949; Studium der Wirtschaftswissenschaften in Gießen mit Abschluss als Diplom-Ökonom.

1974 bis 1979 wissenschaftlicher Mitarbeiter an der Universität Essen – GHS.

Promotion zum Dr. rer. pol. am Fachbereich Wirtschaftswissenschaften der Justus Liebig Universität in Gießen mit einer Arbeit über „Technische Entwicklung und natürliche Reproduktionsgrundlagen“ in 1979/1980.

1980 bis 1984 Wissenschaftlicher Angestellter und Hochschulassistent an der J.W. Goethe Universität in Frankfurt am Fachbereich Wirtschaftswissenschaften.
1984 bis 1989 Leiter des Referats „Förderung von Energieanlagen" bei der Hessischen Landesregierung.
1990 bis 1991 Aufbau und Leitung eines bei der Stadt Frankfurt am Main neu eingerichteten Energiereferats.
1991 bis 2015 Geschäftsführer der Energieagentur „hessenENERGIE Gesellschaft für rationelle Energienutzung mbH".
Derzeit: Geschäftsführer von Beteiligungsgesellschaften im Windenergiebereich und Vorsitzender des Beirats Grundsatz AG im Bundesverband Kraft-Wärme-Kopplung.

Kapitel 3: Energiepolitische Rahmenbedingungen für Mieterstrom aus Blockheizkraftwerken und Photovoltaik

Daniel Netter
Geboren 1988 in Eichstätt. Studium an der Hochschule Weihenstephan-Triesdorf (B.Eng.) und Universität Kassel (M.Sc.). Mitgründer und Geschäftsführer von prosumergy, einem Mieterstrom-Anbieter.

Kapitel 14: Mieterstrom für Wohnungseigentümergemeinschaften

Christopher Neumann
Geboren 1986 in Düsseldorf. Studium an der Universität Duisburg-Essen (B.A.), NTNU in Trondheim (Norwegen) und Universität Kassel (M.A.). Mitgründer und Geschäftsführer von prosumergy, einem Mieterstrom-Anbieter.

Kapitel 14: Mieterstrom für Wohnungseigentümergemeinschaften

Werner Neumann
Geb. 1953, promovierter Physiker, Promotion an der J. W. Goethe Universität Frankfurt am Main 1986.
1990–2013 Mitarbeiter, ab 1992 dessen Leiter, des Energiereferats der Stadt Frankfurt am Main, Entwicklung und Umsetzung der Energiekonzeption für Frankfurt am Main.
Seit 2004 Sprecher des Arbeitskreises Energie des Bund für Umwelt und Naturschutz Deutschland e.V. im Wissenschaftlichen Beirat des BUND. Mitautor der energiepolitischen Positionen des BUND. Mitglied im Landesvorstand des BUND Hessen.
Spezialgebiete: Stromeinsparung, Mitentwicklung des „Stromspar-Checks" für Haushalte mit geringem Einkommen, Ausbau der Kraft-Wärme-Kopplung, Integrative Ansätze der Kombination von Energieeffizienz und erneuerbaren Energien im Rahmen der Stadtentwicklungsplanung.

Kapitel 2: Zur Rolle des Mieterstroms in Energiesystemen der Zukunft

Daniel Paschka
Studium des Wirtschaftsingenieurwesens an der TU Dresden. Nach einer Tätigkeit mit dem Schwerpunkt Contracting bei der Deutschen Energie-Agentur GmbH (dena) ist er seit 2011 Mitarbeiter im Finanz- und Rechnungswesen der HessenEnergie Gesellschaft für rationelle Energienutzung mbH. Im Fokus seiner Arbeit stehen Bewertungen von Investitionen in erneuerbare Energien, die kaufmännische Betriebsführung von Blockheizkraftwerken sowie die Bearbeitung von Vertragsmodellen zur Bereitstellung von Energiedienstleistungen.

Kapitel 10: Wirtschaftlichkeit von Mieterstromprojekten

Gabriele Purper
Studium der Volkswirtschaftslehre an der Universität Mannheim und Aufbaustudium der Regionalwissenschaften/Regionalplanung an der Technischen Universität Karlsruhe. Nach einer vierjährigen Forschungstätigkeit beim Battelle-Institut arbeitete sie seit 1981 bis 2010 als Referatsleiterin bei der Hessischen Landesregierung hauptsächlich in den Bereichen Energieeffizienz und neue Technologien. Seit 2010 ehrenamtliche Tätigkeit für den Bund Umwelt- und Naturschutz Deutschland (BUND) und den Bundesverband Kraft-Wärme-Kopplung (b.kwk) in den Bereichen Energieeffizienz und Kraft-Wärme-Kopplung.

Kapitel 3: Energiepolitische Rahmenbedingungen für Mieterstrom aus Blockheizkraftwerken und Photovoltaik

Dr. Manfred Riedel
Geb. 1941; promovierter Diplomingenieur; 1989 Promotion an der Bauakademie über „Hierarchische Mehrebenensteuerung“
1969–1991 Wissenschaftlicher Abteilungsleiter an der Bauakademie
1991 Gründung und Geschäftsführung der Dr. Riedel Automatisierungstechnik GmbH
1991 – heute Entwicklung des interoperablen Automationssystems RIEcon Smart Building, wofür zahlreiche Preise wegen seiner hohen Energieeffizienz verliehen wurden

Kapitel 15: Weiterentwicklung von Mieterstrommodellen mit Hilfe von Smart Building Technik

Martin Schweinoch
Martin Schweinoch ist seit 1991 Rechtsanwalt mit dem Schwerpunkt IT-Recht und Fachanwalt für IT-Recht in München. Er verfügt über langjährige Erfahrung in der Gestaltung und Umsetzung von Konzepten für den Einsatz und die Nutzung digitaler Technologien. Er ist Leiter des Fachbereichs IT & Digital Business von SKW Schwarz mit rund 30 Anwältinnen und Anwälten. SKW Schwarz wurde durch den Branchendienst JUVE ausgezeichnet als „Kanzlei des Jahres für Informationstechnologie 2011“ und als „Kanzlei des Jahres für Medien und Technologie 2016“. Martin Schweinoch ist im Bitkom e.V. als

führendem Verband der ITK-Branche in Deutschland sowohl Mitglied im Lenkungsausschuss Recht & Steuern als auch langjähriger Vorsitzender des Arbeitskreises ITK-Vertrags- und Rechtsgestaltung.

Kapitel 7: Messkonzepte für Mieterstrom

Sönke Seehaus

Direkt nach dualen Studium der Versorgungs- und Umwelttechnik an der BA Glauchau spezialisierte sich Herr Seehaus 2002 auf das Geschäftsfeld Energiedienstleistungen. Über 10 Jahre war Herr Seehaus in Planung, Projektentwicklung und im Vertrieb kundenspezifischer dezentraler Energielösungen tätig.

Seit 2013 ist er als Produktmanager für die Weiterentwicklung des Energielösungsportfolios bei der Entega AG zuständig. Schwerpunkt seiner Tätigkeit ist die Entwicklung von Geschäftsmodellen und Produkten im Bereich dezentraler Wärme- und Stromlösungen für Privat- und Geschäftskunden sowie Digitalisierung von Vertriebskanälen.

Kapitel 12: Energiewende in der Region aktiv gestalten

Friedrich Sick

Geb. 1961; Verfahrenstechniker (Universität Stuttgart und University of Wisconsin, Madison, USA), Promotion am Fachgebiet Bauphysik & Technischer Ausbau der Universität Karlsruhe.

Seit 2000 Hochschullehrer an der Hochschule für Technik und Wirtschaft Berlin (HTW Berlin), Fachbereich Ingenieurwissenschaften – Energie und Information.

1996–2000 Produktmanager- und Projektleitertätigkeiten in der Wirtschaft.

1988–1996 Wiss. Mitarbeiter am Fraunhofer-Institut für Solare Energiesysteme, Freiburg.

Spezialgebiete: Energetische Gebäudeoptimierung in Neubau und Bestand, Gebäude-Monitoring, Effizienz-Optimierung von Solarsystemen, dynamische Gebäude- und Anlagensimulation.

Co-Herausgeber des Journal of Green Building (ISSN 1943-4618)

Mitglied der Initiatorengruppe und des Gründungspräsidiums der Dt. Gesellschaft für Nachhaltiges Bauen e.V. (DGNB)

Kapitel 12: Weiterentwicklung von Mieterstrommodellen mit Hilfe von Smart Building Technik

Jürgen Tacken

Geb. 1965, promovierter Informatiker, Promotion an der Universität Paderborn 2000.

April 2001 bis Dezember 2014 Projektmanager in der Forschungs- und Entwicklungsabteilung der ORGA Systems GmbH in Paderborn, verantwortlich für die Akquise, Planung, Management und Mitarbeit in nationalen und internationalen Forschungsprojekten in den Bereichen Telekommunikation, Energie und Automotive zu den Themen Mobile Dienste, Abrechnung in Echtzeit, Cloud Computing, Logistik und Industrie 4.0.

Seit Januar 2015 Senior Projektmanager bei der Firma Redknee verantwortlich für die Produktentwicklung im Bereich Vertical Markets unter anderem zu dem Thema dynamische Abrechnung in Echtzeit für Energieversorger.

Kapitel 15: Weiterentwicklung von Mieterstrommodellen mit Hilfe von Smart Building Technik

Ingrid Vogler

Geb. 1961, Diplomphysikerin, Promotion zum Dr.-Ing. an der Universität Kassel, 2014.

Nach dem Physikstudium an der Martin-Luther-Universität Halle-Wittenberg Testfeldingenieurin im Zentrum für Mikroelektronik Dresden.

1991–1997 Projektentwicklung und Projektleitung im Berufsfortbildungswerk des DGB und bei KEBAB gGmbH Berlin in enger Zusammenarbeit mit Wohnungsunternehmen, Themen-felder rationelle Energienutzung, EDV-Einsatz und ökologische Gebäude- und Wohnumfeldsanierung.

1997–2004 wissenschaftliche Mitarbeiterin im IEMB Institut für Erhaltung und Modernisierung von Bauwerken e.V., Projektleitung für Forschungs- und Drittmittelprojekten für Ministerien, Verbände und Unternehmen, u. a. zu den Themen Wärmeschutz, Energieeffizienzsteigerung und Energieverbrauchskennwerte.

Seit 2005 Referentin für Energie, Technik und Normung beim GdW Bundesverband deutscher Wohnungs- und Immobilienunternehmen e.V., fachliche Begleitung von Gesetzgebungsverfahren und der Normungsarbeit aus wohnungswirtschaftlicher Sicht sowie die Erarbeitung von fachlichen Hilfestellungen für die Wohnungswirtschaft.

Spezialgebiete: Energieeffizienz in der Wohnungswirtschaft, Einsatz erneuerbarer Energien, Sektorkopplung, Mieterstrom, Wohnkostenbelastung, Energieverbrauchsbenchmarking

Kapitel 6: Mieterstrom - Chancen und Risiken für die Wohnungswirtschaft

Oliver Zernale

Geb. 1973; Studium der Betriebswirtschaftslehre mit Vertiefung Umweltmanagement und Marketing an der Universität Rostock und Freien Universität Berlin mit Abschluss in 2001. Nach einer Tätigkeit in einem mittelständischen Tunnelbauunternehmen arbeitet er seit 2005 bei der Berliner Energieagentur GmbH. Als Leiter des Geschäftsbereiches Contracting liegen seine Schwerpunkte bei der dezentralen, energieeffizienten Energieerzeugung (Wärme, Strom) in Gebäuden (Neu- und Altbau), im Mieterstrommodell sowie dem Einsatz erneuerbaren Energien. Seit 2016 Sprecher des Arbeitskreises Kraft-Wärme-Kopplung des Bundesverbandes der Klimaschutz- und Energieagenturen (eaD) e.V. sowie Vertreter im Bundesverband Kraft-Wärme-Kopplung e.V. (B.KWK).

Kapitel 7: Messkonzepte für Mieterstrom

Inhaltsverzeichnis

Einführung

Mieterstrom – ein Beitrag zur Energiewende

Iris Behr und Marc Großklos

Was ist Mieterstrom?

Dieses Praxishandbuch beschäftigt sich mit dem Thema Mieterstrom, auch Direkt- oder Vermieterstrom genannt. Mieterstrom bezeichnet die dezentrale Erzeugung und Lieferung elektrischer Energie in direktem räumlichen Zusammenhang.

Mieterstrom wurde erst durch die Liberalisierung im Strommarkt in Deutschland ab 1998 möglich, bei der die Gebietsmonopole der Stromversorgung aufgehoben wurden und Letztverbraucher ihren Stromanbieter frei wählen konnten. In den ersten Jahren nach der Liberalisierung wurden kaum Mieterstromprojekte umgesetzt, da die Volleinspeisung in das Netz der allgemeinen Versorgung für Investoren bzw. Betreiber einer dezentralen Stromerzeugungsanlage wirtschaftlich günstiger war. Mit der Novelle des Kraft-Wärmekopplungs-Gesetzes (KWK-G) wurde 2009 auch eine Vergütung für elektrischen Strom gezahlt, der nicht in das Netz der allgemeinen Versorgung eingespeist, sondern direkt im Gebäude verbraucht wurde. Dies verbesserte die Möglichkeit für Mieterstrom mit Blockheizkraftwerken (BHKW). Ebenfalls im Jahr 2009 wurde im Erneuerbare-Energien-Gesetz (EEG) eine Vergütung für den Eigenverbrauch von erzeugtem Photovoltaikstrom eingeführt, die im Jahr 2012 wieder abgeschafft wurde. Gleichzeitig sank die garantierte Einspeisevergütung für PV-Strom unter die Stromgestehungskosten bei Dachanlagen, so dass eine Einspeisung nicht mehr wirtschaftlich war. Es mussten somit andere Möglichkeiten gefunden werden, um dezentrale Energieerzeugung noch wirtschaftlich betreiben zu können. Ein Ansatz hierzu ist die Vermarktung als Mieterstrom.

I. Behr (✉) · M. Großklos
Institut Wohnen und Umwelt, Darmstadt, Deutschland
e-mail: i.behr@iwu.de; m.grossklos@iwu.de

I. Behr, M. Großklos (Hrsg.), *Praxishandbuch Mieterstrom*,
DOI 10.1007/978-3-658-17540-5_1

Der Begriff Mieterstrom ist bislang in keinem Regelwerk definiert, das sich mit Stromerzeugung und -vertrieb befasst. Basierend auf der Untersuchung in [8] können als wesentliche Elemente des Mieterstroms identifiziert werden:

- Dezentrale Erzeugung von Strom, die entweder regenerativ oder mit hoher Effizienz in Kraft-Wärme-Kopplung erfolgt.
- Die Energieerzeugungsanlage befindet sich in einem Gebäude oder auf dem Gelände der Belieferung.
- Zwischen der Energieerzeugungsanlage und den Kunden besteht ein räumlicher Zusammenhang.
- Der Strom wird ohne die Nutzung der Netze der allgemeinen Versorgung über eine Kundenanlage an die Endverbraucher (Mieter) geliefert.

Diese Eckpunkte für Mieterstrom resultieren aus Regelungen in unterschiedlichen Gesetzen und Verordnungen und werden im Laufe dieses Buches ausführlich erläutert.

Kernpunkte des Mieterstroms sind somit die Erzeugung von Strom (ggf. inklusive Wärme) in der Liegenschaft durch den Vermieter oder einen Kooperationspartner und die anschließende Nutzung durch die Mieter. Nicht im Gebäude genutzter Strom wird in der Regel ins Netz der allgemeinen Versorgung eingespeist. Bisher sind nur einige wenige Pioniere aus der Energie- und Wohnungswirtschaft mit eigenen Mieterstromprojekten aktiv.

Techniken für Mieterstrom

Für die Stromerzeugung in oder an Gebäuden stehen im Wesentlichen zwei Techniken zur Verfügung (siehe Abb. 1):

Abb. 1 Grundpfeiler der Mieterstromversorgung: Photovoltaik und Blockheizkraftwerke

Mit **Photovoltaik**-Anlagen (PV) kann auf dem Dach des Hauses oder auf einem Nebengebäude regenerativer Strom aus dem Sonnenlicht erzeugt werden. Es sind kein Brennstoffe erforderlich, und es treten keine lokalen Schadstoffe oder Treibhausgasemissionen auf. Photovoltaik ist ein wichtiger Baustein für die angestrebte Transformation in Deutschland hin zur Klimaneutralität.

Beim Einsatz der Kraft-Wärme-Kopplung (KWK) wird die Abwärme der Stromerzeugung zur Beheizung von Gebäuden benutzt und damit ein höherer Gesamtnutzungsgrad gegenüber einer getrennten Erzeugung von Strom und Wärme erreicht. In Wohngebäuden werden meist motorische Blockheizkraftwerke (BHKW) eingesetzt. Diese können mit flüssigen oder gasförmigen Brennstoffen betrieben werden. Zwar kann ein BHKW auch mit nachwachsender Biomasse betrieben werden, in der Regel wird aus Kostengründen aber fossiler Brennstoff eingesetzt. Dennoch erfüllen BHKW im zukünftigen Energiesystem eine wichtige Rolle, da sie einerseits die Effizienz der Wärme- und Stromerzeugung insgesamt verbessern, andererseits kommt ihnen in Zukunft eine wichtige Bedeutung beim Ausgleich von Schwankungen der Stromerzeugung aus Sonne und Wind zu. Aus diesem Grund werden KWK-Anlagen bei einer nahezu klimaneutralen Energieversorgung für Gebäude auch in Zukunft ihre Nische finden.

Weitere Techniken, die ebenfalls für Mieterstrom in Frage kommen, wie z. B. Windkraft am Gebäude, stehen entweder nur an wenigen Orten zur Verfügung oder ihr Potenzial ist in der Regel eher gering. Dennoch sollte für die Zukunft Mieterstrom nicht auf Photovoltaik und Kraft-Wärme-Kopplung beschränkt werden.

Argumente für Mieterstrom

Um die Aufmerksamkeit zu verstehen, die Mieterstrom von Teilen der Wohnungs- und Energiewirtschaft, aber auch bei Mieterverbänden und umweltpolitisch Aktiven erhält, ist es wichtig die Vorteile, die sich für unterschiedliche Akteure durch Mieterstrom ergeben können, zu betrachten.

Mieter profitieren durch kostengünstigen Mieterstrom, d. h. Strompreise, die mit örtlichen Anbietern konkurrieren können. Bestimmte Haushaltsgruppen wie Familien, einkommensschwache Haushalte sind besonders auf bezahlbaren Wohnraum mit begrenzten Betriebskosten angewiesen. Diese Haushalte sind eine vorrangige Zielgruppe der Wohnungswirtschaft soweit es sich um sozial orientierte Unternehmen handelt. Daneben kommt der Mieterstrom dem ideellen Interesse an dezentraler, regenerativer und von großen Stromanbietern unabhängige Stromerzeugung entgegen. Mieter können durch den Abschluss eines Liefervertrages für Mieterstrom in begrenztem Umfang auch auf die Ausgestaltung der Energiewende mit vermehrt dezentraler Energieerzeugung Einfluss nehmen. Zusätzlich schafft Mieterstrom die Chance sich mit dem eigenen Stromverbrauch auseinanderzusetzen, besonders wenn zusätzlich Dienstleistungen wie Verbrauchsrückmeldungen oder Anreize zur Steuerung der individuellen Verbrauchs damit verbunden werden.

Jedoch sind Mieter beim Mieterstrom nicht direkt als Stromerzeuger beteiligt, sondern sie treten im Normalfall als Kunden auf. Über die Beteiligung z. B. an einer Energiegenossenschaft [7] o. ä. ist auch eine aktive finanzielle Teilnahme an der Energiewende möglich. Damit werden Mieter Gebäudeeigentümern ungefähr gleichgestellt, die durch die Einspeisevergütung und Eigenverbrauchsregelungen bereits seit einigen Jahren die Energiewende selbst mitgestalten und auch von dieser finanziell profitieren können. Die Kosten der Energiewende werden auf alle Stromverbräuche in Form der EEG-Umlage verteilt, so dass zu wesentlichen Teilen die Mieter diese Kosten tragen. Mieterstrom ist hier ein Ansatz, Mieter und Gebäudeeigentümer gleichzustellen. Jedoch sind die finanziellen Vorteile beim Mieterstrom in der Regel in der Höhe begrenzt.

Die Motive bzw. Interessen der **Vermieter** sind vielfältig – mit diesem Praxishandbuch werden Unternehmen der Wohnungswirtschaft (Wohnungsunternehmen und Wohnungsgenossenschaften), aber auch Privatvermieter von Mehrfamilienhäusern bzw. Eigentumswohnungen, angesprochen. Gebäudemodernisierung geschieht nicht nur durch energiesparende Maßnahmen an der Gebäudehülle, sondern ebenso werden die Heizungsanlagen erneuert. Der Einsatz von BHKW zusammen mit Photovoltaik ist eine interessante Möglichkeit der kombinierten Wärme- und Stromerzeugung. Der Verkauf des erzeugten Stroms an die eigenen Mieter statt der Netzeinspeisung, deren Vergütung kontinuierlich abnimmt, stellt einen wichtigen Treiber für die Beschäftigung mit dem Geschäftsmodell Mieterstrom dar.

Hinzu kommt die Verbesserung der Gesamtenergiebilanz durch die Anrechnung der BHKW-Energie [2, 5].

Neben die harten wirtschaftlichen Notwendigkeiten tritt die von vielen Wohnungsunternehmen eingegangene Selbstverpflichtung und ihr unternehmerisches Selbstverständnis, wonach die Unternehmen ihren Mietern „bezahlbaren Wohnraum" einschließlich bezahlbarer und überschaubarer Betriebskosten bieten wollen. Gerade die öffentlich gehaltenen Wohnungsunternehmen stellen sich dieser Aufgabe. Zum sozialen Engagement der Wohnungsunternehmen tritt die Selbstverpflichtung, die kommunalen Klimaziele durch einen eigenen Beitrag zu unterstützen. Mieterstrom ist hierfür ein gutes Instrument, das sowohl den Vermietern als auch den Mietern Nutzen bringt.

Die Interessensverbände, sei es der Bundesverband Deutscher Wohnungs- und Immobilienunternehmen, sei es der Deutsche Mieterbund oder die Verbraucherzentrale, sehen Vorteile für Vermieter und Mieter [4].

Energieversorger und **Energiedienstleister** erkennen im Kontext der Energiewende die Chancen, die in der Kooperation mit den Vermietern liegen. Die freie Wahl des Stromanbieters – wenngleich Stromkunden davon immer noch wenig Gebrauch machen – führt dazu, dass Energieversorger um ihre Kunden intensiv werben müssen. Stadtwerke entdecken hier die Chance, neue Kunden zu gewinnen und Nischen zu besetzen, um damit ihr Produktportfolio zu erweitern. Es bietet sich an, gemeinsam mit dem Vermieter den Mietern ein gutes Stromangebot zu unterbreiten und so auch neue Kunden zu gewinnen [5].

Stadtwerke bzw. regional tätige Energieversorger und öffentlich gehaltene Wohnungsunternehmen stellen „geborene" Partner für die Bewältigung der Energiewende dar. Sie können und wollen Vorreiter in dem komplexen Geschäft des Mieterstroms sein und sind damit Kooperationspartner für Wohnungsanbieter oder Eigentümergemeinschaften.

Neben diesen Vorteilen für die einzelnen Akteure beim Mieterstrom sind auch die übergeordnete klimapolitische Ziele zu beachten, die durch Mieterstrom unterstützt werden. Das folgende Kapitel geht darauf näher ein.

Bedeutung des Mieterstroms für die Energiewende Deutschland

Verfechter des Mieterstroms sind überzeugt, dass die verbrauchsnahe, dezentrale regenerative Stromerzeugung aus Photovoltaik oder die hoch effiziente Stromerzeugung mit Kraft-Wärme-Kopplung einen maßgeblichen Beitrag zur Energiewende leistet. Mit einem Blick auf die bundesdeutschen Klimaziele lässt sich diese Aussage bestätigen. Angestrebt wird neben der Reduktion der Treibhausgasemission und der Verbesserung der Energieeffizienz auch der Ausbau der erneuerbaren Energien. Die angestrebte Dekarbonisierung verlangt neben dem Ausbau der erneuerbaren Energieträger auch die dezentrale Stromerzeugung. Dies findet sich im Klimaschutzplan 2050 der Bundesregierung [2] vom November 2016 in welchem auf die Notwendigkeit der Kopplung von Stromerzeugung, Wärmeversorgung und Mobilität (Sektorkoppelung) und die weitere Stärkung der erneuerbaren Energien hingewiesen wird. Aussagen zur Dezentralität von Energieerzeugung und -versorgung finden sich nur in dem Hinweis auf lokal verankerte Bürgerenergieprojekte, ohne die Bedeutung der dezentralen Energieerzeugung für die Energiewende zu thematisieren. Eine ausführliche Auseinandersetzung erfolgt in Kapitel „Energiesysteme der Zukunft" in dem die Rolle des Mieterstroms im Energiesystem der Zukunft erörtert wird.

Auch wenn die Forderung nach dezentraler Stromerzeugung und dezentralem Stromvertrieb gegenwärtig auf der bundespolitischen Ebene nachgeordnet zu sein scheint bzw. gar als Störung gesehen wird, so wird auf der kommunalen Ebene die dezentrale Wärme- und Stromerzeugung als ein wichtiger Baustein in Klimaschutzkonzepten auf dem Weg zur klimaneutralen Stadt gesehen. Auch für die Erfüllung der Forderung nach klimaneutralen Gebäuden oder Häusern, die sogar Energieüberschüsse produzieren, kann Mieterstrom durch die Perspektive für eine wirtschaftliche Stromvermarktung wertvolle Beiträge liefern.

Eng verbunden mit der Stärkung der erneuerbaren Energien ist die Frage der dafür nötigen Netzstrukturen und die der Speicherung von zeitweilig überschüssigem Strom. Für die Einschätzung des notwendigen Ausbaus der Übertragungsnetze („Stromautobahn") kommt der dezentralen Stromerzeugung und dem dezentralen Verbrauch große Bedeutung zu: Die verbrauchsnahe Stromerzeugung kann bei geeigneter Regelung den Bedarf an Übertragungsnetzen reduzieren. Abnahmemöglichkeiten für den Mieterstrom bieten nicht nur der Haushaltsstrom und der Hilfsstrom sondern auch die Energie, die für Elektromobilität benötigt wird. Die Energiewende „gewinnt" durch die verbrauchernahe Stromproduktion, da übergeordnete Stromverteilnetze entlastet werden [7].

Bei der Umsetzung der Ziele der Energiewende wird zunehmend auch die Frage nach deren Sozialverträglichkeit und nach einer gerechten Lastenverteilung gestellt.

Hier ist die EEG-Umlage kritisch zu debattieren. Der Anspruch, dass die EEG-Umlage auf alle Stromverbraucher umgelegt wird, wird mehrfach durchbrochen: So zunächst durch den Tatbestand, dass selbstnutzende Gebäudeeigentümer für Stromerzeugung und Stromnutzung mit einer Befreiung oder einer reduzierten Umlage begünstigt werden, hingegen Mietern keine entsprechende Vergünstigung zusteht. Stromkosten stellen zunehmend für einkommensschwache Haushalte eine große Belastung dar. Dies wird im größeren Zusammenhang unter „Energiearmut" diskutiert [9]. Durch Mieterstrom, wenn er mit attraktiven Preisen verbunden ist, können auch Mieter nun zumindest in begrenztem Umfang durch niedrigere Stromtarife profitieren und sind nicht mehr nur die Zahler der Energiewende.

Mieterstrom bringt ein starkes Moment für die Identifikation mit der Energiewende. Dies liegt in der Nutzung des „selbst erzeugten" Stroms (und der Wärme) durch das BHKW bzw. die PV-Anlage. Dass dies gewünscht ist, wird deutlich durch die Zunahme von Bürgersolaranlagen, Bürgerenergiegenossenschaften und von genossenschaftlichen Wohnprojekten, die die Versorgung mit Wärme, Strom etc. in die eigenen Hände nehmen wollen. Mieterstrom trägt somit zur gesamtgesellschaftlichen Klima-Zielerreichung bei, indem individueller Nutzen beim Endverbraucher und betriebswirtschaftlichen Nutzen beim Anbieter zusammenkommen.

Bezahlbarer Mieterstrom kann darüber hinaus zum Instrument der Bewusstseinsbildung und der Akzeptanz der Energiewende verwendet werden. Erzeugung und Vermarktung des Mieterstroms verlangt neben der Preisgestaltung kluge Kommunikationskonzepte, bei denen die Vorzüge des Mieterstroms herausgestellt werden. Diese liegen neben dem Preisvorteil für die Mieterinnen und Mieter in der dezentralen Versorgung mit regenerativ bzw. mit hoher Effizienz erzeugtem Strom und mehr Unabhängigkeit bei der Stromerzeugung. Die Ansprache der Mieterschaft sollte deren Selbstverantwortung und ihren Einfluss auf den Stromverbrauch einschließen.

Selbstverantwortung für und Einfluss auf den Stromverbrauch können durch neue Zählerkonzepte und Smart Metering unterstützt werden. Die zeitnahe Beobachtung über die eigenen Verbräuche, gerne gekoppelt mit Vergleichsgruppen (z. B. die anderen Mieter im Haus) kann zu messbaren Verhaltensänderungen und Energieeinsparungen führen. Die zum Verbrauchsverhalten durchgeführten Projekte zeigen, dass die Kenntnis der eigenen Verbräuche ein notwendiger Baustein für Verhaltensänderungen darstellt [8].

Gesetzlicher Rahmen: von der Mieterstromverordnung zum Gesetz zur Förderung von Mieterstrom

Bis zur Novellierung des EEG im Jahre 2016 sah das Energiewirtschaftsrecht keine direkte Lieferung von dezentral erzeugtem Strom im Gebäude vor. Die Strukturen der Stromversorgung mit großen zentralen Kraftwerken und Kunden als reinen Verbrauchern stammen aus der Zeit vor der Liberalisierung des Energiemarktes. Durch die Initiative des Bundesrates, die die Unterstützung von Mieterstrommodellen zum Gegenstand hatte, wurde der Begriff Mieterstrom in der Verordnungsermächtigung des § 95 Nr. 2 EEG 2017 erwähnt, wo es heißt:

... ermächtigt die Bundesregierung durch Rechtsverordnung ohne Zustimmung des Bundesrates zur Förderung von Mieterstrommodellen zu regeln, dass Betreiber von Solaranlagen eine verringerte EEG-Umlage für Strom aus ihrer Solaranlage zahlen müssen, wenn

a) die Solaranlage auf, an oder in einem Wohngebäude installiert ist und
b) der Strom zur Nutzung innerhalb des Gebäudes auf, an oder in der Anlage installiert ist, an einen Dritten geliefert wird; dabei kann zwischen verschiedenen Anlagengrößen oder Nutzergruppen unterschieden werden.

Die Entschließung des Bundesrates [3c] verlangte den Direktverbrauch dem Eigenverbrauch gleichzustellen und den Strom aus der PV-Anlage teilweise von der EEG-Umlage zu befreien, eine Vielfalt von Betreibermodellen zuzulassen und ggf. benachbarte Wohngebäude einzubeziehen. Außerdem wurde die Bunderegierung gebeten, die Beseitigung von Hemmnissen im Gewerbe- und Körperschaftssteuerrecht zu prüfen.

Die Überlegungen zur Ausgestaltung der Mieterstromverordnung sind nach der Vorlage eines vom BMWi beauftragten Gutachtens [3b] eingestellt worden.

Statt dessen wurde auf der Grundlage eines Eckpunktepapiers des BMWi vom Februar 2017 [3] im März 2017 die überarbeitete Fassung des Referentenentwurfes des BMWi für ein Gesetz zur Förderung des Mieterstroms (Stand 17.03.2017) vorgelegt [3a] und in den Geschäftsgang von Kabinett und Parlament gegeben. Es ist geplant noch vor der Sommerpause 2017 das Gesetz zur Förderung des Mieterstroms zu verabschieden.

Der Referentenentwurf sieht statt des Verzichts oder der Absenkung der EEG-Umlage für Mieterstrom einen Mieterstromzuschlag in Höhe von 2,2 bis 3,8 ct/kWh vor. Die EEG-Umlage bleibt in voller Höhe bestehen. Begründet wird dies mit der Konsistenz zum „atmenden Deckel", der den Zubau bei PV-Anlagen begrenzen kann. Umlagebefreiungen sollen weiterhin nur [1] für stromkostenintensive Unternehmen und die Eigenversorgung gelten. Im Eckpunktepapier wird konstatiert, dass die Umlagebefreiung die Letztverbraucher belastet und deshalb systematisch begrenzt bleiben müsse [3]. Für die Anlagengröße soll es eine Obergrenze von 100 kWP geben und die Regelungen werden nur für PV-Anlagen und nicht direkt für KWK-Anlagen gelten. Mieter sollen durch einen Strompreis von 95 % des lokalen Grundversorger-Tarifs profitieren.

Änderungen im Gewerbesteuer- und im Körperschaftssteuerrecht sind in der Fassung vom 10.03.2017 im Ansatz aufgenommen worden, in der Fassung vom 17.03.2107 sind sie ersatzlos entfallen.

Mit dem Referentenentwurf werden die Erwartungen und Anregungen der Akteure, wie sie in diesem Handbuch beschrieben werden, nur sehr begrenzt erfüllt.

Der Referentenentwurf hat eine Vielzahl von Stellungnahmen ausgelöst [2]. Eine fachliche Auseinandersetzung könnte durch eine Anhörung im Fachausschuss erfolgen. In wie weit die Bundesregierung die Anregungen berücksichtigt, bleibt abzuwarten. Ebenso

---

[1] Diese Ausnahmen haben im Jahr 2016 in Summe 4,2 Mrd. € betragen (siehe Forum ökologisch-soziale Marktwirtschaft: Ausnahmeregelungen für die Industrie bei Energie- und Strompreisen. April 2017)

[2] http://www.bmwi.de/Redaktion/DE/Artikel/Service/Gesetzesvorhaben/mieterstrom-entwurf.html

bleibt abzuwarten, ob der Bundesrat seinen Entschließungsantrag durch den vorgelegten Referentenentwurf als ausreichend bearbeitet erachtet.

Außerhalb des Referentenentwurfs gibt es Begriffe bzw. Definitionen, die für die Behandlung des Themas Mieterstrom bedeutsam sind. Sie finden sich in einigen Gesetzen die sich mit Stromerzeugung und -vertrieb befassen.

> So definiert das **EEG** die „Eigenversorgung" „als den Verbrauch von Strom, den eine natürliche oder juristische Person im unmittelbaren räumlichen Zusammenhang mit der Stromerzeugungsanlage selbst verbraucht, wenn der Strom nicht durch ein Netz durchgeleitet wird und diese Person die Stromerzeugungsanlage selbst betreibt". (§ 3 Nr. 19 EEG 2016)

Die Eigenversorgung ist weiterhin interessant für die Befreiung von der Umlagepflicht, niedergelegt in § 61 Abs. 2 Ziff. 2 und 3 EEG 2014, wonach der Eigenversorger weder unmittelbar noch mittelbar an ein Netz angeschlossen ist und die Eigenversorgung vollständig mit Strom aus erneuerbaren Energien erfolgt. Bei diesen Voraussetzungen entfällt der Anspruch auf Zahlung der EEG-Umlage, die der Übertragungsnetzbetreiber vom Letztverbraucher geltend machen kann. Allerdings sind für die Eigenversorgung enge Grenzen gesteckt, so dass Mieterstrom bisher nicht unter Eigenversorgung einzuordnen ist, da keine Personenidentität von Anlagenbetreiber und Verbraucher existiert (siehe Kapitel „Energiepolitische Rahmenbedingungen").

Im **KWK-Gesetz 2016** wird in § 4 Abs. 3a KWKG auf den Strom, der nicht in ein Netz für die allgemeine Versorgung eingespeist wird, verwiesen. Hiermit ist der Eigenverbrauch erfasst ohne dass jedoch die weiteren Elemente des Mieterstroms erwähnt werden. Zu den Auswirkungen der Förderstruktur des KWK-Gesetzes 2016 siehe Kapitel „Wirtschaftlichkeit".

Im **Energiewirtschaftsgesetz** findet sich die Definition der Kundenanlage, die folgende Kriterien erfüllen muss:

- sie muss sich auf einem räumlich zusammenhängenden Gebiet befinden,
- mit einem Energieversorgungsnetz oder einer Energieerzeugungsanlage verbunden sein,
- für die Sicherstellung eines wirksamen und unverfälschten Wettbewerbs bei der Versorgung mit Elektrizität … unbedeutend sein,
- jedermann zum Zwecke der Belieferung der angeschlossenen Letztverbraucher im Wege der Durchleitung unabhängig von der Wahl des Energielieferanten diskriminierungsfrei und unentgeltlich zur Verfügung gestellt werden.

Diese Kundenanlage ist Kernpunkt eines Mieterstromangebots, da an die Nutzung des Netzes der allgemeinen Versorgung die Zahlung von Netzentgelten und eine Reihe weiterer Entgelte und Abgaben gekoppelt ist. Wird das Netz der allgemeinen Versorgung für den Mieterstrom nicht genutzt, müssen diese Abgaben nicht auf den Strompreis aufgeschlagen werden und die Wirtschaftlichkeit verbessert sich. Eine Übersicht über die Strompreisbestandteile und die Positionen, die innerhalb einer Kundenanlage nicht anfallen, zeigt Abb. 2.

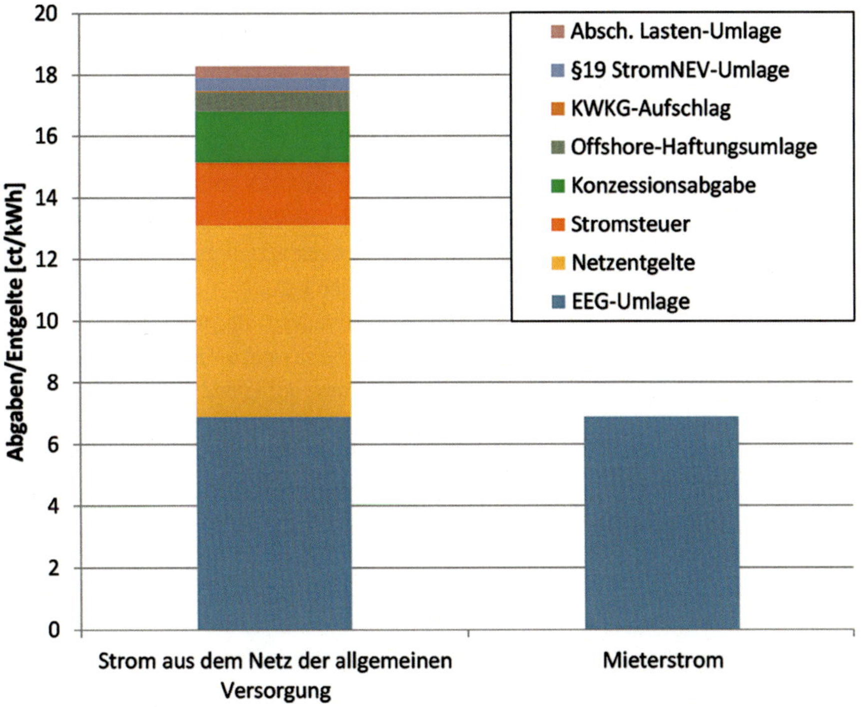

Abb. 2 Entgelte und Abgaben auf (Haushalts-)Strom mit und ohne Nutzung der Netze der allgemeinen Versorgung; Stand 2017, ohne Umsatzsteuer

Es lässt sich feststellen, dass die Regelwerke, die sich mit der Stromerzeugung und dem Stromvertrieb befassen je einzelne Elemente des Mieterstroms benennen, ohne jedoch den Mieterstrom als Ganzen zu erkennen oder gar zu definieren.

Auch das Steuerrecht erfasst bei der Gewerbesteuer, Körperschaftssteuer und Umsatzsteuer nur den Tatbestand Vermietungsgeschäft, also die Bereitstellung von Wohnraum. Privilegiert wird bislang im Steuerrecht in diesem Zusammenhang zwar die „Nebenleistung“ Wärme aber nicht die ebenso notwendige Nebenleistung Strom.

Auch im Mietrecht im engeren Sinne und in der Betriebskostenverordnung ist der Begriff Mieterstrom noch nicht bekannt. Ein Ansatz findet sich in der Betriebskostenverordnung, die einen Katalog umlagefähiger Betriebskosten enthält. Hierbei sind Stromkosten, die sich auf Heizungsversorgung, Betriebsstrom oder Beleuchtung beziehen, exemplarisch aufgelistet, hingegen wird der Haushaltsstrom nicht explizit genannt. Es kann festgehalten werden, dass die „warme und helle“ Wohnung als Gesamtpaket in den genannten Regelwerken noch nicht vorgesehen ist. Hier kann der Mieterstrom ansetzen.

Obwohl noch vieles beim Mieterstrom Neuland ist, zeigen Expertengespräche, öffentliche Verbandsäußerungen und einzelne Untersuchungen, dass das Thema Mieterstrom zunehmend auf Interesse stößt. So prognostiziert der GdW [6], dass für ca. 20 % der

17 Mio. Wohnungen in Mehrfamilienhäusern bei vorsichtiger Schätzung bis zu 50 % des Haushaltsstroms lokal als Mieterstrom erzeugt werden könnte. Die ergibt ein Potenzial für Mieterstrom von ca. 3,4 Terrawattstunden. In einer Untersuchung von Prognos wird ein Potenzial von bis zu 14 TWh/a berechnet [3b].

Trotz festgestelltem Interesse der Beteiligten wird bei der konkreten Beschäftigung mit dem Thema Mieterstrom sehr schnell klar, dass es sich um eine komplexe Materie mit vielen juristischen, steuerlichen und technischen Facetten handelt. Das vorliegende Praxishandbuch beschreibt und erklärt die notwendigen Voraussetzungen des Mieterstroms und zeigt, wie Mieterstrom in der Praxis umgesetzt werden kann.

Seit dem Jahr 2016 beginnen einzelne Bundesländer Landesförderprogramme für Mieterstrom aufzulegen. Hessen hat im Juli 2016 den ersten Förderaufruf gestartet, Thüringen und Nordrhein-Westfalen haben ebenfalls Förderprogramme aufgelegt, die alle die Marktdurchdringung auf der lokalen Ebene verbessern sollen.

Aufbau des Praxishandbuchs

Das vorliegende Praxishandbuch betrachtet das Thema Mieterstrom mit seinen unterschiedlichen Facetten aus Sicht der Hauptakteure, der Wohnungs- und Energiewirtschaft sowie der Verbraucher. Es widmet sich den rechtlichen, steuerlichen, wirtschaftlichen und technischen Rahmenbedingungen, die bei der Umsetzung berücksichtigt werden müssen und zeigt anhand von Praxisbeispielen Möglichkeiten und Wege auf, mit Hindernissen umzugehen und sie zu überwinden.

Zunächst wird die Rolle des Mieterstroms im **Energiesystem der Zukunft** beleuchtet. Hier werden die energie- und gesellschaftspolitische Bedeutung der dezentralen Energieerzeugung auf dem Weg zu einer klimaneutralen Energieversorgung diskutiert.

Im Fokus der **energiepolitischen Rahmenbedingungen für Mieterstrom aus Blockheizkraftwerken und Photovoltaik** stehen die unterschiedlichen energiewirtschaftlichen Anforderungen für Mieterstromanbieter und Lösungsmöglichkeiten bei der Umsetzung.

Mit den **unternehmenssteuerrechtlichen und mietrechtlichen Rahmenbedingungen für die Erzeugung und den Verkauf von Mieterstrom** wird aufgezeigt, welchen schwierigen Bedingungen die Wohnungswirtschaft unterworfen ist, wenn sie sich dem Geschäftsmodell Mieterstrom nähern will. Wesentlichen Rahmenbedingungen werden im Gewerbesteuerrecht und im Mietrecht gesetzt. Hier werden Überlegungen angestellt, mit welchen Verbesserungen dem Mieterstrom zur Praxisanwendung verholfen werden kann.

Im Kapitel Kooperationen als Erfolgsfaktor für Mieterstrom wird erläutert, dass erfolgreiche Mieterstromprojekte selten im Alleingang umgesetzt werden. Erfolg tritt durch **Kooperation der Akteure** ein. Es wird aufgezeigt, dass es sinnvoll ist, die spezifische Expertise der Wohnungsunternehmen und der Energiedienstleister zu bündeln, um Mieterstrom kostgünstig anbieten zu können.

Im folgenden Kapitel wird in einem Interview auf die **Chancen und Risiken für die Wohnungswirtschaft** eingegangen, die im Mieterstrom liegen. Hier wird auch deutlich, welche Veränderungen aus Sicht der Wohnungswirtschaft eintreten müssen, um den Mieterstrom nicht nur für große Wohnungsunternehmen handhabbar zu machen sondern auch für andere Wohnungsanbieter.

Messkonzepte für Mieterstrom sind für den Vertrieb unverzichtbar. Diese Messkonzepte und ihre Rahmenbedingungen werden erläutert.

Eine Stromerzeugung im Gebäude kann teilweise bei der Gebäudebilanzierung nach Energieeinsparverordnung oder bei der Beantragung von Förderung für KfW-Effizienzhäuser berücksichtigt werden. Die **Rolle der Stromerzeugung bei der Gebäudebilanzierung** wird in folgenden Kapitel beschrieben.

Zur Planung von Mieterstromprojekten werden zeitlich hoch aufgelöste **Erzeugungs- und Verbrauchsprofile** benötigt, um Eingangsdaten für die Wirtschaftlichkeitsberechnung zu erhalten. Hierzu werden wichtige Planungsansätze dargestellt.

Die **Wirtschaftlichkeit von Mieterstrom** wird anhand von Beispielrechnungen aus Sicht unterschiedlicher Betreiber der Stromerzeugungsanlagen illustriert. Außerdem werden die Auswirkungen einer diskutierten Novellierung des Energie- und Stromsteuergesetzes dargestellt.

Fünf weitere Kapitel sind der beispielhaften Umsetzung von Mieterstrommodellen im Rahmen der geltenden Bedingungen gewidmet. Hier werden die Erfahrungen der **Berliner Energieagentur aus 20 Jahren Mieterstromversorgung** beschrieben. Die Kooperation des regionalen Energieversorgers ENTEGA AG mit dem kommunalen Wohnungsunternehmen bauverein AG zur **Realisierung einer hoch effizienten Energieversorgung in einem Darmstädter Neubauvorhaben im sozialen Wohnungsbau** schließt sich an. Als weiteres Beispiel dient die kommunale Wohnungsbaugesellschaft STAEWOG Bremerhaven, die seit **10 Jahren Erfahrungen mit dem Mieterstrom in Bestandsgebäuden** aufweisen kann. Auf die besonderen Randbedingungen dieser Eigentumsform wird in dem Kapitel **Mieterstrom für Wohnungseigentümergemeinschaften** eingegangen. Die Fallbeispiele enden mit den Ergebnissen des Forschungsprojektes **ProSHAPE zur Weiterentwicklung von Mieterstrommodellen mit Hilfe von Smart Building-Technik**. Alle Beispiele setzen einen eigenen Schwerpunkt, so dass in Gänze die Facetten des Mieterstroms mit den Beispielen abgedeckt werden.

Angesichts der Vielfalt der Fragestellungen, die mit dem Mieterstrom verbunden sind, war eine Begrenzung auf die Kernthemen erforderlich. Außerdem ist zu berücksichtigen, dass im Bereich des Energierechts fortwährende Veränderungen der Randbedingungen stattfinden. Aus diesen Gründen sind manche Themen ausgespart worden bzw. sie stellen, wenn nicht anders vermerkt, den Stand im Jahr 2016 dar. So werden die Mieterstromverordnung und den Entwurf des Mieterstromgesetzes nicht näher betrachtet. Gleiches gilt für die EU-Verordnung über die Integrität und die Transparenz des Energiegroßhandelsmarkts (REMIT), die Novellierung des Stromsteuergesetzes oder Pachtmodelle für Mieterstrom. Die genannten Themen sind in der Diskussion, aber es liegen entweder noch keine genauen Informationen dazu vor oder die Relevanz für den Mieterstrom kann zum gegenwärtigen Zeitpunkt nicht konkret abgeschätzt werden. Hier müssen Interessierte die weitere Diskussion verfolgen.

Literatur

[1] Ahlers, M.; Albrecht, G. (2016): Hintergrundpapier: Vorschlag für eine Rechtsverordnung zur Förderung von PV-Mieterstrommodellen. Im Auftrag des GdW

[2] Bundesministerium für Umwelt, Naturschutz, Bau und Reaktorsicherheit (2016): Klimaschutzplan 2050. Kabinettbeschluss vom 14.11.2016

[3] Bundesministerium für Wirtschaft und Industrie (2017): Eckpunktepapier Mieterstrom. Februar 2017

[3a] Bundesministerium für Wirtschaft und Industrie (2017): Referentenentwurf – Gesetz zur Förderung von Mieterstrom. Bearbeitungsstand 17.03.2017

[3b] Bundesministerium für Wirtschaft und Industrie (Auftraggeber): Mieterstrom rechtliche Einordnung, Organisationsformen, Potentiale und Wirtschaftlichkeit von Mieterstrommodellen(MSM). prognos, BH&W, 2017

[3c] Bundesrat Drucksache 108/17 02.02.17: Entschließung des Bundesrates zur Unterstützung von Mieterstrommodellen

[4] Frankfurter Allgemeine Zeitung FAZ 11.07.2016: Ökostromreform macht Vermieter froh. http://www.faz.net/aktuell/wirtschaft/immobilien/eeg-umlage-oekostromreform-macht-vermieter-froh-14334111.html. Zugegriffen: 16.12.2016

[5] GdW Bundesverband Deutscher Wohnungs- und Immobilienunternehmen e.V., Verband kommunaler Unternehmen e.V. (VKU) (2015): Stadtwerke und Wohnungswirtschaft – Partner für die Energiewende vor Ort. Berlin. http://web.gdw.de/service/publikationen/2630-stadtwerke-und-wohnungswirtschaft. Zugegriffen: 02.11.2016

[6] GdW Bundesverband Deutscher Wohnungs- und Immobilienunternehmen e.V. (2016): Stellungnahme Mieterstromverordnung nach EEG 2017 Wohnungswirtschaftliche Hinweise, 13.09.2016. http://web.gdw.de/uploads/pdf/stellungnahmen/16_09_13_STN_Verordnung_Mieterstrom.pdf. Zugegriffen: 19.12.2016

[7] Graumann, C.; Raschper, N. (2015): Wohnungsgenossenschaften als strategische Partner beim Klimaschutz und einer nachhaltigen, sozial ausgewogenen Energiewende, Düsseldorf

[8] Großklos, M.; Behr, I.; Paschka, D. (2016): Möglichkeiten der Wohnungswirtschaft zum Einstieg in die Erzeugung und Vermarktung elektrischer Energie, Forschungsinitiative Zukunft Bau, IRB Verlag, Stuttgart

[9] Tews, K. (2013): Energiearmut definieren, identifizieren und bekämpfen – eine Herausforderung der sozialverträglichen Gestaltung der Energiewende. Vorschlag für eine Problemdefinition und Diskussion des Maßnahmenportfolios. FFU-Report 04-2013

Zur Rolle des Mieterstroms in Energiesystemen der Zukunft

Uwe Leprich und Werner Neumann

Der Energie- und Klimaschutzpolitik in Deutschland ist nach einer fortschrittlichen Dekade nach der Jahrtausendwende in den letzten Jahren die Dynamik abhandengekommen, wie die folgenden Punkte belegen:

- Mit dem Erneuerbaren-Energien-Gesetzes 2016 sind grundlegende Veränderungen für die Realisierung von Investitionen in die Stromerzeugung aus erneuerbaren Energien getroffen worden. Insbesondere wurden die Ausbauziele beschränkt und reduziert; mit der Vorgabe von Ausschreibungsverfahren wurden erhebliche Hürden für die Realisierung von Projekten durch Bürgerenergiegesellschaften, Stadtwerke und Kommunen geschaffen.
- Die Eigenerzeugung von Strom, ob aus Photovoltaik oder Anlagen der Kraft-Wärme-Kopplung (Blockheizkraftwerke), wird durch die (teilweise) Belastung mit der EEG-Umlage erschwert.
- Mit dem sog. Atomkonsens wurde der Ausstieg aus der Atomenergie zum Jahr 2022 beschlossen. Eine definitive politische Absicherung z. B. durch die Festschreibung des Atomausstiegs im Grundgesetz, wie sie im Rahmen der „Kommission Endlagerung radioaktiver Stoffe" angeregt wurde, ist nicht erfolgt. Deutschland ist auch weiterhin Mitglied in EURATOM und fördert die Entwicklung von Atomreaktoren der „4. Generation".
- Über den Klimaschutz herrscht zwar allgemeiner Konsens, doch noch ist offen, ob die Bundesregierung ein konsistentes Konzept zur Erreichung der Klimaschutzziele und damit zur Dekarbonisierung in allen Anwendungsbereichen vorlegen kann. Die

U. Leprich (✉)
Umweltbundesamt, Dessau-Rosslau, Deutschland
e-mail: uwe.leprich@posteo.de

W. Neumann
Bund für Umwelt und Naturschutz Deutschland e.V., Berlin, Deutschland

I. Behr, M. Großklos (Hrsg.), *Praxishandbuch Mieterstrom*,
DOI 10.1007/978-3-658-17540-5_2

zahlreichen Vorlagen zum Klimaschutzplan 2050 sind unzureichend. Dies gilt vor allem für den Kohleausstieg bis zu den Jahren 2030–2035. Über 50 zivilgesellschaftliche Organisationen haben daher einen eigenen Klimaschutzplan vorgelegt [8].
- Die Frage, ob die Energiewende mehr auf zentrale Strukturen der Stromerzeugung setzen sollte, mit Offshore-Windkraft, Solarstrom aus dem Mittelmeerraum und Stromspeicherung in skandinavischen Stauseen oder mehr auf dezentrale Strukturen mit gleichmäßigerer Verteilung und einem regionalen, „zellularen" Ausgleich von fluktuierender und flexibel steuerbarer Erzeugung, ist noch offen.[1] Die EU-Kommission teilte dem Bund für Umwelt und Naturschutz Deutschland e.V. (BUND) in einer Antwort auf dessen Beschwerde zur Nicht-Einhaltung von strategischen Umweltprüfungen bei der Netzplanung mit, *„der Ausbau eines dezentralen und regional steuerbaren Stromausgleichs für fluktuierende Stromerzeugung aus Windkraft und Sonnenenergie wurde nach Angaben der Bundesnetzagentur angesichts der bestehenden energiepolitischen Vorgaben nicht als Alternative geprüft, da eine tragfähige regenerative Energieversorgung in ganz Deutschland damit nicht gewährleistet werden könne"*.[2] Es wird also behauptet, dass ein dezentral-regional-flexibles Stromsystem gar nicht funktionieren würde, da es nach den „energiepolitischen Vorgaben" auch gar nicht vorgesehen sei. Eigentlich wäre es die Aufgabe der Bundesnetzagentur, im Rahmen der Strategischen Umweltprüfung genau solche Alternativen einzubeziehen.

Im Zuge der fortschreitenden Energiewende wird häufig davon gesprochen, das Energiesystem neu zu „designen" und zu „optimieren", die „Systemintegration" der erneuerbaren Energien voranzutreiben und eine umfassende „Systemtransformation" zu organisieren. Dabei wird implizit unterstellt, dass bereits eine breite Verständigung darüber stattgefunden habe, wie dieses System räumlich und sachlich abgegrenzt werden soll und wo seine Systemgrenzen liegen, ob man die Energiewende zentral oder dezentral organisiert und wer die Akteure sein sollen. Das dies nicht der Fall ist, verdeutlichen die folgenden Schlaglichter:

- Auf einer Veranstaltung Ende März 2016 in Peking erklärte der Präsident des chinesischen Übertragungsnetzbetreibers das weltumspannende Stromnetz als Grundlage eines globalen Stromsystems, das weiträumig erneuerbare Energien integrieren könne: Windanlagen in Südamerika etwa mit Solaranlagen in der Sahara.
- In den Köpfen vieler Akteure auf der europäischen Ebene geistert noch die Vision von einer europäischen „Kupferplatte" herum, d. h. eines vollständig integrierten

[1] Der „Zellulare Ansatz" des VDE zeigt, dass ein Konzept basierend auf lokalem Ausgleich verschiedener Energieerzeugung und Energienutzungen sowie eine andere räumliche Verteilung der Erzeugungsanlagen aus Wind- und Sonnenenergie, ein stabiles und resilientes Stromsystem ermöglichen kann, verbunden mit einer Minderung des überregionalen Stromnetzausbaus [10].

[2] Antwortschreiben der EU-Kommission an den BUND e.V. vom 28.8.2015 zur Beschwerde „CHAP(2013) 1480.

Stromsystems von Portugal bis Finnland. In dieser Vision machen Solarkraftwerke schwerpunktmäßig in Südeuropa und Windanlagen in Nordeuropa ökonomisch Sinn, für Deutschland bliebe dann nicht viel übrig.

- In der deutschen Energiepolitik hat die Vorstellung einer nationalen „Kupferplatte" einen prominenten Platz mit der Vorstellung, die Windenergie vorzugsweise im Norden und die Solarenergie im Süden zu nutzen, also an den ökonomisch besten Standorten. Nach dieser Vorstellung findet ein Ausgleich der Fluktuationen zentral und z. T. auch grenzüberschreitend durch Optionen in den benachbarten Ländern statt.
- Demgegenüber haben bereits knapp 100 EE-Kommunen die Zielsetzung auf ihre Fahnen geschrieben, ihr „System Kommune" zu optimieren im Sinne einer 100 % Erneuerbare-Energien-Versorgung und damit verbunden ein Höchstmaß an Unabhängigkeit. Das schließt häufig den Wärmebereich mit ein.
- Selbstnutzende Hauseigentümer und Wohnungsvermieter werden durch neue Techniken zunehmend in die Lage versetzt, ihren Autonomiegrad bzw. den ihrer Mieter zu erhöhen und ihr „System Haus" nach ihren eigenen Präferenzen zu optimieren. In den letzten Jahren haben bereits 19.000 Haushalte zu diesem Zweck ein kombiniertes PV-Batteriespeichersystem installiert. Wohnungsunternehmen beginnen ihre Liegenschaften zur Stromerzeugung und zum Stromvertrieb an ihre Mieter zu nutzen. Eine Erweiterung dieses Systems um die Elektromobilität ist konzeptionell naheliegend und würde die Systemgrenze neu definieren.

Die Diskussion und die politischen Entscheidungen, ob das künftige Energiesystem eher zentralistisch oder dezentral zellular aufgebaut ist, welche Akteure hierbei welche Vor- und Nachteile zu tragen haben, wie der Übergang hin zu mehr Energieeffizienz und Nutzung erneuerbarer Energien erfolgt, ist daher weiterhin offen. Im Jahr 2015 haben mehrere Energiefachleute und Umweltverbände dargelegt [2], wie das nach der Reaktorkatastrophe von Fukushima bezeichnete „Gemeinschaftswerk Energiewende" [5] realisiert werden sollte. Sie haben sich dabei klar für eine verstärkte Systemintegration von Energieeffizienz und erneuerbaren Energien auf dezentraler Ebene ausgesprochen, nicht zuletzt auch aufgrund von Anforderungen des Umwelt- und Naturschutzes.

Es zeigt sich insgesamt: je nach Systemabgrenzung kommt man zu völlig unterschiedlichen Schlussfolgerungen, wie das jeweilige Energiesystem auszugestalten ist. Volkswirtschaftlich gesehen ist die Sache relativ einfach: je großräumiger das System abgegrenzt ist, desto besser ist die Durchmischung gerade auch der fluktuierenden erneuerbaren Energien und desto weniger flankierende Flexibilitätsoptionen werden benötigt. Insofern hegen Volkswirte stets eine große Sympathie für die europäische Kupferplatte, wenn man die chinesische Vision eines weltumspannenden Stromnetzes einmal als aktuell unrealistisch außen vor lässt.

Fakt ist jedoch: die volkswirtschaftliche Rationalität ist nur eine von vielen Rationalitäten, die die Wirklichkeit prägen. Andere Rationalitäten sind z. B. die rein betriebswirtschaftliche oder die soziale, d. h. die Bezahlbarkeit für einkommensschwache Haushalte, der Erhalt und die Steigerung von Akzeptanz, die Teilhabe und Beteiligung der Bürger an der Energiewende, der Erhalt und die Steigerung von Akzeptanz, der Drang nach Unabhängigkeit oder der Wunsch nach Überschaubarkeit. Würde man diese Rationalitäten, die sich durch eine wachsende Nachfrage Bahn brechen, ignorieren, würde man schnell in Verdacht geraten, die Systemtransformation rein planwirtschaftlich organisieren zu wollen.

Mieterstrom setzt hingegen auf der Ebene der Energieverbraucher an. Wie Mieterstrom technisch, wirtschaftlich und politisch umgesetzt werden kann, ist daher kein Randthema der Energiewende, sondern eröffnet neue Perspektiven bei der Betrachtung des gesamten Energiesystems. Mieter von Wohngebäuden, Eigenheimbesitzer, Gewerbebetriebe, die Strom einzeln oder gemeinsam selbst für den Eigenverbrauch erzeugen und direkt in dem selbst genutztem Gebäude verwenden oder auch verkaufen, erweitern die Systemgrenze insofern, als diese bisher nur als Strom(letzt)verbraucher behandelt wurden. Die Konzeption des gesamten Energiesystems – ob mehr zentralistisch oder dezentral organisiert, die Frage wer denn die wesentlichen Akteure in aktiver oder passiver Rolle, wer denn die Investoren und Träger des neuen Energiesystems sein sollen und wer politischer Entscheidungsträger sein soll – all diese Fragen sind mit dem Thema „Mieterstrom“ eng verbunden.

Vorteile dezentraler Systemansätze

Eigenstromnutzung, Grünstrommarkt- und auch Mieterstrommodelle haben gemeinsam, dass sie darauf abzielen, den Strom von der Erzeugung direkt an die Verbraucher zu liefern, sei es im eigenen Haus oder von der Windkraftanlage in der Region zum Anteilseigner dieser Anlage.

Durch diesen direkten Bezug entsteht fast automatisch ein Streben nach möglichst weitgehender Abdeckung des Bedarfs aus den eigenen Anlagen. Denkbar, dass man den Strombezug von der PV-Anlage (im Sommer) mit dem Strombezug aus dem BHKW im Haus (eher im Winter) verbinden will, oder dass man wie im Grünstrommarktmodell[3] oder in der sogenannten „Energiewabe“ Trier,[4] eine Systemintegration verschiedener Erzeugungsanlagen der erneuerbaren Energien in einer Region darstellen will.

Dies kann innerhalb von Bilanzkreisen oder Sub-Regelzonen erfolgen, in denen die Stromerzeugung einer bestimmten Anzahl von Anlagen zusammengefasst und gegen die Nachfrage auch lastmäßig bilanziert wird. Doch schon für ein einzelnes Wohngebäude

[3] Grünstrommarktmodell, www.grünstrom-markt-modell.de

[4] Rudolf Schöller, Vortrag Ausgeregelte Energiewabe Region Trier, Abruf unter: https://www.efzn.de/uploads/media/Technik1_Schoeller_Energiewabe_Stadtwerke_Trier.pdf sowie H. Guss et al., IZES Saarbrücken, TSB Bingen, SWT Stadtwerke Trier Versorgungs-GmbH, Systemintegration, Ausbau und Vermarktungschancen Erneuerbarer Energien im Bereich von Stadtwerken – Fallstudie am Beispiel der Stadtwerke Trier http://www.izes.de/sites/default/files/publikationen/BMWi_FKZ0325319_Endbericht.pdf

oder eine Wohnsiedlung ist dies möglich: hier würde es genügen, wenn die Stromerzeugung in die **Kundenanlage** integriert wird. Der im Haus, auf dem Dach und/oder im Keller erzeugte Strom wird dann im Haus bzw. der Siedlung verrechnet und mit dem Bedarf abgeglichen (siehe Kapitel „ProSHAPE“).

Dieser dezentralisierte Angebots-/Nachfrageabgleich kann dazu beitragen, dass das vorgelagerte Stromnetz deutlich weniger in Anspruch genommen wird, da ein großer Anteil des Ausgleichs zwischen fluktuierenden Stromquellen (wie PV) mit steuerbarer Stromerzeugung (wie mit einem BHKW) dezentral stattfinden kann. Dieser Ausgleich kann sowohl auf Monatsbasis erfolgen, da die KWK-Anlage im Winter mehr, die PV-Anlage im Sommer mehr Strom liefert, als auch auf Tages- oder Stundenbasis. Speichermöglichkeiten können diese Vorgehensweise deutlich unterstützen. KWK-Anlagen mit Wärmespeichern können eher stromgeführt werden und eine flexible Stromerzeugung zum Ausgleich von Schwankungen über mehrere Tage ausgleichen, Batteriespeicher schaffen diesen Ausgleich für kurzzeitige Schwankungen der PV-Stromerzeugung (z. B. durch Wolken) und zwischen Tag und Nacht.

Solche Modelle schaffen somit im Kleinen, was im Großen ohnehin erforderlich ist. Sie entsprechen einem „Zellularen Ansatz“, wie ihn eine Arbeitsgruppe des VDE[5] vorgestellt hat. Ihr energietechnischer Vorteil ist, dass eine Optimierung zwischen Erzeugung und Verbrauch nicht erst auf der großen „Kupferplatte Deutschland“ erfolgt. Die örtlichen und regionalen Stromnetze werden entlastet, und Investitionen in den Ausbau auf allen Netzebenen können eingespart werden [4]. Das trägt auch zur Minderung von Stromnetzverlusten bei.

Energiepolitisch und noch mehr gesellschaftspolitisch hervorzuheben ist, dass gerade Mieterstrommodelle die bisherige Bürgerenergiewende, die Bürger als Investoren in PV-Anlagen oder Windenergieparks adressiert hat, hervorragend ergänzen. Es geht darum, dass Millionen von Mietern und Mieterinnen sowohl den Strom, der auf dem Dach oder im Keller ihres Wohngebäudes erzeugt wird, direkt nutzen können, als auch sich mit kleineren Beträgen an Gemeinschaftsanlagen der Energiewende beteiligen können. Zudem können sie mit dem Strombezug aus diesen Anlagen, ob nun als reiner Stromnutzer oder gleichermaßen als Lieferant und Empfänger zugleich, ihre Energie(neben)kosten senken. Mieterstrom hat somit eine hohe sozialpolitische Komponente.

Die Systemfrage und die Politik

Entscheidend für den weiteren Fortgang und die Ausgestaltung der Energiewende wird die Beantwortung der Frage sein, wer nach welchen Kriterien entscheidet, wie das Zusammenspiel von etwaigen dezentralen Teilsystemen mit stärker zentral gestalteten Systemkomponenten aussehen soll.

[5] VDE a.a.O.

Bislang hatte man bei der Bundesregierung den Eindruck, sie wolle dezentrale Ansätze in Schach halten und entsprechende Entwicklungstendenzen möglichst schnell eindämmen. Dafür sprechen die 2014 eingeführte EEG-Teilumlage auf Eigenstromerzeugung und die Pläne aus dem Bundesfinanzministerium aus dem Frühjahr 2016, auf diese auch noch die Stromsteuer zu erheben.

Doch mittlerweile scheint die Regierung zu erkennen, dass ein derartiges Vorgehen schwer durchzuhalten ist: zu viele Akteure tummeln sich bereits auf der dezentralen Ebene, zu viele Industrien sehen hier Zukunftschancen (IT, Telekommunikation, Software, Plattformen etc.), und zu viele Wähler wollen sich nicht vorschreiben lassen, welches Energiesystem sie für ihr Haus oder ihre Kommune wählen. Daher sind die Verordnungsermächtigung zum Mieterstrom im aktuellen EEG und auch das Veto des Bundeswirtschaftsministers gegen die Stromsteuer auf eigenerzeugten Strom als Zeichen zu deuten, sich diesen Entwicklungen nicht frontal entgegenzustellen (siehe Kapitel „Chancen").

Mieterstrom und der Vorwurf der Entsolidarisierung

Aus Sicht der beteiligten Mieter ergeben sich beim Mieterstrom wirtschaftliche Vorteile, da für den nicht bezogenen Strom auch keine Netzentgelte, Konzessionsabgabe, Stromsteuer, EEG-Umlage[6] und weitere Umlagen zu zahlen sind. Die Vorwürfe gegenüber diesem Modell reichen dann von „Schwarzbrennerei" [6] bis hin zur „Entsolidarisierung" [9] [1]. Solche Vorwürfe verwundern nicht, kommen sie doch meist von Vertretern des bisherigen Energiesystems – mit dem gewohnten Stromfluss von oben nach unten und einem zentralen Stromvertrieb. In diesem System lassen sich Umlagen sowie Steuern und Abgaben sehr einfach auf den Strompreis aufschlagen. Mit steigender Eigenerzeugung und einer wachsenden Anzahl von Mieterstrommodellen jedoch funktionieren die bisherigen einfachen Umlagesysteme nicht mehr, und man ist gezwungen, sie zu ändern. Das ist bei der Konzessionsabgabe, die aus historischen Zeit stammt und proportional zum Stromverbrauch erhoben wird, seit langem überfällig, wenn sich die Kommunen dem Thema Stromsparen unbefangen nähern sollen. Das ist aber auch bei den Netzentgelten notwendig, wo der verbrauchsabhängige Anteil perspektivisch zugunsten eines lastabhängigen Anteils verringert werden muss, um der Kostenverursachung Rechnung zu tragen.

Doch zurück zur Wortwahl: Spätestens seit die Atomenergie als „friedliche Nutzung der Kernenergie" schön geredet wurde, wissen wir, welche Macht Sprache entfalten kann und wie gezielt sie häufig von interessierter Seite eingesetzt wird. In einer Welt der zunehmenden Ungleichverteilung fällt ein Begriff wie *Entsolidarisierung* naturgemäß auf fruchtbaren Boden. Man könnte sich aber zu Recht vorstellen, dass mit diesem Begriff im Energiefeld eine Reihe von Ansätzen hinterfragt würden, z. B.:

[6] über welche Anteile der EEG-Umlage bei Eigenstromnutzung aus PV- oder KWK-Strom zu zahlen sind, informiert auf über 135 Seiten (!) der Leitfaden Eigenstromversorgung der Bundesnetzagentur. a.a. O.

- die besondere Ausgleichsregelung des EEG, die rund 2500 Industrieunternehmen sehr weitgehend von der EEG-Umlage entlastet und mit aktuell 4,7 Mrd. Euro die Verbraucher zusätzlich belastet,
- der § 19,2 Stromnetzentgeltverordnung, der große Industriekunden zusätzlich jährlich um mehrere hundert Millionen Euro entlastet, oder
- die über 50 TWh Eigenstromerzeugung der Industrie, die seit vielen Jahren von sämtlichen Steuern und Abgaben befreit sind, genauso wie im Übrigen die Eigenstromerzeugung der Kohlekraftwerke.

Viel gewonnen wäre mit einer rechtlichen und wirtschaftlichen Gleichstellung des Mieterstroms bzw. der Mieterstromkunden mit den „Großkunden" die bislang von den Befreiungen profitieren.

Doch weit gefehlt. Der Begriff *Entsolidarisierung* wird aktuell tatsächlich dafür verwendet, die dezentralen Pflänzchen der Eigenerzeugung im einstelligen TWh-Bereich massiv zu diskreditieren. Ausgerechnet dieses Feld mit einer solchen Wortwahl zu bestellen, heißt mit Kanonen auf Spatzen zu schießen. Wenn selbst Wissenschaftler, die die Energiewende unterstützen, in der Eigenerzeugung einen Angriff auf das System wittern, in welchem sie andererseits über ansonsten bestehende massive Umverteilungen und Mitnahmeeffekte hinwegsehen, zeigt dies, wie ängstlich mittlerweile Entwicklungen betrachtet werden, die nicht direkt in die Blaupause einer „Kupferplatten-Energiewende" hinein passen.

Zwischenfazit

Als Zwischenfazit soll festgehalten werden, dass die Energiewende nicht mit einer volkswirtschaftlichen Planungs- und Optimierungsaufgabe verwechselt werden sollte, sondern dass man ihr Freiräume für technologische, bedarfsorientierte und gesellschaftliche Entwicklungen lassen muss. Eine ihrer Stärken war es bislang, Dynamiken aufzugreifen und sie für den Transformationsprozess fruchtbar zu machen. Es spricht vieles dafür, dies für dezentrale Ansätze wie Mieterstrommodelle ebenfalls zu tun und die dahinter stehende Akteurs- und Marktdynamik für den weiteren Fortgang der Energiewende zu nutzen. Wenn das daraus resultierende System aus dezentralen Teilsystemen und zentralen Ansätzen dann im strengen volkswirtschaftlichen Sinne nicht „optimal" sein und zudem einige Umverteilungseffekte zugunsten von Pionierakteuren beinhalten sollte, dann mag man sich damit trösten, dass es noch nie ein optimales Energiesystem ohne Umverteilungseffekte gegeben hat und wohl auch niemals geben wird. Zumindest erscheint eine solche Messlatte aus dem Ökonomielehrbuch seltsam wirklichkeitsfremd angesichts der Jahrhundertaufgabe, die die Energiewende als Abkehr von der fossil-nuklearen Energiewelt darstellt.

Techniken für den Mieterstrom

Mieterstromkonzepte sind im Übrigen auch technologisch gesehen innovativ und herausfordernd, wie die folgenden Beispiele zeigen. Da bislang Mieter nur als Stromverbraucher eines von außerhalb des Wohngebäudes gelieferten Stroms angesehen wurden, sind einige wenige Veränderungen beim Strombezug von Anlagen auf und im Wohngebäude erforderlich.

Man muss einen Stromzähler installieren, der sowohl den Strom misst, der über das Stromnetz ins Haus gelangt als auch den, der aus dem Haus nach außen abgegeben wird[7] (siehe Kapitel „Messkonzepte"). Und man hat ohnehin jeweils Stromzähler, die die Stromerzeugung durch eine Photovoltaikanlage auf dem Dach oder ein Blockheizkraftwerk im Keller messen. Weiterhin gibt es für jeden Mieter einen eigenen Strom(bezugs)zähler. Es bleibt, die entsprechenden Differenzen auszurechnen. Das kann mit dem Taschenrechner oder einer Tabelle noch gehen, wenn man sich nur um die Jahreswerte kümmern muss.

Aber halt! Nach § 5 Ziffer 12 EnWG ist „Eigenstrom" nur der Strom, der von einer natürlichen oder rechtlichen Person im unmittelbaren räumlichen Zusammenhang selbst verbraucht wird und nicht durch ein Netz durchgeleitet wird und diese Person die Stromerzeugungsanlage auch selbst betreibt. Schon die Lieferung von Strom im Eigenheim an einen Untermieter oder im eigenen Haus wohnende Verwandte fällt nicht unter diese Definition. Was daher kein Eigenstrom ist, ist logischerweise Verkauf von Strom. Und wenn es Verkauf ist, sind steuerrechtliche Fragen zu beachten. Manche Modelle des Eigenstroms im Eigenheim oder des Mieterstroms im Wohnblock setzen daher darauf, dass kein eigentlicher Verkauf erfolgt, sondern der Strom im Hause „verkaufsfrei" verteilt wird. Dies setzt allerdings voraus, dass alle Mieter zustimmen und mitmachen, ohne dass ihr individueller Stromverbrauch gemessen wird oder keine Mietpartei auf einem Strombezug eines bestimmten externen Anbieters besteht. In einem solchen Fall kann der Strombezug auch durch eine Nutzergemeinschaft der Mieter als GbR über einen Gemeinschaftszähler erfolgen. Es ist ein Gemeinschaftsstrombezug, wobei der individuelle Stromverbrauch innerhalb der Gemeinschaft mittels (eigener) Unterzähler erfolgen kann. Wenn doch einzelne Mieter sich nicht an der Gemeinschaft beteiligen wollen, werden deren Stromzähler separat von der Gemeinschaft an den Hausanschluss angeschlossen [3].

Daher werden meist Dienstleister eingeschaltet, Contractoren, Energieagenturen usw., die Abrechnung und oftmals auch Installation, Betrieb und Wartung der PV-Anlage oder des BHKW übernehmen. Dies ergibt sich auch durch die Vielfalt der Möglichkeiten und Optionen, wer Eigentümer oder Betreiber der Energieanlagen ist (Mietergemeinschaft, Hauseigentümer/Wohnungsbaugesellschaft, dritte Mit-/Eigentümer, Contractoren) und wie der am und im Haus erzeugte Strom an die Mieter verkauft wird (Einzelverträge, Gemeinschaft).

Hinweis

Die Stadtwerke Konstanz setzen beispielsweise bei ihrem Mieterstromkonzept auf eine genaue Aufteilung nach KWK-, PV- und Reststrom und können damit flexibel auf unterschiedliche Rahmenbedingungen reagieren. Zudem können neue zeitvariable Tarife angeboten werden. Ein anderes einfaches Konzept hat die Naturstrom AG umgesetzt und wendet in Kooperation mit Mietergenossenschaften das Summenzählerkonzept nach dem Kraft-Wärme-Kopplung-Gesetz an.

[7] Sog. Zweirichtungszähler.

Das Energierecht, das bislang Mieter nur als Stromabnehmer eines von außerhalb des Hauses gelieferten Strom kannte, passt daher nicht gut auf die neuen Situationen und deckt auch deren Vielfalt nicht ab. So werden Regelungen auf Mietergemeinschaften angewendet, die eigentlich für industrielle Stromerzeuger in Industrieparks gedacht waren. Die Vorgabe, dass jeder Mieter seinen Stromlieferanten frei wählen kann, also auch bewusst keinen Strom aus dem Mieterstromangebot, bedingt kompliziertere Vorgehensweisen sowohl bei den elektrotechnischen Verbindungen (z. B. Stromzählern) als auch bei den vertraglichen Vereinbarungen. Zudem unterscheiden sich Regeln der Verrechnung der Strommengen sowie zu zahlende EEG-Zuschläge danach, ob der Mieterstrom aus einer PV-Anlage stammt oder aus KWK und auch nach der Trägerschaft des Betriebs bei KWK-Strom.

Entsprechend groß ist die Verwirrung, entsprechend zahlreich sind die bislang realisierten „Modelle", die jeweils auf eine spezielle Konstellation von Betreiberschaft der Anlagen, Rolle des Vermittlers und Stromverkäufers sowie der Mieter zugeschnitten wurden. Vielfach herrscht Rechtsunsicherheit[8] (siehe Kapitel „Energiepolitische Rahmenbedingungen" und „Rechtliche Rahmenbedingungen").

Es ist jedenfalls klar, dass eine Reform des Energierechts im Hinblick auf den Mieterstrom sich nicht nur um die Frage drehen darf, ob und in welcher Höhe ein Anteil an der EEG-Umlage oder andere Umlagen gezahlt werden müssen. Vielmehr ist erforderlich, dass klare Regeln für Mieterstrom geschaffen werden müssen, die einfach genug sind, um den Abrechnungsaufwand zu begrenzen und weit genug gefasst sind, um eine Vielzahl der Konstellationen abzudecken.

Im Rahmen der EEG-Novelle 2017 wurde eine Verordnungsermächtigung (§ 95(1) Nr. 2 EEG) aufgenommen, die Mieterstrommodelle für Solarstromnutzung innerhalb des Gebäudes fördern soll. Ob dies der „Durchbruch" oder nur eine „Hintertür" sein wird, wie verschiedene Kommentatoren meinten, bleibt noch offen. Es bleibt zu hoffen, dass eine Regelung gefunden wird, die sich nicht nur auf Solarstrom sondern auch KWK-Strom erstreckt und auch Strombezug innerhalb von Quartieren umfasst. Ein Schlüssel zur Lösung kann dabei sein, den Begriff der **Kundenanlage** klarer und weiter zu fassen und hier einen Raum zu schaffen, innerhalb dessen der Mieterstrom im Hause verteilt und verrechnet (und auch gespeichert) werden kann, ohne dass andere Regelungen des Energierechts die Situation verkomplizieren (siehe Kapitel „Energiepolitische Rahmenbedingungen").

Mieterstrom als Modell des dezentralen Ausgleichs verschiedener Erzeugungen

Mieterstrommodelle sind aus zwei verschiedenen Ansätzen entstanden. Zum einen sind es Mieter, die gemeinsam in einer Bürgergesellschaft auf dem Dach des Wohnhauses eine Photovoltaikanlage betreiben und den dort erzeugten Strom ihrem Stromverbrauch

[8] Siehe eine nicht vollständige Übersicht bei: http://www.energie-experten.org/erneuerbare-energien/photovoltaik/direktvermarktung/mieterstrom.html sowie die Komplexität der Regeln beim Leitfaden Eigenstrom der Bundesnetzagentur; a.a.O.

zuordnen wollen. Zum anderen sind es Wohnungsgesellschaften aber auch Altenheime, die in ihren Gebäuden den Strom aus einem Blockheizkraftwerk (und nicht nur die Wärme) an die Mieter oder Bewohner weitergeben oder verkaufen wollen. In beiden Fällen ist klar, dass der Mieterstrom nur einen Teil des Bedarfs abdecken kann, und zwar sowohl über den Tag als auch das Jahr gesehen. Es ist ein Zusatzstrombezug erforderlich, zeitweilig kann aber auch ein Stromüberschuss zur Abgabe an das örtliche Stromnetz vorliegen.

Bisher sind nur wenige Fälle bekannt, bei denen Mieterstrom sowohl mit PV-Anlagen als auch mit einer KWK-Anlage für das Wohnhaus oder eine Wohnsiedlung kombiniert werden. Die rechtlich unterschiedliche Behandlung von Mieterstrom aus PV und aus KWK gemäß dem EEG und dem KWK-G ist hier ein besonderes Hemmnis.

Energietechnisch und auch systemtechnisch gedacht, wäre allerdings eine Kombination des Mieterstroms aus PV-Anlagen und KWK-Anlagen sehr sinnvoll. Die PV-Anlage liefert mehr Strom im Sommer, die KWK-Anlage mehr Strom (und Wärme) im Winter, so dass über das ganze Jahr gesehen der Eigenstromanteil durch die PV-KWK-Kombination erhöht werden kann. Zudem könnte man die Eigenstromerzeugung noch flexibler gestalten, indem man mittels eines Wärmespeichers den stromgeführten Betrieb der KWK-Anlage vom zeitlichen Verlauf des Wärmebedarfs abkoppelt. Der PV-Strom kann in einem Stromspeicher vom Tage in die Nacht verschoben werden. Insgesamt könnte sich schon durch diese gegenseitige Ergänzung ein Ausgleich ergeben, der den Strombezug von außen deutlich reduziert.

Ein anderer Blickwinkel wäre es, von einem Strombezug von außen aus einer oder mehreren Windkraftanlagen auszugehen.[9] Hier käme die Stromlieferung aus der PV-Anlage auf dem Haus hinzu. Der Strom aus der KWK-Anlage könnte dann weitgehend den restlichen Strombedarf abdecken. Auch wenn diese heute in der Regel noch mit Erdgas betrieben wird, könnte ein Gasbezug der KWK-Anlage aus Biogas oder künftig aus „EE-Gas" eine 100 %ige Deckung des Bedarfs aus erneuerbaren Energien darstellen. Auf diese Weise würde das, was seitens des VDE als „Zelle" beschrieben und modelliert wurde, im Kleinen realisiert werden. „Teilautarke Zellen", die ihren Strombedarf weitgehend selbst decken, und nur noch Überschüsse und Defizite extern ausgleichen, könnten durch die Verrechnung von Strommengen in Wohnhäusern, Wohnbezirken oder Stadtteilen einen weitgehenden Ausgleich zwischen Bedarf und Angebot herstellen (siehe auch Beispiel in Kapitel „ProSHAPE").

Die Kundenanlage im Haus oder Wohnbezirk wäre quasi ein kleiner Bilanzkreis, der in die bestehenden größeren Bilanzkreise eingebettet wäre. Eine Ergänzung wären Stromangebote, insbesondere von Erzeugungsanlagen in der Region der Stromabnehmer, die über Bilanzkreise ähnlich dem Grünstrommarktmodell, allein aus erneuerbaren Energien zusammengestellt wären. Die insbesondere in Wohngebäuden oder auch gewerblichen Objekten installierten KWK-Anlagen würden den erforderlichen Ausgleich zur

[9] Beispiel die Stromlieferung aus einer Windkraftanlage einer Genossenschaft im hessischen Odenwald an deren Mitglieder; Firma INPOWER, Mainz.

fluktuierenden Stromdarbietung aus Wind und Sonne als auch einen wesentlichen Beitrag zur Versorgungssicherheit darstellen.

Das im Sommer 2016 novellierte Energierecht sieht jedoch nur wenig Raum für die Stärkung autonomer Strommodelle verschiedener Akteure. Es ist weiterhin auf eine zentralistisch verstandene Energiewende ausgerichtet. Damit werden Ansätze, von der Eigenstromnutzung im Eigenheim, über den Mieterstrom für Wohnbezirke bis zu Grünstrommarktmodellen oder Regionalstromangeboten[10] systematisch diskriminiert.

Man sieht, dass Mieterstrom eine wesentliche Rolle beim Fortgang der Energiewende spielen kann und sollte. Mit dem direkten Strombezug vom Dach und aus dem Keller sind nicht nur Kosteneinsparungen für die Mieter möglich. Energiesystemisch kann Mieterstrom einen lokalen Ausgleich von fluktuierendem Strom aus Wind- und Sonnenenergie mit dem Bedarf herstellen. Lokale Vorteile der Integration erneuerbarer Energien wirken sich durch verringerte Stromverluste und bei systemdienlichem Betrieb lokaler Anlagen und Wärme- und Stromspeicher auch entlastend auf Verteil- und Übertragungsnetze aus. Hierdurch dient Mieterstrom auch dem Umwelt- und Naturschutz durch Minderung anderweitiger Eingriffe.

Gesellschaftspolitische Bedeutung des Mieterstroms für die Energiewende

Wesentlich ist, dass Mieterstrom über die Möglichkeiten hinaus, die es für die Eigenstromnutzung für Eigenheimbesitzer oder Gewerbetreibende gibt, einen Großteil der Bevölkerung erst richtig in die Energiewende einbezieht – und zwar sowohl als Nutzer lokal erzeugten Stroms als auch mit der Option, sich an den stromerzeugenden Anlagen am Wohnhaus oder in der Wohnsiedlung beteiligen zu können. Strombezug ist verbunden mit persönlichem Bezug zur lokalen Energiewende. Für die Wohnungswirtschaft eröffnet Mieterstrom technisch und wirtschaftlich und unternehmenspolitisch neue Perspektiven im Verhältnis zu ihren Mietern [7]. Mieterstrom kann zu einem Wettbewerbsargument im Vergleich verschiedener Wohnungsangebote werden. Schließlich könnten Mieterstrommodelle, insbesondere wenn diese auf der Strom- und Wärmeversorgung aus KWK beruhen, zu integrierten Konzepten von Modernisierung mit Energieeinsparung und Nutzung erneuerbarer Energien verbunden werden.

Technisch gesehen bestehen insbesondere im Rahmen der Digitalisierung der Messtechnik keine großen Probleme. Eher würde man sich wünschen, dass die energierechtlichen Regeln für Mieterstrom deutlich vereinfacht würden. Dabei sollte Mieterstromnutzungen aus PV und KWK nicht nur bei der Entlastung oder Befreiung von Umlagen gleichbehandelt werden, was derzeit (August 2016) nicht der Fall ist. Hilfreich wäre eine Neudefinition der Kundenanlage und die Einführung von ausreichend hohen Bagatellgrenzen,

[10] Z. B. der Naturstrom AG, www.naturstrom.de oder der Energiegenossenschaft Starkenburg, www.energiestark.de

die es – den Größenordnungen der Wohnungswirtschaft angepasst – ermöglichen, in den nächsten Jahren einen Spielraum zu erhalten, dass sich Mieterstrommodelle entwickeln und ausweiten können und die Dynamik und das Engagement von Vermietern und Mietern sich entfalten kann (siehe Kapitel „Chancen“).

Es wäre zudem ein sehr wichtiger, wenn nicht entscheidender Beitrag für die Energiewende in den Städten zur Umsetzung der „Masterpläne 100 % erneuerbare Energien“[11] und der Realisierung der Ideen der Zukunftsstadt.[12] Denn die Energiewende wird dauerhaft nur gelingen, wenn diese von den Menschen getragen wird, die ihre eigene Energie erzeugen und selbst nutzen – einzeln und gemeinschaftlich. Denn es geht nicht nur um den Übergang zu 100 % erneuerbaren Energien und ein neues technisches „Energiesystem“, sondern wesentlich auch zu einer neuen Trägerschaft der Energieversorgung durch die Bürger/innen, ihre Kommunen, ihre Stadtwerke, ihre Unternehmen. Dies gilt insbesondere für Mieter, die zwar kein Wohneigentum besitzen, aber denen die Möglichkeiten geboten werden sollten, als Nutzer oder Miteigentümer wesentlich an der Energiewende teilzuhaben. Mit fast der Hälfte der Einwohner, die Mieter sind und dem Bestand an Mehrfamilienhäusern, bei denen im Vergleich zum Eigenheim größere und relativ kostengünstigere Erzeugungsanlagen für Strom und Wärme installiert werden können, stellt der Bereich der Mietwohnungen ein zentrales Aktionsfeld der Energiewende dar, der bislang aufgrund von unzureichenden bzw. behindernden Gesetzen noch nicht ausreichend genutzt wurde.

Literatur

[1] Bieberbach, F. (Stadtwerke München) (2014): „Jeder der sich der EEG-Umlage entzieht, sorgt dafür, dass die Umlage für die restlichen Verbraucher steigt“. http://www.faz.net/asv/zukunft-energiemaerkte/eigenerzeugung-entsolidarisierung-oder-logische-konsequenz-12975709.html. Zugegriffen: 28. November 2016

[2] BUND e.V. und VdW (2014): Gemeinschaftsprojekt Energiewende – ein Fahrplan zum Erfolg. oekom-Verlag, München

[3] Energy Consulting Mayer: Vortragstext. http://www.hessenenergie.de/Downloads/Dl-Nach/dln-ikwk/dln-ikwk-pdfs/Meyer_271008.pdf. Zugegriffen: 28. November 2016

[4] Energynautics, Öko-Institut, Bird&Bird (2014): Verteilnetzstudie Rheinland-Pfalz. https://mueef.rlp.de/fileadmin/mulewf/Themen/Energie_und_Strahlenschutz/Energie/Verteilnetzstudie_RLP.pdf. Zugegriffen: 28. November 2016

[5] Ethik-Kommission Sichere Energieversorgung (2011): Deutschlands Energiewende – ein Gemeinschaftswerk für die Zukunft, https://www.leopoldina.org/fileadmin/redaktion/Wissenschaft/pdf/Ethik-Kommission_Deutschlands-Energiewendel.pdf. Zugegriffen: 28. November 2016

[6] Frankfurter Allgemeine Sonntagszeitung (2013): „Diese Energiewende ist ein Wahnsinn“, Interview mit EON CEO Johannes Teyssen, 27.10.2013

[11] https://www.klimaschutz.de/de/programm/masterplan-100-klimaschutz und beispielhaft: http://www.masterplan100.de/home/

[12] http://www.nationale-plattform-zukunftsstadt.de/

[7] Großklos, M.; Behr, I.; Paschka, D. (2015): Möglichkeiten der Wohnungswirtschaft zum Einstieg in die Erzeugung und Vermarktung elektrischer Energie. Darmstadt. http://www.iwu.de/forschung/energie/2015/mieterstrom/. Zugegriffen: 28. November 2016

[8] Klimaallianz (2016): Klimaschutzplan 2050 der deutschen Zivilgesellschaft, Berlin, April 2016, https://www.bund.net/service/presse/pressemitteilungen/detail/news/zivilgesellschaft-fordert-nachschaerfung-der-nationalen-klimaziele-ueber-40-organisationen-legen-ge/. Zugegriffen: 20. November 2016

[9] „Klimaretter" (2014): „Eigenverbrauch ist nicht unsolidarisch" http://www.klimaretter.info/energie/hintergrund/16946-fuer-eigenverbraucher-beteiligung-an-eeg-umlage. Zugegriffen: 28. November 2016

[10] VDE Frankfurt am Main (2015), Studie „Der zellulare Ansatz". https://www.vde.com/de/presse/pressemitteilungen/38-15. Zugegriffen: 08. November 2016

Rechtliche, finanzielle und organisatorische Rahmenbedingungen für Mieterstrom

Energiepolitische Rahmenbedingungen für Mieterstrom aus Blockheizkraftwerken und Photovoltaik

Horst Meixner und Gabriele Purper

Perspektiven der dezentralen Kraft-Wärme-Kopplung in der Energiewende

Die in Deutschland eingeleitete Energiewende zielt auf einen beschleunigten Ausbau von erneuerbaren Energien. Deren Nutzung konzentriert sich bisher auf den Stromsektor, wo in 2015 ein Anteil von 32,6 Prozent des Bruttostromverbrauchs erreicht wurde. Im Bereich der Wärmebereitstellung hingegen – wie auch im Mobilitätssektor – haben die Erneuerbaren quantitativ noch kein vergleichbares Gewicht. Die Erwartungen für den Bereich des Wärmebedarfs richten sich hier auf die Zunahme des Anteils der Erneuerbaren über eine *Sektorenkopplung*, die eine flächendeckende Nutzung von regenerativ erzeugtem Strom zur Deckung des Energiebedarfs für Heizzwecke und Warmwasser ermöglichen soll.[1]

Die Kraft-Wärme-Kopplung (KWK) erscheint in dieser Sicht dann schnell als „Sackgassentechnologie", weil sie mit der Nutzung fossiler Energie assoziiert wird, obwohl es doch um ein Effizienzprinzip geht, das auch in einer erneuerbaren Welt seine Gültigkeit

[1] Vgl. etwa: Quaschning, V.: Sektorenkopplung durch die Energiewende [7].

H. Meixner (✉)
Bundesverband Kraft-Wärme-Kopplung, Berlin, Deutschland
e-mail: horst.meixner@t-online.de

G. Purper
Bund Umwelt- und Naturschutz Deutschland (BUND) und den Bundesverband Kraft-Wärme-Kopplung (b.kwk), Berlin, Deutschland

I. Behr, M. Großklos (Hrsg.), *Praxishandbuch Mieterstrom*,
DOI 10.1007/978-3-658-17540-5_3

behält. Dem propagierten Konzept einer vom Regenerativ-Stromsektor ausgehenden unidirektionalen Sektorenkopplung mittels eines massiven Zubaus von monovalenten Elektrowärmepumpen, die zumeist die Außenluft als Wärmequelle nutzen, wird man kritisch begegnen müssen, weil eine flächendeckende Wärmeversorgung mit Strom aus fluktuierenden Quellen wie Solarstrahlung und Wind mit dieser Technologie zu unlösbaren Problemen bei der Absicherung des dadurch erzeugten Spitzenstrombedarfs führen dürfte: Das rapide Absinken der Arbeitszahl von Elektrowärmepumpen wegen der vergleichsweise hohen Temperaturanforderungen von Radiatorheizungen im Gebäudebestand bei niedrigen Außen(luft)temperaturen bewirkt, dass im Extremfall (auf den Heizungen ausgelegt sein müssen) die Elektrizität kaum effizienter genutzt wird als bei einer Stromdirektheizung. Um die geforderte Wärmeleistung zu erreichen, werden dann elektrisch betriebene Heizstäbe als Zusatzheizung eingesetzt. Weil keine Gleichzeitigkeit des dadurch verursachten winterlichen Spitzenbedarfs mit dem Stromangebot aus Photovoltaik- und Windenergieanlagen gegeben ist, sondern vielmehr ein systematisches Auseinanderfallen angenommen werden muss, würde es einer Absicherung durch zusätzliche, regelbarer Kraftwerksleistung in erheblichem Umfang bedürfen, die anderweitig nicht einsetzbar wäre, aber hohe Kosten verursachen würde.[2] Hinzu käme ein entsprechender Strom-Netzausbau für die Spitzenbedarfsdeckung bei gleichzeitiger Ausdünnung bzw. Abschaltung und Entwertung des Gasnetzes in der Fläche.

Die für eine umfassende Energiewende notwendige *Sektorenkopplung* mit einer sinnvollen Integration der Strom- und Wärmeversorgung sollte deshalb bi-direktional gedacht werden: An prominenter Stelle braucht es kurz- und mittelfristig den Ausbau der KWK als Teil einer forcierten Steigerung der Energieeffizienz in allen Umwandlungs- und Anwendungsbereichen, die mit gleicher Priorität wie der Ausbau der Stromerzeugung aus Erneuerbaren verfolgt werden muss. Die Nutzung von hocheffizienter KWK-Technik vermindert den Primärenergieverbrauch und die CO_2-Emissionen gegenüber der getrennten Strom- und Wärmeerzeugung in erheblichem Maße. Dabei passen KWK-Anlagen zum Ausbau der Stromerzeugung aus Erneuerbaren, denn sie sind bei Flexibilisierung durch (Tages-)Wärmespeicher keine *must-run-units*, sondern können in hohem Maße zum nötigen Ausgleich der fluktuierenden Einspeisung beitragen. Darüber hinaus können auch jetzt schon Brennstoffe aus erneuerbaren Quellen effizient in dezentralen KWK-Anlagen eingesetzt werden (z. B. Biomethan). Auf lange Sicht wird es dann darum gehen, speicherbare Energieformen aus dem fluktuierenden Angebot an Sonne und Wind (power-to-gas) für eine effiziente Wärmeversorgung mit KWK bereitzustellen. Dafür ist das Gasnetz mit den daran gekoppelten großen und ausbaufähigen Speicherkapazitäten, die auch einen saisonalen Ausgleich zulassen, eine unverzichtbare Infrastruktur. Die vorhandene Gas-Infrastruktur kann so sukzessiv in ein System zur Verteilung von erneuerbarer Energie überführt und damit dauerhaft genutzt werden.

---

[2] Vgl. etwa Michael Bräuninger; Der Einfluss monovalenter Strom-Wärmepumpen auf den Bedarf an gesicherter Kraftwerksleistung [4].

In einer solchen Perspektive sind Strategien der gemeinsamen dezentralen Erzeugung und objektbezogenen Vermarktung von Strom und Wärme aus *kleinen* KWK-Anlagen sowie aus gebäudebezogenen Photovoltaik-Anlagen keine möglichst bald abzulösenden Übergangskonzepte. Es handelt sich vielmehr um einen zukunftsweisenden Ansatz zur Kombination von Effizienz- und Regenerativtechnik auf dezentraler Ebene, mit dem durch Orientierung am Bedarf vor Ort eine unmittelbare Marktintegration bei gleichzeitiger Entlastung der vorgelagerten Stromnetze geleistet wird.

Der Mietwohnungsbereich als Einsatzfeld von dezentraler KWK und PV

Wenn das im novellierten Kraft-Wärme-Kopplungsgesetz (KWK-G 2016) benannte Ziel einer Netto-Stromerzeugung aus KWK von 110 Terawattstunden (TWh) in 2020 bzw. von 120 TWh in 2025 (§ 1 Abs. 1) tatsächlich erreicht werden soll, bedarf es einer über die fördernden Regelungen des KWK-G hinausgehenden Gestaltung der Rahmenbedingungen für die dezentrale KWK durch die Energiepolitik. Denn der künftige Ausbau wird sich nicht mehr allein im Bereich der klassischen Fernwärme und der *großen* Industriekraftwerke vollziehen können – obgleich hier kurzfristig die quantitativ wichtigsten Beiträge zu erwarten sind. Eine zunehmend wichtigere Rolle wird – gerade auch wegen der in den nächsten Jahrzehnten erforderlichen, umfassenden Verbesserung des Wärmeschutzes im Gebäudebestand und der damit erreichbaren kontinuierlichen Verringerung des Wärmebedarfs – die *kleine* KWK spielen müssen. Gefordert ist somit eine Investitionsstrategie für den Einbau von Blockheizkraftwerken (BHKW mit Zusatz- und Reservekessel) in einigen hunderttausend Wohngebäuden, Heimeinrichtungen und Betrieben, die heute noch wärmeseitig allein aus Gas- bzw. Ölkesseln versorgt werden und die ihren Strom bisher ausschließlich aus dem Netz der allgemeinen Versorgung beziehen.

Insbesondere im Bereich der *kleinen* KWK zur dezentralen Versorgung von Liegenschaften mit Wärme und Strom gibt es hemmende bzw. unklare Rechtsverhältnisse, und potenzielle Nutzer der KWK-Technologie werden mit einem hohen administrativen Aufwand belastet, wenn der dezentral erzeugte Strom im jeweiligen Objekt verwertet werden soll. Das vermindert die wirtschaftliche Attraktivität entsprechender Investitionen und behindert die breite Akzeptanz der dezentralen KWK. Ein Verzicht auf die Vermarktung des Stroms im Objekt zugunsten einer vollständigen Einspeisung in das vorgelagerte Netz der allgemeinen Versorgung war und ist in den weitaus meisten Fällen – trotz der Förderung über das KWK-G – keine wirtschaftlich tragfähige Alternative. Deshalb kommt der Ausbau der dezentralen KWK viel zu langsam voran.

Dies gilt vor allem und in besonderem Maße für den Mietwohnungsbereich (Mehrfamilienhäuser – MFH), der von der zeitlichen Struktur des Bedarfs her ein gut geeignetes Einsatzfeld für die dezentrale KWK darstellt. Der ideale Partner für eine auf die Versorgung von MFH hin ausgelegte KWK-Anlage ist dabei die Photovoltaik (PV) auf dem Dach und/oder an der Fassade der Gebäude – ggfs. mit einem Solarstromspeicher zur Glättung des Angebots über den Tag. Denn der saisonale Erzeugungsschwerpunkt der PV-Anlage liegt im Sommer, während ein auf die Deckung des Wärmebedarfs im MFH ausgelegtes BHKW vor allem während der Heizperiode die meisten Betriebsstunden aufweist. Insofern ergänzen sich die beiden Technologien in diesem Anwendungsbereich und konkurrieren bei einer auf das zu versorgende Objekt hin optimierten Auslegung nicht um dieselben Teile des Strombedarfs.

Weil die Kosten des Solarstroms aus gebäudebezogenen Photovoltaik-Anlagen durch die vom EEG angestoßene technische Entwicklung in den vergangenen zwei Jahrzehnten rapide gefallen sind und weil damit heute die Erzeugungskosten von Photovoltaik-Strom deutlich unterhalb der Bezugskosten von Haushaltsstrom aus dem Netz der allgemeinen Versorgung liegen, ist grundsätzlich auch eine wirtschaftliche Integration des Solarstroms in die Versorgung von MFH möglich.

Eine Stromversorgung aus gebäudebezogenen Photovoltaik-Anlagen sieht sich im Mietwohnungsbereich den gleichen Hemmnissen und Problemen gegenüber wie der BHKW-Strom.[3] Auch hier fehlt es an klaren Rahmendaten und praktikablen Modellen. Deshalb bleibt der Zubau solcher Anlagen weit hinter den technischen Möglichkeiten zurück. Wenn im MFH-Bereich Photovoltaik zum Einsatz kommt, dann wird oft die Vermarktung auf Grundlage des EEG mittels Einspeisung in das Netz der allgemeinen Versorgung gewählt und nicht die eigentlich sinnvolle Verwertung in der Liegenschaft.

Grundsätzlich kann eine auf die Versorgung der jeweiligen Liegenschaft mit Strom und Wärme zugeschnittene KWK-Anlage in Kombination mit einer gebäudebezogenen Photovoltaik-Anlage technisch eine weitgehendende Deckung des Strombedarfs der Bewohner des MFH sowie die Versorgung mit Heizwärme und Warmwasser sichern. Der Anteil des Strombezugs aus der dezentralen Erzeugung liegt bei einem solchen Modell regelmäßig bei mehr als der Hälfte des Strombedarfs – und typischerweise fällt die Bezugsspitze eines solchen Objekts nicht in die Zeit der allgemeinen Höchstlast an den kältesten Tagen des Jahres. Denn zu diesen Zeiten ist die KWK-Anlage wegen des zu deckenden Wärmebedarfs regelmäßig in Betrieb.

Ein solcher Paradigmenwechsel zu einer dezentralen, objektgebundenen Erzeugung und Versorgung erfordert die Einbeziehung von vielen *kleinen* Akteuren, die nicht mehr nur Abnehmer von Endenergie aus den zentralen Systemen bleiben können, sondern selbst als Investoren in Effizienztechnik und in Anlagen zur Nutzung erneuerbarer Energien aktiv werden müssen. Dabei können aber auch Energiedienstleister mit spezialisiertem Know-how und intelligente Contracting-Angebote die Energienutzer auf dem Weg zum *Energie-Erzeuger-Konsumenten* unterstützen. Bei Bereitschaft zu einem Rollenwechsel läge hier auch ein wichtiges Betätigungsfeld der klassischen Energieversorgungsunternehmen.

---

[3] Vgl. Bundesverband Solarwirtschaft; Photovoltaik-Stromlieferung und neue Geschäftsmodelle [2] sowie Bundesverband Solarwirtschaft; Investorenleitfaden Photovoltaik – Marktübersicht und Praxishilfe zu PV-Geschäftsmodellen in Deutschland [3]

Mieterstrom – ein leistungsfähiges Modell in Warteposition

Die für die *kleine* KWK in Kombination mit Photovoltaik-Anlagen attraktiven Bereiche des Gebäudebestands sind neben Heimeinrichtungen, Beherbergungsbetrieben etc. vor allem größere Wohngebäude und gewerblich genutzte Objekte, in denen regelmäßig der größte Anteil am Verbrauch von Wärme und Strom auf Mieter entfällt[4] – und nicht auf den jeweiligen Eigentümer.

Die Eigentümer von Wohngebäuden (aber auch von vielen Nicht-Wohngebäuden) vermieten die Wohnungen oder das Haus in der Regel mit einem mehr oder weniger *kompletten* Paket an Infrastruktur-Leistungen. Das heißt, die notwendigen Hausinfrastruktur-Einrichtungen (Wärme- und Wasserversorgung, Entsorgung, Strom- und Kommunikationsanschlüsse) sind vorhanden, und der Eigentümer hat entsprechende Verträge über deren Anschluss und den Betrieb abgeschlossen. Danach hat der Mieter im Bereich der Wärmeversorgung keine Möglichkeit des Wechsels zu einem anderen System, einem anderen Energieträger und/oder Betreiber/Lieferanten.[5] Um einer Übervorteilung der Mieter vorzubeugen, ist allerdings in der Heizkostenverordnung geregelt, dass unter Beachtung des Wirtschaftlichkeitsgebots nur bestimmte (laufende) Kosten für Beheizung und Trinkwassererwärmung an die Mieter durchgereicht werden dürfen.

Frei wählbar für den Mieter ist hingegen in der Regel der Stromlieferant. Folglich gibt es für die Versorgung mit elektrischer Energie keinerlei mit der Heizkostenverordnung vergleichbare rechtliche Regelung, wenn man von der Weiterberechnung des sogenannten Allgemeinstroms (z. B. Verkehrsflächenbeleuchtung, Aufzug, Strom für Heizungsbetrieb etc.) absieht. Vielmehr hat sich im Bereich der vermieteten Gebäude in Deutschland die nach Mietparteien getrennte Messung und Abrechnung je Mieteinheit weitestgehend durchgesetzt. Dies war auch schon zu Monopolzeiten (vor 1998) der Fall – ist also keineswegs das Resultat der Öffnung der Strommärkte für den Wettbewerb.

Vor diesem Hintergrund zielen Mieterstrom-Modelle auf eine Belieferung möglichst vieler Nutzer (Eigentümer und Mieter) eines Gebäudes bzw. einer Liegenschaft mit Strom aus dezentraler Erzeugung mit *kleiner* KWK und/oder Erneuerbaren. Die Verwendung von motorisch getriebenen BHKW in Kombination mit Photovoltaik-Dachanlagen erlaubt mit einer für Wohngebäude typischen Auslegung i.d.R. eine mindestens überwiegende Deckung des Strombedarfs (>50 %) aus der verbrauchsnahen Erzeugung im Gebäude bzw. in der Liegenschaft. Von den Nutzern des Objekts nicht abgenommener Strom wird in das vorgelagerte Netz abgegeben bzw. nach den dort geltenden Regeln vermarktet, der benötigte Zusatzstrom wird aus dem Netz der allgemeinen Versorgung bezogen. Die Versorgungssicherheit bei Ausfall der dezentralen Erzeugungsanlage(n) wird ebenfalls durch den

---

[4] Letztlich sind die Verhältnisse auch bei Wohnungseigentum in größeren MFH vergleichbar – zumal auch Eigentumswohnungen in vielen Fällen individuell vermietet werden.

[5] Hinsichtlich der Wärmeversorgung gibt es ggf. eingeschränkte Wechselmöglichkeiten bei Einzel- oder Gasetagenheizungen.

Netzanschluss gewährleistet und ggfs. durch einen Vertrag über Reserveversorgung abgesichert. Wärmeseitig sichert ein Zusatz- bzw. Reservekessel die Versorgung der Nutzer ab.

Von Verbandsseite wird das Potenzial für Mieterstrom allein in der Wohnungswirtschaft mittelfristig auf bis zu 3,4 Mio. Wohnungen mit ca. 3,4 TWh Stromverbrauch geschätzt.[6] Eine Untersuchung des Instituts für Wohnen und Umwelt aus jüngster Zeit belegt allerdings, dass inzwischen zwar ein deutliches Interesse bei den Unternehmen der Wohnungswirtschaft an Mieterstrom-Modellen besteht, dass aber bisher nur wenige Umsetzungsbeispiele existieren.[7] Dies dürfte nicht zuletzt daran liegen, dass die Akteure noch kein vollständig klares und rechtlich hinreichend abgesichertes Geschäftsmodell haben und deshalb die Umsetzung scheuen. Wenn sich aber wenigstens ein Teil des großen Potenzials wirtschaftlich erschließen lässt, dann lohnt es sich, die praktische Umsetzung mit der Entwicklung praktikabler Geschäftsmodelle im Mietwohnungsbereich voranzubringen.

Mieterstrom im Energierecht – Regelungsansätze und Regelungsdefizite

Entscheidend für eine Mieterstrom-Versorgung ist in energierechtlicher Hinsicht, dass der dezentral erzeugte Strom nicht über das Netz der allgemeinen Versorgung (früher: öffentliches Netz) an die Nutzer geliefert wird, sondern dass zur Verteilung des Stroms ausschließlich die Kundenanlage dient, wie sie im Energiewirtschaftsgesetz (EnWG) in § 3 Nr. 24a definiert ist.[8] In § 3 Nr. 11 EnWG wird die dezentrale Erzeugungsanlage als „an das Verteilernetz angeschlossene verbrauchs- und lastnahe Erzeugungsanlage" charakterisiert. Mittelbar sind auch die Mieterstrom-Erzeugungsanlagen an das Verteilernetz angeschlossen, aber sie liefern vorrangig in die Kundenanlage, über die der Anschluss hergestellt wird. Eine Kundenanlage ist ein elektrotechnisches System (und insoweit kann sie aus den gleichen technischen Elementen bestehen wie ein Netz), das sich auf einem „räumlich zusammengehörenden Gebiet" befindet und das mit „einem Energieversorgungsnetz oder mit einer Erzeugungsanlage verbunden" ist. Nach Auffassung der Bundesnetzagentur kann sich dieser räumliche Zusammenhang ggfs. über mehrere Gebäude oder Grundstücke erstrecken, die auch nicht unbedingt im Eigentum derselben Person stehen müssen.[9] Jedoch darf kein öffentlicher Weg für die Kabelverlegung genutzt oder auch nur

[6] Siehe Vogler, I.: Stromerzeugung in der Wohnungswirtschaft – neue Wege für den Klimaschutz. [8].

[7] Vgl. Möglichkeiten der Wohnungswirtschaft zum Einstieg in die Erzeugung und Vermarktung elektrischer Energie – Endbericht [6].

[8] Es gibt auch Vorschläge zu Mieterstrom-Modellen, die über die einzelne Kundenanlage hinausgreifen und Verbindungen über das vorgelagerte Verteilnetz einbeziehen wollen. Dem wird hier nicht gefolgt.

[9] Siehe den Beschluss der zuständigen Kammer bei der Bundesnetzagentur: BK 6-10-208.

gequert werden. Denn die Nutzung des öffentlichen Raums für Trassen bleibt dem konzessionierten Netz der allgemeinen Versorgung vorbehalten.[10]

Mieterstrom-Versorgung bei freier Wahl des Stromlieferanten

Wenn man bei der Umsetzung einer Mieterstrom-Versorgung an der individuellen Entscheidungsfreiheit der Mieter in Sachen Strombezug festhalten will,[11] dann muss der Letztverbraucher innerhalb der Kundenanlage nach wie vor die Möglichkeit haben, seinen Stromlieferanten frei zu wählen. Die Mieter sind unter den heutigen rechtlichen Rahmenbedingungen nicht verpflichtet, sich auf eine Belieferung aus der dezentralen Stromerzeugung einzulassen. Vielmehr ist es erforderlich, sie durch attraktive Angebote von den ökonomischen und ökologischen Vorteilen des „hausgemachten" Stroms zu überzeugen, um die Mieter zu einem Vertragsabschluss zu bewegen bzw. später von einer Kündigung einmal geschlossener Bezugsverträge abzuhalten. Die damit verbundenen Kosten und Risiken der Kundenakquisition und eventuell fehlender Auslastung von Anlagen trägt somit der Anbieter des Mieterstroms.

Ein für die potentiellen Nutzer in der versorgten Liegenschaft nicht-verpflichtendes Mieterstrom-Modell hat dafür aber auch keine Probleme mit den Vorgaben des Europarechts zum Strommarkt-Wettbewerb, und es erfordert an dieser Stelle auch keine Änderungen im Energierecht des Bundes. Denn es lässt die Belieferung von Mietern durch *externe* Energieversorger grundsätzlich zu und genügt damit den übrigen definitorischen Merkmalen, die im EnWG für die Kundenanlage benannt werden: Denn eine Kundenanlage muss nicht nur aufgrund ihrer Größe „für die Sicherstellung eines wirksamen und unverfälschten Wettbewerbs (...) unbedeutend" sein, sondern sie muss auch „jedermann zum Zwecke der Belieferung der angeschlossenen Letztverbraucher im Wege der Durchleitung unabhängig von der Wahl des Energielieferanten diskriminierungsfrei und unentgeltlich zur Verfügung gestellt werden" (§ 3 Nr. 24a EnWG).

Auch wenn es im Energiewirtschaftsrecht bisher keine Legaldefinition für Mieterstrom gibt, fügt sich das vorstehend skizzierte Konzept der dezentralen Erzeugung und Vermarktung in die systematische Unterscheidung zwischen Kundenanlage und Netz im EnWG

---

[10] Umgekehrt wird auch jeder durch ein Netz geleitete Strom von der Eigenversorgung ausgeschlossen – selbst wenn die Einspeisung nur kaufmännisch-bilanzieller Natur ist. Vgl. Bundesnetzagentur: Leitfaden zur Eigenversorgung, Bonn Juli 2016, S. 36 f.

[11] Vorstellbar wäre auch ein Modell, das dem Gebäudeeigentümer rechtlich die Möglichkeit einräumt, bei überwiegender Versorgung mit Strom aus gebäudebezogenen BHKW und Erneuerbaren alle an die elektrische Kundenanlage angeschlossenen Mieter zu verpflichten, sich aus diesem System nicht nur mit Wärme, sondern auch mit Strom zu versorgen, wobei dann für den Strompreis bei einer solchen Liegenschaftsversorgung aus Gründen des Verbraucherschutzes zumindest Preisobergrenzen vorgegeben werden müssten (z. B. 10 % unter dem Tarif des jeweiligen Grundversorgers nach § 36 EnWG).

ein. Während das EnWG einem Stromnetzbetreiber von vornherein den rechtlichen Status eines Energieversorgungsunternehmens (EVU) mit den damit verbundenen umfänglichen Pflichten zuweist, macht eine Kundenanlage ihren Betreiber nicht automatisch zu einem EVU (§ 3 Nr. 18 EnWG). Jedoch wird der Betreiber einer Kundenanlage zum EVU, wenn er Letztverbraucher mit Strom beliefert – was bei einem Mieterstrom-Modell grundsätzlich der Fall ist.[12] Auch nach § 5 Nr. 13 des Erneuerbare-Energien-Gesetzes (EEG 2014) ist „jede natürliche oder juristische Person, die Elektrizität an Letztverbraucher liefert" ein Elektrizitätsversorgungsunternehmen. Die in § 117a EnWG enthaltene Ausnahmeregelung, wonach Betreiber von EEG- und KWK-Anlagen bis zu einer Leistung von 500 Kilowatt (kW), die „nur deswegen als Energieversorgungsunternehmen gelten, weil sie Elektrizität nach den Vorschriften des Erneuerbare-Energien-Gesetzes oder des Kraft-Wärme-Kopplungsgesetzes in ein Netz einspeisen oder im Sinne des § 5 Nummer 9 des Erneuerbare-Energien-Gesetzes direkt vermarkten", bezieht sich nur auf die Entflechtungsvorschriften des § 10 Abs. 1 EnWG und kennt auch nur die Direktvermarktung nach dem EEG und nicht die Stromlieferung in einer Kundenanlage.

Allerdings sieht das EnWG in § 5 vor, dass im Falle einer ausschließlichen Belieferung von Haushaltskunden[13] innerhalb einer Kundenanlage keine Anzeigepflicht bei der Bundesnetzagentur besteht. Wenn die Tätigkeit nicht angezeigt werden muss, entfallen damit auch die sich daraus ergebenden umfangreichen Nachweispflichten gegenüber der Regulierungsbehörde.

Netzanschluss und Abrechnung von Mieterstrom im Summenzähler-Modell

Da der stromliefernde Betreiber einer Kundenanlage definitionsgemäß nicht über ein Netz i.S.d. EnWG verfügt, sind auch alle Vorgaben des EnWG zur Entflechtung und zur Regulierung des Netzbetriebs (Teile 2 und 3 des EnWG) nicht einschlägig. Wohl aber gibt es hier einige Vorgaben für Netzbetreiber, die für Mieterstrom-Modelle essentiell sind. So

[12] Der von der Bundesnetzagentur im Zusammenhang mit der Legaldefinition von „Eigenversorgung" im EEG 2014 entwickelte Leitfaden [1] zeigt sehr deutlich, dass Konzepte der Bereitstellung von Strom durch den Betreiber der Kundenanlage, die ohne eine „Lieferung" auskommen wollen (Stromversorgung ohne gesonderte Berechnung als Bestandteil der Miete), in der rechtlichen Bewertung als Umgehung gewertet werden dürften, obwohl es durchaus einige alltägliche Fälle gibt, in denen genau dies praktiziert wird (z. B. Anmietung einer Ferienwohnung oder eines Hotelzimmers, Nutzung von Strom in Krankenhäusern durch Patienten und durch Bewohner von Heimeinrichtungen, etc.).

[13] Nach § 3 Nr. 22 EnWG sind Haushaltskunden „Letztverbraucher, die Energie überwiegend für den Eigenverbrauch im Haushalt oder für den einen Jahresverbrauch von 10.000 Kilowattstunden nicht übersteigenden Eigenverbrauch für berufliche, landwirtschaftliche oder gewerbliche Zwecke kaufen".

ist der Betreiber des der Kundenanlage vorgelagerten Netzes der allgemeinen Versorgung verpflichtet, die Kundenanlage an das Netz anzuschließen (§ 20 EnWG). Weiterhin gibt § 20 Abs. 1d EnWG vor, dass der Netzbetreiber die notwendigen Zählpunkte bereitstellen muss und dass im Falle einer „Belieferung der Letztverbraucher durch Dritte (...) erforderlichenfalls eine Verrechnung der Zählwerte über Unterzähler" stattfindet. Eine hierzu analoge Formulierung findet sich im novellierten KWK-G 2016 in § 14 Abs. 2.

Damit wird gesichert, dass der für die Abrechnung mit dem Netzbetreiber bzw. mit externen Stromlieferanten unabdingbare Summenzähler am *Eingang* der Kundenanlage nicht verweigert werden kann. Weiter wird ein Verfahren benannt, das zur Anwendung kommen soll, falls nicht alle Nutzer der Kundenanlage an dem Mieterstrom-Modell teilnehmen. Diese messtechnische Vorgabe ermöglicht die Abrechnung mittels des sogenannten Summenzählermodells im Falle des Nebeneinanders einer Belieferung von Mietern in der Kundenanlage aus der dezentralen Erzeugung und von anderen Mietern durch *externe* Stromversorger. Der Strom für diese drittversorgten Letztverbraucher ist dann durch die Kundenanlage kostenfrei durchzuleiten. Die Höhe des Verbrauchs der von *externen* EVU belieferten Stromkunden in der Kundenanlage wird durch Unterzähler erfasst und ist vom Netzbetreiber mit dem über den Summenzähler von der Kundenanlage insgesamt bezogenen Strom zu verrechnen. Im KWK-G 2016 ist zu den technischen Details des Abrechnungsverfahrens festgehalten, dass dabei eine Verrechnung von Leistungswerten aus standardisierten Lastprofilen (z. B. Standardlastprofil für private Haushalte) mit Leistungswerten aus einer registrierenden Lastgangmessung (wie sie etwa bei einem Summenzähler für ein größeres Gebäude anfallen) zulässig ist.

Die Praxis sieht so aus, dass ein Zwei-Richtungszähler für Einspeisung und Strombezug (bei größeren Objekten i.d.R. mit registrierender Leistungsmessung) die Kundenanlage – bestehend aus Erzeugungsanlage(n) und interner Stromverteilung – mit dem vorgelagerten Netz der allgemeinen Versorgung verbindet (siehe Kapitel „Messkonzepte"). Die Abrechnung mit den Letztverbrauchern führt der Anlagenbetreiber und *hausinterne* Stromlieferant i.d.R. mit üblichen Haushaltszählern durch, die den dafür geltenden technischen Vorschriften genügen müssen (z. B. Eichung). Die von *externen* Stromversorgern an Mieter in einer solchen Liegenschaft gelieferten und mit ihnen abgerechneten Mengen werden auf den diesen Kunden zugeordneten Zählern erfasst, aufsummiert und von dem am Summenzähler ermittelten Gesamtbezug aus dem Netz der allgemeinen Versorgung in Abzug gebracht. Dabei kann ggf. die zeitliche Struktur des Verbrauchs der extern belieferten Mieter mittels eines Standardlastprofils abgebildet werden.

Dieses Modell einer praktikablen Abrechnung wurde von der Bundesnetzagentur anerkannt[14] und wird auch durch die Formulierung in § 14 Abs. 2 KWK-G gestützt, die für den Fall einer Drittbelieferung die von Netzbetreibern gelegentlich erhobene Forderung nach einer (teuren) registrierenden Lastgangmessung des Verbrauchs jedes einzelnen der von *externen* EVU belieferten Mieter zurückweist (s. o.). Allerdings sind hier für die

[14] Siehe die einschlägige Entscheidung der zuständigen Beschlusskammer: BK6-06-071.

Zukunft durch das in 2016 verabschiedete Messstellenbetriebsgesetz (MsbG) Änderungen auch für Mieterstrommodelle zu erwarten. Denn dieses Gesetz sieht unter bestimmten Bedingungen den Einbau von intelligenten Messsystemen (Smart-Meter) verpflichtend vor – für Letztverbraucher mit einem Jahresstrombedarf über 10.000 kWh bereits ab 2017.

Grundversorgungspflicht bei einem Mieterstrom-Modell

Von Teil 4 des EnWG, der die Energielieferung an Letztverbraucher regelt, sind für die Stromlieferung aus dezentraler Erzeugung in einer Kundenanlage die §§ 36 bis 39 nicht maßgeblich, soweit es um Pflichten bei der Versorgung von „Netzgebieten" geht. Ein ausschließlich innerhalb der Kundenanlage tätiger Stromlieferant kann nicht als Grundversorger für ein Netzgebiet verpflichtet werden (§ 36), ist nicht für die Ersatzversorgung im Netz zuständig (§ 38) und ist folglich auch nicht von den Regeln für Allgemeine Preise und Versorgungsbedingungen im Rahmen der Grund- und Ersatzversorgung (§ 39) betroffen.

Allerdings ist der § 37 EnWG von Bedeutung, der Ausnahmen von der Grundversorgungspflicht behandelt. Denn hiernach hat jemand, der zur „Deckung des Eigenbedarfs eine Anlage zur Erzeugung von Energie betreibt oder sich von einem Dritten versorgen lässt" keinen Anspruch auf Belieferung zum Grundversorger-Tarif, sondern er kann nur eine Grundversorgung verlangen, „die für das Energieversorgungsunternehmen wirtschaftlich zumutbar" ist.[15] Als zumutbar gilt für den Grundversorger gemäß § 37 Abs. 2 eine Reserveversorgung von Eigenerzeugern nur, „wenn sie den laufend durch Eigenanlagen gedeckten Bedarf (…) umfasst und ein fester, von der jeweils gebrauchten Energiemenge unabhängiger angemessener Leistungspreis (…) bezahlt wird".

Diese Regelung gilt nunmehr für reine Eigenversorger wie für Mieterstrom-Modelle. In allen Fällen muss ein Vertrag über den am Summenzähler gemessenen Reststrom-Bezug der mit dezentralen Erzeugungsanlagen ausgerüsteten Liegenschaft abgeschlossen werden, in dem ggfs. auch die Inanspruchnahme von Reservestrom für Zeiten des Ausfalls von Anlagen zu regeln sein wird. Anders als zu Zeiten des Gebietsmonopols müssen unter den heutigen Bedingungen solche Verträge über Zusatz- und Reserveversorgung nicht mehr mit dem *zuständigen* Grundversorger abgeschlossen werden. Denn auch für jeden Eigenerzeuger besteht grundsätzlich Wahlfreiheit zwischen den Anbietern von (Rest-)Stromlieferungen, wobei allerdings die mangels Standardisierung notwendige,

[15] Die in der früheren Fassung des § 37 enthaltene explizite Ausnahmeregelung für die „die Deckung des Eigenbedarfs von in Niederspannung belieferten Haushaltskunden aus Anlagen der Kraft-Wärme-Kopplung bis 50 Kilowatt elektrischer Leistung und aus erneuerbaren Energien" ist mit der Änderung des EnWG durch das Strommarktgesetz im Juli 2016 entfallen. Auch der Betreiber einer Kleinanlage zur Eigenversorgung hat nun keinen Anspruch mehr auf Belieferung zum Grundversorger-Tarif. Die Regelung diente in Monopolzeiten dem Schutz kleiner Eigenerzeuger vor prohibitiven Preisen für Reserve- und Zusatzversorgung des jeweiligen Regionalversorgers, mit denen oftmals bereits in der Planungsphase die Aufnahme einer Eigenerzeugung verhindert wurde.

individuelle Aushandlung entsprechender Lieferverträge energiewirtschaftliche Kompetenz auf Seiten der Nachfrager erfordert.

Deshalb bedeutet der Ausschluss von der Belieferung zum Grundversorger-Tarif insbesondere für sehr kleine Eigenerzeuger (mit Anlagen im Bereich von einigen wenigen kW Leistung) durchaus eine Einschränkung, weil vorab nur mit viel Aufwand Sicherheit über die Konditionen für Reserve- und Zusatzstromlieferung erzielt werden kann. In solchen Fällen können die Transaktionskosten beim Abschluss von Zusatz- und Reserveverträgen gerade für kleine Eigenerzeuger in Relation zum Wert der Lieferung abschreckend hoch werden.

Pflichten zur Abrechnungsgestaltung und Information bei Mieterstrom

Für eine Stromversorgung aus dezentraler Erzeugung innerhalb einer Kundenanlage gelten ansonsten die Regelungen für „Energielieferverträge bei der Belieferung außerhalb der Grundversorgung" in den §§ 40 bis 42 EnWG, wonach die Verträge und Abrechnungen einfach und verständlich zu gestalten sind und eine Reihe von Informationen für den Verbraucher sowie Pflichtangaben zu Vertragskonditionen und zu den Abrechnungsmodalitäten enthalten sein müssen (§ 40 und § 41). Zudem sind gemäß § 42 EnWG die Letztverbraucher im Kontext der Abrechnung über die Anteile der unterschiedlichen Energieträger am gelieferten Strom-Mix sowie über deren jeweilige Umweltauswirkungen im Vergleich zu Durchschnittswerten der deutschen Stromerzeugung zu unterrichten.

Diese Pflichten nehmen sich im Vergleich zu dem Volumen der Versorgung in einer Kundenanlage mit vielleicht zehn bis hundert Wohneinheiten relativ aufwändig aus. Einige der Anforderungen machen auch nur Sinn für den Fall der Belieferung einer größeren Zahl von Kunden über ein Netz der allgemeinen Versorgung, so dass hier nur eine am Sinn der Vorschrift orientierte Erfüllung möglich ist. Im Interesse des Verbraucherschutzes, und weil eine Mieter-Stromversorgung aus dezentraler Erzeugung unter einem hohen ökologischen Anspruch steht, wird man kaum darauf verzichten können, diesen Informationsaufwand – in einer auf die Versorgung in einer Kundenanlage zugeschnittenen Form – zu akzeptieren.

Präzisierung der energierechtlichen Vorgaben zum Mieterstrom

Insgesamt kann man festhalten, dass das geltende Energiewirtschaftsrecht der Belieferung von Mietern in einer Kundenanlage mit Strom aus dezentraler KWK und/oder aus Erneuerbaren, der innerhalb der Kundenanlage erzeugt wird, grundsätzlich nicht entgegensteht. Jedoch gibt es Unschärfen im EnWG, die vor allem daraus resultieren, dass das Gesetz auf den klassischen Stromversorger zugeschnitten ist, der Kunden über das Netz der allgemeinen Versorgung beliefert und dass es daneben eigentlich nur die Figur des früher zumeist industriell-gewerblichen Eigenerzeugers kennt – und allenfalls ausnahmsweise wie in § 5 oder in § 117a EnWG andere Akteure.

Im Interesse klarer Rahmenbedingungen für die dezentrale Erzeugung und Vermarktung von KWK-Strom und/oder Regenerativstrom wäre es sinnvoll, in das EnWG eine Legaldefinition für *Mieterstrom* aufzunehmen. Dabei könnte auf die Herkunft aus Anlagen abgestellt werden, die den technischen Anforderungen des KWK-G bzw. denen des EEG genügen und die sich innerhalb der Kundenanlage befinden müssen, in der dieser Strom nach Lieferung an die Mieter auch verbraucht wird, ohne dass ein Netz der allgemeinen Versorgung zwischengeschaltet ist.

Darüber hinaus sollte der so näher bestimmte Mieterstrom dem Strom aus Anlagen zur Eigenerzeugung (gem. § 3 Nr. 13 EnWG: „Erzeugung von Elektrizität zur Deckung des Eigenbedarfs") rechtlich explizit gleich gestellt werden. Denn in der Sache gibt es energierechtlich gesehen keine vernünftigen Gründe dafür, den in einer Kundenanlage erzeugten und von Mietern in dieser Kundenanlage verbrauchten Strom nur deshalb anders zu behandeln, weil zwischen dem Erzeuger und dem/den Nutzer/n dieses Stroms keine Personenidentität besteht. Wie viele Dienstleistungsbetriebe zeigen (Hotels, Heime, Krankenhäuser etc.), geht die Forderung nach strikter Personenidentität von Stromerzeuger und Stromnutzer auch an der Realität vorbei.[16]

Zudem führt die Ungleichbehandlung von selbst verbrauchtem und in der Kundenanlage geliefertem Strom zu einem hohen messtechnischen Aufwand und zu Abrechnungsproblemen, weil Eigenbedarfsdeckung und Lieferung im Objekt regelmäßig nebeneinander vorkommen. So ist etwa die Stromerzeugung zur Deckung des Allgemeinstrombedarfs in einem Mietwohnungsgebäude als Eigenbedarfsdeckung zu werten, wenn der Eigentümer des Gebäudes Betreiber der Erzeugungsanlage ist. Schon wenn ein Energiedienstleister die Erzeugungsanlage technisch betreibt und abrechnet, wird aber der Status der Eigenerzeugung in Frage gestellt. Der an Mieter (die letztlich auch den Allgemeinstrom nutzen) gelieferte Strom ist nach den geltenden energierechtlichen Vorschriften als Stromversorgung durch ein – wenn auch besonderes – EVU zu werten.

Abgaben, Steuern, Umlagen und Förderung bei Mieterstrom

Von entscheidender Bedeutung für die wirtschaftliche Machbarkeit des Mieterstrom-Modells ist die Belastung der dezentralen Stromerzeugung und -vermarktung mit Abgaben, Steuern und Umlagen sowie der Umfang einer eventuellen Förderung. Beispielrechnungen für typische Anwendungsfelder im MFH-Bereich belegen, dass in geeigneten Liegenschaften kleinere BHKW in Kombination mit Photovoltaik-Anlagen grundsätzlich ein für Mieter und Anlagenbetreiber/Investoren gleichermaßen ökonomisch vorteilhaftes Ergebnis bringen können, wenn die bis 2015 geltenden Regelungen genutzt werden können. Zugleich wird aus solchen Modellrechnungen aber auch erkennbar, wie

[16] Gleichwohl hält der rechtliche Leitfaden der Bundesnetzagentur an der Forderung nach einer strikten Personenidentität von Stromerzeuger und Stromverbraucher fest. Vgl. [1, S. 23 ff.].

sensitiv das Ergebnis auf Änderungen in diesen Rahmenbedingungen reagiert (siehe Kapitel „Wirtschaftlichkeit").

Netzentgelte und Konzessionsabgaben für Mieterstrom

Für den in einer Kundenanlage erzeugten und dort auch verbrauchten Strom fallen die an eine Nutzung von Netzen der allgemeinen Versorgung geknüpften Abgaben und Entgelte nicht an. Gezahlt werden sie nur für den als Ergänzung aus dem vorgelagerten Netz bezogenen Reststrom als Bestandteil von dessen Bezugspreis. Für den intern produzierten und verwerteten Strom ist keine Konzessionsabgabe zu entrichten. Denn die Konzessionsabgabe wird von den Kommunen auf Grundlage von Nutzungsverträgen für die öffentlichen Wege (§ 46 EnWG) für den über das Netz der allgemeinen Versorgung verteilten Strom in Form von Centbeträgen je kWh erhoben (§ 48 EnWG). Ebenso entfällt für den in der Kundenanlage erzeugten und verbrauchten Strom das Netznutzungsentgelt, das die Betreiber des vorgelagerten Netzes der allgemeinen Versorgung für dessen Inanspruchnahme berechnen.[17] Rechtlich als Aufschlag auf die Netznutzungsentgelte definierte Umlagen, die aber einzeln wie auch in der Summe (zusammen ca. 0,63 Cent je kWh) quantitativ von begrenzter Bedeutung sind, entfallen damit auch. Dabei handelt es sich um

- die Umlage nach § 19 Stromnetzentgeltverordnung, mit der die teilweise Befreiung großer (industrieller) Stromverbraucher von den Netzentgelten kompensiert wird,
- die Offshore-Haftungsumlage zur Finanzierung von Entschädigungszahlungen an die Betreiber von Offshore-Windparks wegen eines verspäteten Anschlusses an die Übertragungsnetze an Land oder lang andauernder Netzunterbrechungen,
- die Umlage nach der Verordnung zu abschaltbaren Lasten, mit der eine Vergütung für Großabnehmer, die in Spitzenlastzeiten ihren Strombezug absenken, finanziert wird sowie,
- die KWK-Umlage auf die Netznutzungsentgelte zur Finanzierung der Förderung nach dem KWK-G.

---

[17] Wenn die Nicht-Zahlungspflichtigkeit von Strom in einer Kundenanlage bei Konzessionsabgabe und Netznutzungsentgelt in der energiepolitischen Diskussion gelegentlich als ungerechtfertigte Privilegierung bezeichnet oder gar als „Entsolidarisierung" und „Schwarzbrennerei" diffamiert wird, geht das an der Sache völlig vorbei (siehe auch Kapitel „Energiesystem der Zukunft"). Denn es handelt sich um Abgaben bzw. Entgelte, die von ihrer Konstruktion her nur bei tatsächlicher Nutzung der Systeme *Netz* und *öffentliche Wege* zu zahlen sind. Würde man die Zahlungen auch bei Vermeidung der Nutzung durch interne Erzeugung fordern, dann könnte man dies gleich auch auf die Verminderung des Strombezugs durch den Einsatz stromsparender Geräte ausweiten. Einer eventuell verringerten Benutzungsdauer der Bezugsspitze durch Aufnahme einer internen Erzeugung trägt im Übrigen die Stromnetzentgeltverordnung bereits durch Vorgabe eines höheren Leistungspreises bei Unterschreitung einer Benutzungsdauer der Netz-Bezugsspitze von 2500 h/a Rechnung.

Energiesteuer und Stromsteuer bei Mieterstrom

Die Betreiber ortsfester KWK-Anlagen bis 2 Megawatt elektrisch (MW_{el}), die einen Nutzungsgrad von mindestens 70 % der Einsatzenergie aufweisen, bekommen auf Antrag die im Brennstoffbezugspreis gezahlte Energiesteuer (bei Erdgas i.d.R. 0,55 Cent je kWh Hs) vom Bundesamt für Wirtschaft und Ausfuhrkontrolle erstattet (§ 53a Energie-Steuer-Gesetz – EnergieStG). Die vollständige Erstattung ist auf den Zeitraum der Absetzung für Abnutzung (= Abschreibungsdauer) der Hauptbestandteile der KWK-Anlage entsprechend den Vorgaben von § 7 des Einkommensteuergesetzes begrenzt (für BHKW gemäß AfA-Tabelle: 10 Jahre). Nach Ablauf der Abschreibungsdauer kann die volle Steuererstattung nur noch erreicht werden, wenn Hauptbestandteile durch fabrikneue Teile ausgetauscht werden und die angefallenen Kosten bei mindestens 50 % einer Neuerrichtung liegen. Ansonsten kann nach Ablauf der Abschreibungszeit eine Teilentlastung gemäß § 53b EnergieStG beantragt werden, die zu einer Absenkung auf den Mindeststeuersatz führt, was bei Erdgas eine Absenkung auf 0,108 ct/kWh bedeutet.

Diese Regelung zur Entlastung des KWK-Stroms aus dezentraler Erzeugung von der Energiesteuer gilt unabhängig davon, ob der erzeugte Strom ausschließlich in einer Kundenanlage erzeugt und dort verbraucht wird. Mit der Erstattung wird die dezentrale Erzeugung in effizienten KWK-Anlagen zumindest über die Abschreibungszeit der konkurrierenden Stromerzeugung in Anlagen mit einer Leistung von über 2 MW_{el} (§ 53 EnergieStG) und damit insbesondere einer Erzeugung in zentralen, ungekoppelten Großkraftwerken steuerlich gleichgestellt. Denn Großkraftwerke zahlen bei Nutzung fossiler Brennstoffe auch keine Energiesteuern auf ihre eingesetzten Brennstoffe.[18]

Allerdings wird der Strom aus Großkraftwerken grundsätzlich mit Stromsteuer belastet. Der reguläre Steuersatz liegt nach dem Stromsteuergesetz (StromStG) bei 2,05 ct/kWh. Nach § 9 Abs. 1 StromStG sind Betreiber von KWK-Anlagen bis 2 MW_{el} derzeit von der Stromsteuer auf den produzierten Strom befreit, den sie im räumlichen Zusammenhang zu der Anlage als Eigenerzeuger zum Selbstverbrauch entnehmen oder an Letztverbraucher leisten. Von der Stromsteuer befreit ist auch Strom aus erneuerbaren Energieträgern, „wenn dieser aus einem ausschließlich mit Strom aus erneuerbaren Energieträgern gespeisten Netz oder einer entsprechenden Leitung entnommen wird". Diese Befreiung ist für die Kosten des an die Mieter gelieferten Stroms aus dezentraler KWK und Photovoltaik in der Liegenschaft wirtschaftlich von entscheidender Bedeutung – zumal auf die Stromsteuer als Verbrauchsteuer bei Weitergabe an Haushaltsverbraucher noch 19 % Umsatzsteuer zu berechnen wären.

[18] Der Grundsatz der Nicht-Besteuerung des Energieinputs der Stromerzeugung in Großkraftwerken wurde nur in 2011 mit Einführung der Kernbrennstoffsteuer durchbrochen, die allerdings aufgrund einer Befristung Ende 2016 ausläuft.

Im April 2016 hat nun das Bundesfinanzministerium den „Entwurf eines Zweiten Gesetzes zur Änderung des Energiesteuer- und des Stromsteuergesetzes" vorgelegt, der zum einen die Fortführung der befristeten Energiesteuerermäßigung für Erdgas und für Flüssiggas als Kraftstoff im Verkehrsbereich und zum anderen (neben einer Reihe von weiteren Detailänderungen) vor allem gravierende Verschlechterungen bei der Besteuerung der dezentralen Erzeugung mit KWK und aus Erneuerbaren vorsieht. Begründet wird letzteres mit angeblich zwingenden Vorgaben der EU im Beihilferecht, die in nationales Recht umzusetzen seien.[19]

Nach dem Entwurf soll im Energie- und im Stromsteuergesetz der Grundsatz verankert werden, dass eine Steuerbefreiung, -entlastung oder -ermäßigung, die als staatliche Beihilfe anzusehen ist, nur dann gewährt wird, wenn daneben keine weitere Betriebsbeihilfe für dieselben beihilfefähigen Kosten gewährt wird. Damit sollen *Doppelförderungen* vermieden werden, wobei aber unklar bleibt, wie sich etwa eine steuerliche Beihilfe von einer sachlich begründeten Differenzierung bei Steuersätzen unterscheidet.[20] Ebenso bleibt offen, wann Beihilfen „dieselben" Kosten adressieren. Wie den Berechnungsbeispielen in der Begründung des Gesetzentwurfs zu entnehmen ist, geht das Finanzministerium offenbar davon aus, dass zum Beispiel Investitionsbeihilfen für Kleinst-BHKW aus dem BAFA-Programm der Bundesregierung oder aus Programmen der Bundesländer (Bezugspunkt: Investitionskosten) und die Steuerermäßigung nach dem Energiesteuergesetz (Bezugspunkt: Brennstoffkosten) sich wechselseitig ausschließen sollen.[21]

In der Diskussion vor der Verabschiedung des KWK-G 2016 wurde die Absenkung der Zuschläge von Seiten der Bundesregierung mit den anderweitigen Förderungen für die dezentrale KWK-Stromerzeugung begründet – u. a. mit den steuerlichen Vorteilen, die solche Anlagen genießen würden. Nach der Verminderung der Zuschläge im novellierten KWK-G (s. u.) wegen der anderweitigen *Steuerprivilegien* mit dem Ziel, eine angebliche Überförderung zu verhindern, werden durch die Steuerpläne des Finanzministeriums eben diese *Begünstigungen* zur Disposition gestellt.

---

[19] Von juristischer Seite gibt durchaus Zweifel daran, dass die geplanten Änderungen bei der Besteuerung in dem geplanten Ausmaß tatsächlich europarechtlich zwingend sind. Vermutet wird, dass die Neufassung und Präzisierung von Regelungen der EU vom Bundesfinanzministerium als willkommener Anlass genutzt werden, um fiskalische Interessen durchzusetzen. Das fiskalische Interesse wird recht deutlich in einem vom Bundesfinanzministerium als Basis des Entwurfs beauftragten Gutachten, in dem die „Steuerverluste" durch Eigenerzeugung für 2012 auf bis zu 180 Mio. Euro beziffert werden. Vgl. Endbericht zum Projekt Stromsteuerbefreiung gemäß § 9 Absatz 1 Nummer 1 und 3 des Stromsteuergesetzes [5].

[20] Die geringere Besteuerung von Dieselkraftstoff im Vergleich zu Kraftstoff für Otto-Motoren könnte vor diesem Hintergrund auch als Beihilfe angesehen werden. Offenbar wird vom Bundesfinanzministerium bei der dezentralen Energieerzeugung die formelle Gewährung der Steuerentlastung als *Befreiung* bzw. als *Ermäßigung* bereits als Beleg für deren Beihilfecharakter gewertet.

[21] Eine *Doppelförderung* durch Stromsteuerbefreiung und EEG-Förderung war bereits im EEG 2014 ausgeschlossen worden (§ 19 Absatz 1a EEG 2014). Und das KWK-G 2016 begrenzt eine eventuelle Kumulierung des Förderanspruchs mit Investitionszuschüssen in § 7 Abs. 6 KWK-G.

Im Stromsteuergesetz soll zudem die Grenze für die Steuerbefreiung von 2 MW_{el} auf 1 MW_{el} abgesenkt werden. Die Befreiung wird an eine Entnahme des Stroms in „unmittelbarer räumlicher Nähe" und nicht mehr wie bisher „im räumlichen Zusammenhang" gebunden sowie an die Bedingung, dass der Strom „nicht in ein Netz für die allgemeine Versorgung mit Strom eingespeist wird" (§ 8 d des Entwurfs). Das würde zwar Mieterstrom-Modelle, wie sie hier zur Diskussion stehen, weniger betreffen, weil die „unmittelbare räumliche Nähe" dabei wohl kaum bezweifelbar ist. Zudem dürften für die Mieterstrom-Versorgung innerhalb einer Kundenanlage nur im Ausnahmefall KWK-Anlagen mit einer Leistung von mehr als 1 MWel in Frage kommen. Aber für entsprechende Anlagen im gewerblichen Bereich, im Dienstleistungssektor und in kommunalen Nahwärmeprojekten mit einer Leistungsgröße über 1 MW_{el} kann die Stromsteuerpflicht schnell prohibitiv werden – zumal auch die Anlagen im Bestand betroffen wären, die unter den früheren steuerlichen Randbedingungen kalkuliert worden sind.

Dramatisch würde sich allerdings die geplante Änderung des Stromsteuergesetzes für die Lieferung von Strom aus gebäudebezogenen PV-Anlagen an Mieter auswirken. Denn § 8e des Entwurfs zur Änderung des Stromsteuergesetzes kennt eine Befreiung für Strom aus erneuerbaren Energieträgern nur für die Menge von „bis zu 20 Megawattstunden pro Kalenderjahr und Anlagenbetreiber", wenn der Strom „in unmittelbarer räumlicher Nähe zu der Anlage entnommen" und „nicht in ein Netz für die allgemeine Versorgung mit Strom eingespeist wird". Wird die Grenze überschritten, wäre die Stromsteuer von 2,05 Cent je kWh für die Gesamtmenge fällig.

Die Bedingungen der räumlichen Nähe und der Netz-Abstinenz sind bei Mieterstrom-Modellen erfüllbar. Jedoch wird die Freigrenze von 20.000 kWh bei größeren MFH sicher überschritten, wenn sinnvoll nutzbare Dachflächen von 30 oder 50 Quadratmeter und mehr zur Verfügung stehen. Aber selbst eine (energetisch unteroptimale) Beschränkung auf eine kleine PV-Fläche im Interesse der Wahrung des Steuervorteils würde nichts bringen, wenn der Anlagenbetreiber – sei es der Eigentümer oder ein Contractor – die Grenze spätestens mit einem zweiten Projekt im nächsten MFH überschreitet. Insofern wäre eine solche Freigrenze allenfalls für Objekte von Einzeleigentümern mit relativ wenigen Wohneinheiten hilfreich. Wenn sie bei Mieterstrom-Modellen insgesamt eine Entlastung bewirken sollte, müsste sie deutlich angehoben werden und dürfte nicht auf den Anlagenbetreiber bezogen werden. Sinnvoller wäre es allerdings, erst gar keine Stromsteuer auf den gebäudebezogen erzeugten und verbrauchten PV-Strom einzuführen.

Förderung von Mieterstrom nach dem Kraft-Wärme-Kopplungs-Gesetz

Ökonomisch von ebenso großer Bedeutung für die Wirtschaftlichkeit von Mieterstrom-Modellen ist die Förderung nach dem KWK-G durch Zahlung von Zuschlägen für den in der Kundenanlage erzeugten KWK-Strom. Das Ende 2015 novellierte KWK-G sieht in § 7 Abs. (3) „für KWK-Strom, der nicht in ein Netz der allgemeinen Versorgung eingespeist wird" im Vergleich zur früheren Fassung des Gesetzes abgesenkte Zuschläge vor, schränkt den Anspruch auf bestimmte Anwendungsfälle ein und begrenzt eine Kumulierung mit eventuellen Investitionszuschüssen in § 7 Abs. 6 KWK-G.

Ein Anspruch auf Zahlung eines Zuschlags besteht nur bei KWK-Anlagen, die „an Letztverbraucher in einer Kundenanlage (...) liefern, soweit für diesen KWK-Strom die volle EEG-Umlage entrichtet wird" (§ 6 Abs. 4, Nr. 2 KWK-G). In diesem Fall werden für Neuanlagen nach elektrischen Leistungsstufen differenzierte Zuschläge in Aussicht gestellt, die für den Leistungsanteil bis 50 kW_{el} bei 4 ct/kWh liegen, für die Stufe von 50 bis 100 kW_{el} bei 3 ct/kWh, im Bereich von 100 bis 200 kW_{el} bei 2 ct/kWh, bis 2 MW_{el} bei 1,5 ct/kWh und jenseits dieser Leistungsgrenze bei 1 ct/kWh (§ 7 Abs. 3, Nr. 2 KWK-G).

Dabei haben Betreiber bei Anlagen ab 100 kW_{el} nicht mehr die Möglichkeit, vom Netzbetreiber die Abnahme des Stroms zu verlangen, sondern sie müssen den Strom direkt vermarkten oder selbst verbrauchen (§ 4 Abs. 1 und 2 KWK-G). Soweit es um eine hinsichtlich der EEG-Umlage begünstigte Eigenversorgung (s. u.) mit KWK-Strom geht – was in einem Mieterstrom-Modell zumindest für den Allgemeinstrom anzunehmen ist – wird eine Förderung nach dem neuen KWK-G bei gleicher Höhe der Zuschläge (s. o.) auf Anlagen bis maximal 100 kW_{el} begrenzt (§ 6 Abs. 4, Nr. 1 KWK-G).

Die Dauer der Zuschlagsgewährung wird bei Neuanlagen bis 50 kW_{el} auf 60.000 Vollbenutzungsstunden begrenzt und für Anlagen über 50 kW_{el} auf 30.000 Stunden. Im Falle einer Modernisierung oder Nachrüstung liegt die Dauer der Zuschlagsgewährung je nach Höhe der Kosten bei 30.000, 15.000 oder 10.000 Vollaststunden.

Für Mieterstrom-Modelle haben sich die Rahmenbedingungen im Zuge der jüngsten Novellierung des KWK-G damit gravierend verschlechtert. Neben der Absenkung der Zuschläge ist vor allem die unterschiedliche Behandlung von dezentral erzeugtem KWK-Strom für die Eigenversorgung und für die Mieterversorgung schon wegen des faktischen Nebeneinanders dieser Nutzungsarten in fast jedem MFH problematisch. Die dezentrale Erzeugung und Verwertung von Effizienzstrom wird dadurch für Unternehmen der Wohnungswirtschaft nochmals komplizierter. Hinzu kommt schließlich die schwerwiegende Belastung durch die Bindung des Anspruchs auf einen KWK-Zuschlag für den an Mieter gelieferten Strom an die Zahlung der *vollen* EEG-Umlage. Wenigstens hier wäre eine Gleichstellung mit dem Strom für die Eigenversorgung vorzunehmen, die durch das EEG 2014 mit einem Teil der EEG-Umlage belastet wird.

Belastung von Mieterstrom durch die Umlage nach dem Erneuerbare-Energien-Gesetz

Die jüngste Novellierung des Erneuerbare-Energien-Gesetzes (EEG) ist vom Bundestag im Juli 2016 beschlossen worden und tritt zum Jahresbeginn 2017 in Kraft. Im Zentrum des EEG 2017 steht die Einführung von Ausschreibungen für den größten Teil der geförderten Technologien. Die Regelungen zur Belastung der Eigenversorgung sowie der hausinternen Lieferung von Strom wurden bereits im Zuge der Novellierung des EEG in 2014 eingeführt und sind im EEG 2017 nur in einigen für Mieterstrom-Modelle relevanten Punkten geändert bzw. ergänzt worden.

Mit dem EEG 2014 wurde die Eigenversorgung aus *Neu*anlagen[22] der dezentralen KWK sowie der Photovoltaik anteilig mit EEG-Umlage belastet, wobei die Zahlung mit Beginn des Jahres 2017 40 Prozent der jeweils ermittelten Höhe der EEG-Umlage erreicht.[23] Voraussetzung für die Verminderung des 100 Prozent-Satzes ist die Erzeugung des Stroms in einer hocheffizienten KWK-Anlage i. S. d. KWK-G und des Energiesteuergesetzes sowie das Erreichen eines Jahresnutzungsgrades von mindestens 70 Prozent oder aber die Erzeugung in einer Anlage zur regenerativen Stromerzeugung nach dem EEG (vgl. § 61 Abs. 1). Für den Strom aus einer KWK-Anlage, für den nicht die volle, sondern nur die verminderte EEG-Umlage entrichtet wird, besteht kein Anspruch auf Zahlung von Zuschlägen nach dem KWK-G (s. o.).

Vollständig entfällt die Verpflichtung zur Zahlung der EEG-Umlage nur, wenn „Strom aus Stromerzeugungsanlagen mit einer installierten Leistung von höchstens 10 kW erzeugt wird, für höchstens 10 MWh selbst verbrauchten Strom pro Kalenderjahr", wobei auch diese Befreiung auf 20 Jahre befristet ist (§ 61 Abs. 1 Nr. 4). Diese vollständige Freistellung ist allenfalls für den Ein- und Zweifamilienhausbereich von Bedeutung.[24] In dem hier interessierenden Bereich großer Wohngebäude wird diese Grenze mit Sicherheit überschritten. Selbst wenn sie auf Mieterstrom-Modelle anwendbar wäre, brächte sie somit keine Entlastung.

Die Eigenversorgung wird im EEG eng gefasst, um möglichst jede Bereitstellung von Strom für Personen, die nicht mit dem Erzeuger identisch sind, als Lieferung zu qualifizieren und *folglich* mit der vollen EEG-Umlage belasten zu können. In § 5 Nr. 12 EEG wird das Vorliegen von Eigenversorgung kumulativ von folgenden Merkmalen abhängig gemacht[25]:

---

[22] Die *besitzstandswahrenden* Regelungen zu Bestandsanlagen in § 61 Abs. 3 und 4 des EEG 2014 sind hier nicht von Interesse, da es um eine Ausbaustrategie und damit um Neuanlagen für den MFH-Bereich geht.

[23] Für 2017 liegt die auf 40 % reduzierte EEG-Umlage bei 2,752 ct/kWh

[24] Damit die Freistellung die energetisch sinnvolle Kombination von PV und Kleinst-BHKW im Ein- und Zweifamilienhausbereich wirklich abdecken kann, müsste allerdings die wenig sinnvolle und nur mit großem bürokratischen Aufwand kontrollierbare zweite Grenze einer maximalen Erzeugung von 10 MWh entfallen. Denn auch bei einer KWK-Eigenerzeugung mit 1 oder 2 kW_{el} schwankt die jährliche Stromproduktion in Abhängigkeit von der Witterung erheblich, und das Gleiche gilt für die kleine Aufdach-PV-Anlage. Ob und wann ggfs. die Grenze bei einer Kombi-Anlage erreicht wird, ist deshalb vorab nicht in gleicher Weise feststellbar wie die installierte Leistung.

[25] Ausführlich zu den Details der Abgrenzung und des Nachweises: Bundesnetzagentur; Leitfaden zur Eigenversorgung [1]. Vor allem die Forderung einer strikten personellen Identität von Erzeuger und Verbraucher dürfte für Genossenschaften zur dezentralen Energieversorgung und für GbR-Modelle sowie Wohnungseigentümergemeinschaften keine Ausnahme von der Umlagepflicht des EEG mehr zulassen.

- personelle Identität des die Erzeugungsanlage selbst betreibenden Erzeugers mit dem Stromverbraucher,
- Verbrauch des Stroms in unmittelbarem räumlichen Zusammenhang mit der Stromerzeugung
- keine Durchleitung des Stroms durch ein Netz.

Zudem wird in § 61 Abs. 7 EEG gefordert, dass bei „der Berechnung der selbst erzeugten und verbrauchten Strommengen (...) Strom nur bis zu der Höhe des aggregierten Eigenverbrauchs, bezogen auf jedes 15-Minuten-Intervall (Zeitgleichheit), berücksichtigt werden" darf, wenn nicht schon technisch anderweitig die Zeitgleichheit von Erzeugung und Verbrauch sichergestellt ist. Das erzwingt im Zweifelsfall eine kostenaufwändige registrierende Leistungsmessung und eine entsprechende Abrechnung für die 35.040 Viertelstundenwerte jedes Jahres.

Damit geht das EEG bei der Einengung der Eigenversorgung noch weiter als die novellierte Fassung des KWK-G vom Dezember 2015, in der die frühere Bestimmung zur Eigenversorgung (§ 3 Abs. 10 KWK-G 2014) entfallen ist, die auch die Stromversorgung aus einer KWK-Anlage einschloss, die von einem Dritten „ausschließlich oder überwiegend für die Versorgung bestimmbarer Letztverbraucher" errichtet und betrieben wird, was Mieterstrom eingeschlossen hatte. Auch wird der Begriff des räumlichen Zusammenhangs im Vergleich zum Stromsteuergesetz durch die restriktiver gemeinte, aber letztlich auch unbestimmt bleibende Anforderung der *Unmittelbarkeit* dieses Zusammenhangs verschärft.[26]

Für das auf eine Erzeugung und Belieferung in der Kundenanlage aus KWK und Photovoltaik abstellende Mieterstrom-Modell folgt daraus, dass jedenfalls für den an Mieter gelieferten Strom die volle EEG-Umlage zu zahlen ist (in 2017: 6,88 ct/kWh). Mit der im novellierten KWK-G enthaltenen Voraussetzung für einen Anspruch auf Zuschlagszahlung für Mieterstrom-Lieferung besteht insoweit Kongruenz. Um für den Anteil der dezentralen Stromerzeugung, der zur Deckung des Eigenbedarfs des Anlagenbetreibers verwendet wird (z. B. Allgemeinstrom) günstigere Bedingungen zu erreichen, müsste den weitreichenden Anforderungen des KWK-G und den noch weiter gehenden des EEG hinsichtlich personeller Identität sowie der Forderung nach einer aufwändigen Messung und entsprechenden Nachweisen Rechnung getragen werden. Bei einer sich dafür anbietenden Einschaltung eines Dienstleister bzw. eines Contractors durch den Gebäudeeigentümer könnte dieser zwar noch Eigentümer der Erzeugungs-Anlage(n) werden, das wirtschaftliche Risiko müsste aber vollständig beim Eigentümer verbleiben, damit die Personenidentität von Betreiber und Verbraucher gewahrt ist.

Offenbar waren diese hoch-restriktiven und für Mieterstrom-Modelle abschreckenden Regelungen Anlass für eine Ergänzung, die im parlamentarischen Verfahren bei der Verabschiedung des EEG 2017 noch hastig vorgenommen wurde: Durch eine Ergänzung in

---

[26] Vgl. Bundesnetzagentur; Leitfaden zur Eigenversorgung [1, S. 28 f.].

§ 95 Abs. 1 Nr. 2 EEG ist nun die Bundesregierung dazu ermächtigt, in einer Verordnung „zur Förderung von Mieterstrommodellen zu regeln, dass Betreiber von Solaranlagen eine verringerte EEG-Umlage für Strom aus ihrer Solaranlage zahlen müssen". Voraussetzung ist, dass die Anlage „auf, an oder in einem Wohngebäude installiert ist" und der „Strom zur Nutzung innerhalb des Gebäudes (…) an einen Dritten geliefert wird", wobei „zwischen verschiedenen Anlagengrößen oder Nutzergruppen unterschieden werden" kann.

Ob diese Möglichkeit von der Bundesregierung genutzt wird, bleibt abzuwarten. Damit eine entlastende Wirkung eintreten kann, müsste der Mieterstrom aus gebäudebezogener PV hinsichtlich der Höhe der EEG-Umlage wenigstens dem Strom für die Eigenversorgung gleichgestellt werden – schon um die mess- und abrechnungstechnisch aufwändige Unterscheidung unterschiedlicher Verwendungen des Stroms in einer Liegenschaft zu vermeiden. Es muss allerdings bezweifelt werden, dass damit allein eine Mieterversorgung wirtschaftlich hinreichend attraktiv wird, wenn es bei der hohen Belastung von Mieterstrom aus BHKW-Anlagen bleibt. Deren Entlastung ist aber durch die Verordnungsermächtigung nicht abgedeckt. Ökonomisch sinnvoll und zugleich praktikabel, was die Frage der Nachweise mittels Messung angeht, wäre allerdings nur eine einheitliche Entlastung von gebäudebezogenen EEG-Anlagen und hoch-effizienter KWK zur Liegenschaftsversorgung, damit diese energetisch sinnvolle Erzeugungskombination zum Zuge kommen kann.

Förderung von Mieterstrom durch das Erneuerbare-Energien-Gesetz

Was die Stromlieferung aus einer Photovoltaik-Anlage im Rahmen des Mieterstrom-Modells angeht, ist dieser Strom zwar mit der EEG-Umlage zu belasten, aber von einer Förderung dieses Stroms über das EEG kann man ebenso wenig ausgehen wie bei einem Eigenverbrauch des Solarstroms. Für Photovoltaik-Anlagen ab 750 kW, die dem Ausschreibungsregime des EEG 2017 unterliegen, enthält das Gesetz sogar ein *Eigenversorgungsverbot* in § 27a. Danach darf Strom aus Anlagen, die ihre Förderung in einer Ausschreibung ersteigert haben, nicht vor Ort selbst verbraucht werden. Bei einem Verstoß gegen die Regelung verliert der Strom aus der Anlage den Förderanspruch für das gesamte Kalenderjahr.

Gebäudebezogene PV-Anlagen zur Mieterstromversorgung, die auf eine Deckung des Strombedarfs der Liegenschaft ausgelegt sind und allenfalls gelegentliche Überschüsse in das vorgelagerte Netz der allgemeinen Versorgung abgeben, werden allerdings i.d.R. unterhalb der Leistungsgrenze liegen, bei der die Ausschreibungsteilnahme Pflicht ist. Betreiber solcher Anlagen können gemäß § 19 Abs. 1 EEG Anspruch auf eine Einspeisevergütung anmelden. Voraussetzung dafür ist nach § 21 Abs. 2 EEG, dass sie „dem Netzbetreiber den gesamten in dieser Anlage erzeugten Strom zur Verfügung stellen", soweit er „nicht in unmittelbarer räumlicher Nähe zur Anlage verbraucht wird" und nicht „durch ein Netz durchgeleitet wird". Für den in das vorgelagerte Netz eingespeisten Überschussstrom aus der PV-Anlage könnte somit eine Förderung in Form einer Einspeisevergütung in Anspruch genommen werden, die allerdings nach den vorgesehenen üblichen Abschlägen für den Fall der Einspeisung nochmals um 0,4 Cent/kWh abgesenkt ist. Die an Nutzer innerhalb der Kundenanlage gelieferten Mengen bleiben bei der Förderung vollständig außen vor. Anlagenbetreiber haben zwar nach § 21 a des EEG 2017 das Recht, den in ihren Anlagen erzeugten Strom ohne Inanspruchnahme einer Förderung direkt zu vermarkten, jedoch sind für diesen Strom keinerlei Zahlungen im EEG vorgesehen.

Alles in allem dürfte damit die Förderung für ein Mieterstrom-Modell mit BHKW und PV zur Versorgung von MFH aus dem EEG wirtschaftlich unerheblich sein. Die Geltendmachung des Anspruchs auf Förderung der relativ geringen Einspeisungsmengen würde messtechnisch einen hohen zusätzlichen Aufwand erfordern, weil die Herkunft des eingespeisten Stroms aus der Photovoltaik-Anlage (und nicht aus dem BHKW) durch entsprechende Messeinrichtungen nachzuweisen wäre. Nochmals komplizieren würde sich eine Förderung bei Einbeziehung eines Speichers für den PV-Strom (vgl. § 19 Abs. 3 EEG 2017).

Forderungen an den energiepolitischen Rahmen

Die aufsummierte Belastung für Mieterstrom-Modelle aus der Absenkung der Zuschläge für den an die Nutzer in größeren Wohngebäuden gelieferten Strom aus dezentraler KWK und aus der Pflicht zur Entrichtung der vollen EEG-Umlage für den gelieferten Strom sowohl aus der regenerativen Erzeugung wie aus KWK dürfte in vielen Fällen bereits die Wirtschaftlichkeit solcher Lösungen stark gefährden. Mit dem Verlust jeder ökonomischen Attraktivität ist zu rechnen, wenn die vom Bundesfinanzministerium entwickelten Pläne zur Änderung des Energie- und Stromsteuergesetzes Realität werden.

Die Belastungen durch die Energiepolitik beschränken sich zudem nicht auf das Finanzielle: Die durch das Strommarktgesetz im EnWG, im EEG 2014 und 2017 sowie im KWK-G 2016 getroffenen Regelungen zur Lieferung von Strom in einer Kundenanlage haben neue administrative Hemmnisse aufgebaut. Sie komplizieren den wünschenswerten Einstieg von wohnungswirtschaftlichen Unternehmen in die dezentrale Stromerzeugung, dem sowieso schon eine Vielzahl von rechtlich-organisatorischen Schwierigkeiten entgegensteht, nochmals erheblich. Praktikable und leicht umsetzbare Lösungen wurden durch die neuen Regulierungsvorschriften nicht bereitgestellt; eher wirkt die große Zahl von Detailvorschriften und hier insbesondere die nicht überzeugende Differenzierung zwischen Eigenbedarfsdeckung und Stromlieferung innerhalb einer Kundenanlage abschreckend auf potenzielle Investoren in der Wohnungswirtschaft und auf deren potenzielle Partner (Energiedienstleister, Contractoren, etc.). Es ist zu befürchten, dass damit die ursprüngliche energiepolitische Idee einer Förderung dezentral einsetzbarer KWK-Technik, um durch Steigerung der Stückzahlen diese Anlagen preisgünstiger und damit dauerhaft marktfähig zu machen, faktisch nicht mehr weiter verfolgt wird.

Wenn die Energiepolitik Mieterstrom-Modelle, die auf eine Erzeugung und Verwertung des in einer Kundenanlage erzeugten Stroms aus KWK und Erneuerbaren abstellen, wirtschaftlich und organisatorisch praktikabel gestalten will, dann müsste die geplante Zusatzbelastung durch Änderung des Energie- und des Stromsteuergesetzes definitiv unterbleiben. Zudem müsste wenigstens die Lieferung von Strom aus der dezentralen Erzeugung innerhalb einer Kundenanlage der Eigenversorgung rechtlich im EnWG und im EEG sowie im KWK-G gleichgestellt werden. Dann wäre auch auf den gelieferten Strom die verminderte EEG-Umlage zu zahlen, und es bestünde ein Anspruch auf Zuschläge nach dem KWK-G. Das würde nicht nur die ökonomische Attraktivität des Mieterstrom-Modells wieder etwas verbessern, sondern damit würde sich auch eine Reihe von Vereinfachungen ergeben, weil keine getrennten Nachweise bei dem normalerweise anzutreffenden Nebeneinander von Eigenversorgung und Lieferung in größeren Wohngebäuden erforderlich werden.

Literatur

[1] Bundesnetzagentur (2016): Leitfaden zur Eigenversorgung - Finale Fassung, Bonn.
[2] Bundesverband Solarwirtschaft (2013): Photovoltaik-Stromlieferung und neue Geschäftsmodelle, Berlin.
[3] Bundesverband Solarwirtschaft (2014): Investorenleitfaden Photovoltaik - Marktübersicht und Praxishilfe zu PV-Geschäftsmodellen in Deutschland, Berlin.
[4] Bräuninger, M. (2015): Der Einfluss monovalenter Strom-Wärmepumpen auf den Bedarf an gesicherter Kraftwerksleistung, Hamburg.
[5] FÖS e.V.; arepo consult; IZES gGmbH: Endbericht zum Projekt Stromsteuerbefreiung gemäß § 9 Absatz 1 Nummer 1 und 3 des Stromsteuergesetzes, im Auftrag des Bundesministeriums der Finanzen (fe 3/14)
[6] Großklos, M.; Behr, I.; Paschka, D. (2015): Möglichkeiten der Wohnungswirtschaft zum Einstieg in die Erzeugung und Vermarktung elektrischer Energie - Endbericht, (Forschungsbericht des IWU im Rahmen der Forschungsinitiative Zukunft BAU, Aktenzeichen: SWD-10.08.18.7-14.19), Darmstadt.
[7] Quaschning, V. (2016): Sektorenkopplung durch die Energiewende, Berlin 20. Juni 2016.
[8] Vogler, I. (2015): Stromerzeugung in der Wohnungswirtschaft – neue Wege für den Klimaschutz. Tagung des Instituts Wohnen und Umwelt „Mieterstrom: Wohnortnahe Stromerzeugung und Vermarktung an die Mieter“. Präsentation 23.06.2015 in Darmstadt.

Unternehmenssteuerrechtliche und mietrechtliche Rahmenbedingungen für die Erzeugung und den Verkauf von Mieterstrom

Iris Behr

Einführung

Vermieter, egal ob es sich Wohnungsunternehmen in der Rechtsform der GmbH, der Aktiengesellschaft, der vollsteuerpflichtigen Genossenschaft, der Vermietungsgenossenschaften, oder um private Personen handelt haben, wenn sie Wohnungen vermieten und gleichzeitig selber Strom erzeugen und diesen an ihre Mieter vermarkten wollen eine Fülle von steuerrechtlichen Fragestellungen zu berücksichtigen. In diesem Beitrag werden die Regeln der Körperschaftssteuer, Gewerbesteuer, Umsatzsteuer und Einkommenssteuer behandelt. Die Regelungen des Energie- und Stromsteuergesetzes werden in den Kapitel „Energiepolitische Rahmenbedingungen“ und „Wirtschaftlichkeit“ behandelt.

Der Umgang mit den Unternehmenssteuern ist in der jüngeren Vergangenheit in einer Arbeitshilfe des GdW [3] und weiteren grundlegenden Veröffentlichungen zur Rolle von Genossenschaften als strategische Partner bei der Energiewende [7] sowie den Möglichkeiten der Wohnungswirtschaft bei der Energieerzeugung und Vermarktung [5] behandelt worden. Diese Erkenntnisse fließen in dieses Kapitel ein indem an den jeweiligen Stellen Bezug genommen und zur weiterführen Lektüre empfohlen wird.

Alle genannten Untersuchungen haben gezeigt, dass die interessierten Wohnungsanbieter großen rechtlichen Unsicherheiten sowie einer hochkomplexen Regelungsdichte gegenüberstehen. Auch wenn die Unternehmen grundsätzlich am Mieterstrom interessiert sind, so stellen die rechtlichen Unwägbarkeiten einen Hauptgrund dar, das Geschäftsfeld Mieterstrom nur sehr zurückhaltend in Angriff zu nehmen. Seit 2015/2016 gewinnt das

I. Behr (✉)
Institut Wohnen und Umwelt GmbH, Darmstadt, Deutschland
e-mail: i.behr@iwu.de

I. Behr, M. Großklos (Hrsg.), *Praxishandbuch Mieterstrom*,
DOI 10.1007/978-3-658-17540-5_4

Thema Mieterstrom an Interesse in der Fachöffentlichkeit, was an zahlreichen Veranstaltungen deutlich wird. Einschlägige Organisationen wie der Bundesverband der Solarwirtschaft,[1] die Akademie der Immobilienwirtschaft e.V.,[2] FrankfurtRheinMain,[3] mit der Hochschule Fresenius gGmbH,[4] das IÖW Institut für ökologische Wirtschaftsforschung GmbH,[5] der GdW[6] oder das Institut für Energie-und Wettbewerbsrecht in der kommunalen Wirtschaft[7] tragen dazu bei Aufmerksamkeit und Informationen zu geben.

Im Folgenden sollen die steuerrechtlichen und mietrechtlichen Rahmenbedingungen bzw. Erfordernisse beschrieben werden. Angesicht der Komplexität der Materie werden vielfach Kooperationen eingegangen. Diese und ihre notwendigen Voraussetzungen für den Erfolg werden im Kapitel „Kooperationen" dargestellt.

Körperschafts- und Gewerbesteuer auf Mieterstrom

Sämtliche Erlöse aus dem Stromverkauf an Mieter unterliegen bei Wohnungsunternehmen in der Rechtsform der GmbH, der Aktiengesellschaft oder der steuerpflichtigen Wohnungsgenossenschaft im Rahmen der Gewinnermittlung der Körperschafts- und der Gewerbesteuer. Die Körperschaftssteuer (KStG) besteuert die Gewinne von Kapitalgesellschaften mit 15 %. Die Gewerbesteuer (GewStG) wird auf den Stromverkauf erhoben und variiert aufgrund der kommunalen Hebesätze zwischen den Gemeinden. Es handelt sich um eine kommunale Steuer auf den Gewinn der Unternehmen.

Anders sieht die Steuerpflicht bei Wohnungsgenossenschaften aus, soweit es sich um „Vermietungsgenossenschaften" handelt. Wenn diese Wohnungsgenossenschaften ihre eigenen Wohnungen an die Genossen überlassen, sind sie nach § 5 Abs. 1 Nr. 10 KStG und § 3 Nr. 15 GewStG für die Umsatzerlöse steuerbegünstigt.

Diese Befreiung gilt allerdings nur so lange mindestens 90 % des Geschäftsvolumens aus den Vermietungseinnahmen stammt. Alle anderen Geschäfte – hier das geplante Mieterstromgeschäft bzw. die Einnahmen daraus – dürfen nie größer als 10 % werden, da sonst alle Einnahmen der Vermietungsgenossenschaft körperschafts- und gewerbesteuerpflichtig werden [1, 5, 7]. Soweit natürliche Personen als Vermieter auftreten gelten eigene steuerrechtliche Regelungen die weiter unten dargestellt werden.

[1] www.solarwirtschaft.de

[2] www.bba-campus.de

[3] www.region-frankfurt.de

[4] www.hs-fresenius.de

[5] www.ioew.de

[6] www.gdw.de

[7] www.ewerk.hu-berlin.de

Verlust der erweiterten Gewerbesteuerkürzung durch den Mieterstrom?

Wohnungsunternehmen – auch vollsteuerpflichtige Wohnungsgenossenschaften – können für gewerbliche Tätigkeiten, die aus der Vermietungstätigkeit stammen (z. B. die Vermietung von Gewerbeflächen, Dachflächen), anstelle der einfachen Gewerbesteuerkürzung (§ 9 Abs. 1 Satz 1 GewStG) die erweiterte Gewerbesteuerkürzung nach § 9 Nr. 1 Satz 2 ff GewStG in Anspruch nehmen. Damit wird die Vermietungstätigkeit als das Kerngeschäft des Wohnungsunternehmens gewerbesteuerbefreit.

Diese erweiterte Gewerbesteuerkürzung geht verloren, wenn Einnahmen aus einer sonstigen steuerschädlichen Tätigkeit bzw. durch eine Dienstleistung erzielt werden.

Die Stromerzeugung und der Stromverkauf stellen nun eine derartige schädliche gewerbliche Tätigkeit dar. Die schädliche Tätigkeit „infiziert" die Vermietungstätigkeit des Wohnungsunternehmens und würde diese ebenfalls gewerbesteuerpflichtig machen. Die Infizierung führt zum vollständigen Verlust der erweiterten Gewerbesteuerkürzung und hat zur Folge, dass für alle Vermietungsumsätze die volle Gewerbesteuer anfällt. Wohnungsunternehmen die nicht von der erweiterten Gewerbesteuerkürzung Gebrauch machen, sind von diesem Problem nicht betroffen.

Bislang gibt es im Gewerbesteuerrecht keinen Ausnahmetatbestand, der die Stromerzeugung durch ein Wohnungsunternehmen und die Verteilung innerhalb der Kundenanlage an die eigene Mieterschaft, also ohne die Nutzung fremder Netze, als eine steuerbegünstigte gewerbliche Tätigkeit zulässt.

Die Finanzverwaltung und die untergerichtliche Rechtsprechung machen bislang nur Aussagen zur nicht steuerbegünstigten Tätigkeit des Einspeisens von BHKW-Strom bzw. PV-Strom in das Netz der allgemeinen Versorgung. Der Mieterstrom verzichtet gerade auf die Nutzung dieses Netzes und unterscheidet sich insoweit von dem von der Finanzverwaltung erfassten Sachverhalt. Der Sachverhalt Eigenerzeugung und Eigenverbrauch ist bislang nicht gewerbesteuerlich behandelt bzw. geregelt worden. Eine klare Aussage ist jedoch erforderlich um den potentiellen Anwendern Rechtssicherheit zu geben. Einen Vorschlag zur Formulierung des § 9 Nr. 1 GewSt enthält das im Auftrag des GdW erstellte Artikelgesetz zur „Mieterstromverordnung" des § 95 Nr. 2 EEG 2017: „ *Satz 2 gilt entsprechend für die Erzeugung und Lieferung von Strom, wenn die Verwaltung und Nutzung des eigenen Grundbesitzes den Betrieb einer wärmegeführten Kraft-Wärme-Kopplungsanlage oder einer Photovoltaikanlage umfasst*" [1].

So lange die Lieferung von Haushaltsstrom an Mieter (Letztverbraucher) nicht als Ausnahmetatbestand im Gewerbesteuerrecht definiert ist, führen Erzeugung und Vertrieb von Mieterstrom zum Verlust der erweiterten Gewerbesteuerkürzung.

Eine Ausnahme besteht schon jetzt bei der Nutzung von selbst erzeugtem Strom, der im Gebäude als elektrische Hilfsenergie eingesetzt wird. Gebäude mit hohem Hilfsstromanteil, z. B. durch Aufzuganlagen oder Tiefgaragen bieten Potenzial für den Einsatz von selbst erzeugtem Strom für die elektrische Hilfsenergie. Die Stromkosten werden auf die Mieter umgelegt (siehe dazu unten zu den mietrechtlichen Regelungen) und stellen keine steuerschädliche Tätigkeit dar, welche die erweiterte Gewerbesteuerkürzung beeinträchtigen würde.

Besonderheit bei der Vermietungsgenossenschaft

Für die Vermietungsgenossenschaft stellt sich das Risiko des Verlustes der erweiterten Gewerbesteuerkürzung finanziell weniger kritisch dar. So lange die Vermietungsgenossenschaft die 10 %-Grenze beachtet, d. h. ihre Stromerträge (inklusive weiterer Erträge) als andere gewerbliche Tätigkeiten nicht mehr 10 % der Gesamteinnahmen darstellen, werden nur diese 10 % (sowieso) steuerpflichtige Einnahmen mit der Gewerbesteuer belastet [1, 8].

Die Vermietungsgenossenschaft ist bei der Stromerzeugung/Vermarktung an ihre Mitglieder allerdings mit einer weiteren Frage konfrontiert, mit der Frage ob ihr BHKW als Gemeinschaftsanlage im Sinne des § 5 Abs. 1 Nr. 10b KStG zu verstehen ist.

Hierbei steht die Art der Energieerzeugung im Mittelpunkt. Strittig ist ob das BHKW vorrangig als Anlage der Wärmeerzeugung verstanden wird und der produzierte Strom *unvermeidliches Nebenprodukt* ist. Die Wärmeerzeugung wird im Zusammenhang mit der Haupttätigkeit der Wohnungsgenossenschaft – der Wohnungsüberlassung – betrachtet. Während die Lieferung von Wärme (erzeugt in der Gemeinschaftsanlage) an die Genossen als Nebenleistung zur Wohnungsnutzung zu den steuerbegünstigten Einnahmen gehört, fehlt es an einer entsprechenden Regelung zum (im BHKW) erzeugten Strom. Der begünstigende Tatbestand des § 5 Abs. 1 Nr. 10b KStG enthält keine klare Aussage, inwieweit ein BHKW, welches Wärme und Strom erzeugt, als (begünstigte) Gemeinschaftsanlage zu verstehen ist. Die Beurteilungen hierzu gehen auseinander: Der GdW vertritt die Meinung, dass es sich um eine Gemeinschaftsanlage handle [3, S. 81]. Anders meint Raschper [7, S. 102f.], dass das BHKW oder die PV-Anlage nicht als Gemeinschaftsanlage verstanden werden kann, die Stromerlöse zu den gewerblichen Einkünften gehören und die 10 % Grenze zu beachten ist. Auch aus der Finanzverwaltung gibt es bislang keine Entscheidungen zu dem Sachverhalt, wenn der Strom an die eigene Mieterschaft bzw. an die Genossen verkauft wird. Lediglich für die Einspeisung von regenerativ erzeugtem Strom ins Netz, gibt es die Äußerung, dass dies nicht den begünstigten Tätigkeiten zuzurechnen ist.

Umsatzsteuerpflicht für Wärme- und Stromlieferung?

Mietverträge über Grundstücke – eingeschlossen sind die Gebäude und Wohnungen auf den Grundstücken – sind grundsätzlich von der Umsatzsteuer befreit (§ 4 Nr. 12a UStG). Das gilt auch für die Wärmelieferung für die Wohnung – sei es bei der Vermietung durch ein Wohnungsunternehmen oder eine Privatperson, sei es die Überlassung der Genossenschaftswohnung an ein Genossenschaftsmitglied. Anders ist dies bei der Stromlieferung durch ein BHKW oder eine PV-Anlage.

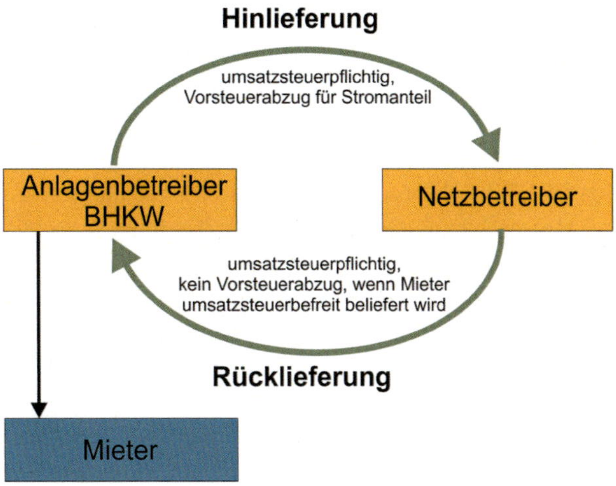

Abb. 1 Umsatzsteuerpflicht von KWK-Strom (eigene Darstellung nach [7])

Eigentlich wäre die Stromlieferung in einem umsatzsteuerbefreiten Mietverhältnis eine umsatzsteuerfreie Nebenleistung (Abschnitt 4.12.1 Abs. 5 Satz 3 Umsatzsteueranwendungserlass (UStAE)) [9]. Der Verlust der Umsatzsteuerbefreiung hängt nun an der Inanspruchnahme des KWK-Zuschlags bzw. der Einspeisevergütung nach dem EEG. Die Stromlieferung durch das Wohnungsunternehmen an die Mieterschaft wird dadurch umsatzsteuerpflichtig.

Sobald der Vermieter für den direkt verbrauchten Strom den Zuschlag nach dem KWK-Gesetz oder die Einspeisevergütung des EEG in Anspruch nimmt, entsteht die Umsatzsteuerpflicht auf der Grundlage des Abschnitts 2.5 Abs. 7 UStAE [3, S. 83ff.].

Hinter dieser Steuerpflicht steht die Fiktion einer doppelten Lieferung. Die Erstlieferung ist die vom BHKW-Betreiber an den Netzbetreiber und ist umsatzsteuerpflichtig – gleichzeitig besteht die Möglichkeit des Vorsteuerabzuges. Die zweite Lieferung ist die Rücklieferung des Netzbetreibers an den BHKW-Betreiber bzw. dessen Mieter. Auch diese Lieferung ist umsatzsteuerpflichtig. Die Konsequenzen dieser Regelung werden im Kapitel „Wirtschaftlichkeit" dargestellt.

Das folgende Abb. 1 verdeutlicht die beschriebene Fiktion der doppelten Lieferung.

Steuerrechtlicher Rahmen für Privatvermieter

Nicht nur die beschriebenen Wohnungsunternehmen oder Genossenschaften sondern auch natürliche Personen, die eine oder mehrere Wohnungen in Wohnhäusern vermieten, könnten angesichts der Zunahme von Mini-BHKW bzw. der Verbreitung von PV-Anlagen als Stromerzeuger und Lieferant von Strom an ihre Mieterschaft auftreten. Sofern sie dies tun, müssen sie sich nicht nur mit den in den folgenden Kapiteln beschriebenen technischen Voraussetzungen des Mieterstroms auseinandersetzen, insbesondere mit dem

Umstand, möglicherweise zum Energieversorgungsunternehmen zu werden. Auch steuerrechtliche Verpflichtung entstehen durch die Stromlieferung, die im Folgenden beschrieben werden sollen. An dieser Stelle können allerdings nur die Grundsätze dargestellt und die Sensibilisierung für steuerrechtliche Fragen geschaffen werden.

Für den privaten Betreiber einer Energieerzeugungsanlage (sei es das BHKW im Keller oder die PV-Anlage auf dem Hausdach), der den selbst erzeugten Strom an die Mieter des Hauses, ggf. auch z. T. an den Netzbetreiber veräußert, entstehen mit diesem Vorgang Einkünfte aus Gewerbebetrieb (§ 15 Abs. 2 Einkommensteuergesetz (EStG)). Der Verkauf des produzierten Stroms ist eine unternehmerische Tätigkeit und der Unternehmer, der Hauseigentümer, wird damit gewerbesteuerpflichtig (§ 2 GewStG) und umsatzsteuerpflichtig (§ 1 Umsatzsteuergesetz (UStG)) [7].

▶ **Hinweis** Neben den Einkünften aus der Stromerzeugung und Veräußerung an die Mieter sind die Einkünfte aus Vermietung und Verpachtung (§ 21 EStG), also die Mieterträge im Rahmen der Einkommenssteuererklärung zu berücksichtigen. Diese werden hier nicht behandelt.

Im Einzelnen sind folgende steuerbaren Vorfälle zu beachten:

Für die Gewinne, die aus dem Betrieb der PV-Anlage bzw. des BHKW erzielt werden, ist nach § 15 Abs. 2 EStG Einkommenssteuer zu bezahlen. Bei der Gewinnermittlung (Gewinn- und Verlustrechnung) können Aufwendungen für den Betrieb sowie die Abschreibung der Anlage berücksichtigt werden. Einzelheiten hängen sehr vom konkreten Fall ab und sollten durch eine steuerrechtliche Beratung geklärt werden. Die Produktion und der Verkauf des Mieterstroms durch den Vermieter stellt eine unternehmerische bzw. gewerbliche Tätigkeit dar. Für Einkünfte aus dem Gewerbebetrieb ist grundsätzlich Gewerbesteuer nach § 2 GewStG zu entrichten. Auch hier gilt für die konkrete Belastung der jeweilige Einzelfall. Insbesondere kommt es auf den Standort des Gewerbebetriebes an, da die Gewerbesteuer als kommunale Steuer durch die von jeder Gemeinde selbstständig festgesetzten Hebesätze abhängen.

Allerdings gibt es bei der Gewerbesteuer Freigrenzen: Gewerbesteuer fällt überhaupt erst an, wenn der Gewerbesteuerfreibetrag von 24.000 € (§ 11 Abs. 1 Nr. 1 GewStG) beim reinen Betrieb einer PV-Anlage bzw. eines BHKW überschritten wird.

Fällt Gewerbesteuer an, so bleibt diese bis zu einem Gemeindesteuerhebesatz von 380 % durch die vollständige Anrechnung auf anfallende Einkommensteuer in der Regel steuerneutral.

Der Betrieb ist beim örtlichen Finanzamt anzumelden (§ 138 Abgabenordnung, AO). Der Unternehmer bzw. der Vermieter erhält vom Finanzamt eine Umsatzsteuernummer. Inwieweit beim Gewerbeamt eine Anmeldepflicht besteht, ist von der Größe und der Nutzung der Anlage abhängig und wird von den Kommunen unterschiedlich gehandhabt. Die Abgabe der Gewerbesteuererklärung hat unabhängig von der Geltendmachung des Gewerbesteuerfreibetrags zu erfolgen.

Der Betrieb einer Stromerzeugungsanlage macht den Vermieter zum Unternehmer im umsatzsteuerlichen Sinn. In den meisten Fällen werden die Vermieter vom Kleinunternehmen-Privileg gem. § 19 UStG Gebrauch machen. Hier werden Unternehmer mit einem Jahresumsatz von max. 17.500 € nicht zur Umsatzsteuer herangezogen. Der Vorteil der Kleinunternehmer besteht darin, dass vielfältige Formalien entfallen. Allerdings ist nachteilig, dass die Mehrwertsteuer z. B. für die Anschaffung der Anlage und die laufenden Kosten nicht erstattet werden kann. Inwieweit der Betreiber der Photovoltaikanlage auch als Kleinunternehmer zur Umsatzsteuer optieren sollte, ist im Einzelfall mit dem Steuerberater zu klären.

Ziel der Umsatzsteueroption ist es, die Umsatzsteuer, die im Rahmen der Anschaffung, Herstellung und des Betriebs der PV-Anlage anfällt, die sogenannte Vorsteuer, vom Finanzamt zurückzufordern. Beim Mieterstrom ist zu bedenken, dass, wie oben ausgeführt, die Stromlieferung u. U. als Nebenleistung zum Mietvertrag betrachtet wird und deshalb das gleiche umsatzsteuerliche Schicksal teilt wie die Miete. Wenn der Vermieter und der Betreiber der PV-Anlage identisch sind, entfällt für ihn die oben beschriebene Umsatzsteueroption, weil die Mieteinnahmen nicht umsatzsteuerpflichtig sind.

Hinweis auf den Einbehalt der Bauabzugssteuer

Seit dem 01.01.2016 fällt die Installation einer Photovoltaikanlage an oder auf dem Gebäude unter die Regelungen der Bauabzugssteuer (Verfügung des Bayerischen Landesamts für Steuern vom 16.09.2015, Az.: S2272.1.1-3/8 St32) [2]. § 48 Abs. 1 Satz 1 EStG sieht vor, dass ein Unternehmer, der einen anderen Unternehmer mit Bauleistungen beauftragt – der Vermieter beauftragt die Errichtung einer Photovoltaikanlage – zur Sicherstellung der Besteuerung 15 % des Rechnungsbetrages einbehalten und an das Finanzamt abführen muss. Der Einbehalt dieser Bauabzugssteuer kann vermieden werden, wenn sich der Auftraggeber vom Installateur der Anlage eine im Zeitpunkt der Zahlung gültige Freistellungsbescheinigung zum Steuerabzug nach § 48b EStG aushändigen lässt. Damit entfällt die Verpflichtung zum Einbehalt. Es ist ratsam, dass der Auftraggeber, der investierende Vermieter, Zahlungen an den ausführenden Unternehmer erst nach Vorlage der Freistellungsbescheinigung leistet.[8]

Es zeigt sich, dass unter den gegebenen steuerrechtlichen Rahmenbedingungen, denen ein privater Vermieter unterworfen ist, vielfältige Steuergestaltungsmöglichkeiten bestehen. Solche gibt es bei der Gewinnermittlung und der Einkommensteuer, bei der Abschreibung der Stromerzeugungsanlage, bei der Inanspruchnahme eines Investitionsabzugsbetrags nach § 7 g EStG oder die Möglichkeiten zum Vorsteuerabzug auf die Anschaffungs- und

[8] www.deutsche-handwerks-zeitung.de/installation-photovoltaikanlage-bauabzugssteuer-jetzt-pflicht/150/3098/310226

Herstellungskosten. Diese Fragen werden hier nicht vertieft, sondern müssen für den konkreten Einzelfall mit Unterstützung durch die steuerrechtliche Berater geprüft und entscheiden werden.

Regelungsbedarf des Mieterstroms im Mietvertrags- und Betriebskostenrecht

Ein Vermieter – egal ob es sich um ein Unternehmen oder um eine Privatperson handelt – vermietet ganz selbstverständlich nicht nur Wohnraum sondern sorgt neben einer Vielzahl von weiteren Nebenleistungen auch für die Bereitstellung von Heizwärme und Warmwasser. Dazu ist der Vermieter auch verpflichtet: Nach § 535 Abs. 1 Satz 1 und 3 BGB ist der Vermieter verpflichtet, „*dem Mieter die Mietsache in einem zum vertragsgemäßen Gebrauch geeigneten Zustand zu überlassen …* "

Zu den hierzu notwendigen Leistungen gehören in erster Linie die Versorgung mit Wärme, Energie und Wasser, die Entsorgung von Abwasser und Müll [4, § 535 Rd. Nr. 109]. Diese für den Betrieb notwendigen Betriebskosten sind in der Betriebskostenverordnung (BetrKV) aufgeführt und vom Mieter zu bezahlen. Allerdings bedarf es dafür einer ausdrücklichen Regelung im Mietvertrag. Zu betonen ist, dass für diese notwendigen Infrastrukturleistungen für den Mieter keine Wahlfreiheit besteht. Der Mieter hat z. B. im Bereich der Wärmeversorgung keine Möglichkeit, von einem Versorgungssystem zum anderen zu wechseln oder den Betreiber bzw. den Lieferanten zu wechseln. Aus Gründen des Verbraucherschutzes und zur Vermeidung einer Übervorteilung der Mieter sieht die Heizkostenverordnung allerdings vor, das unter Beachtung des Wirtschaftlichkeitsgebots nur bestimmte (laufende) Kosten für Beheizung und Trinkwassererwärmung an die Mieter durchgereicht werden können.

Bei der Stromversorgung ist die Lage komplex und nicht eindeutig geregelt. Der Hilfs- bzw. Betriebsstrom, der im Gebäude benötigt wird, kann und wird auf die Miete umgelegt. Dies geschieht ebenfalls auf der Grundlage der Betriebskostenverordnung, wo folgende Kostengruppen in § 2 BetrKV genannt sind:

- die Heizungsversorgung (Nr. 4 a) mit zentraler Heizungsanlage,
- Kosten des Betriebsstroms (Nr. 5) für die zentrale Warmwasserversorgungsanlage oder (Nr. 6) für verbundene Heizungs- und Warmwasserversorgungsanlagen,
- Betriebsstrom für Personen- und Lastenaufzüge (Nr. 7),
- für die Beleuchtung (Nr. 11),
- für Gemeinschaftsantennenanlagen (Nr. 5a) und für den Betriebsstrom der Wäschepflege (Nr. 16).

Haushaltsstrom müsste und könnte unter die Kategorie „sonstige Betriebskosten" (Nr. 17) gefasst werden.

Über die Erzeugung und den Einsatz des Betriebsstroms entscheidet alleine der Vermieter und belastet – über die Betriebskostenverordnung, die zum Gegenstand des Mietvertrags gemacht wird – die Mieter mit diesen Stromkosten. Dieser Betriebsstrom steht nicht im Mittelpunkt, wenn es um den Mieterstrom geht. Gleichwohl kann auch dieser Strombedarf durch Eigenerzeugung bzw. den Mieterstrom gedeckt werden.

Strittig ist der Haushaltsstrom und die Frage, ob der Vermieter die Mieter vertraglich verpflichten kann, Mieterstrom abzunehmen. Im Zusammenhang mit der Wahlfreiheit des Mieters, seinen Stromanbieter selbstständig zu wählen und zu wechseln, wird auf § 20 a EnWG und die Verbraucherschutzbestimmung des § 309 Nr. 9 BGB verwiesen.

Das Energiewirtschaftsgesetz (EnWG) enthält keine Vorschriften zur maximalen Vertragsdauer. Auch nach den Informationen der Bundesnetzagentur[9] sind *Energielieferverträge..zivilrechtliche Verträge und gleichzeitig … Dauerschuldverhältnisse, da sie eine regelmäßige Lieferung von Waren bzw. Erbringung von Dienstleistungen beinhalten. Haushaltskundenverträge enthalten in der Regel vorformulierte Vertragsbedingungen, die dem Kunden vom Lieferanten gestellt werden und in einer Vielzahl von Fällen verwendet werden. Solche vorformulierten Vertragsklauseln bezeichnet man als „Allgemeine Geschäftsbedingungen“ (AGB), auf die das AGB-Recht anwendbar ist. Danach darf die* ***Erstlaufzeit eines Vertrages nicht länger als zwei Jahre*** *betragen. Bei einer* ***stillschweigenden Verlängerung*** *darf sich das Vertragsverhältnis um* ***nicht mehr als ein Jahr*** *verlängern. Außerdem darf die* ***Kündigungsfrist nicht länger als drei Monate*** *vor Ablauf der zunächst vorgesehenen oder stillschweigend verlängerten Vertragsdauer betragen.*

Die rechtliche Unsicherheit über das korrekte Vorgehen dürfte daher rühren, dass es sich in der Praxis eingespielt hat, dass der Haushaltsstrom nicht vom Vermieter geliefert wird sondern es dem Mieter selber zu überlassen, einen Stromanbieter auszuwählen, mit diesem Verträge abzuschließen und ggf. von einem Anbieter zum anderen zu wechseln.

Zum o. g. vertragsgemäßen Gebrauch der Wohnung gehört das Vorhandensein von Stromnetzen und Stromzählern. Regelmäßig ist das der Anschluss an das allgemeine Stromnetz und damit verbunden der Stromvertrag zwischen Mieter und Stromversorger [4, §§ 535Rd.Nr. 540, 536 Rd. Nr. 269f.]. Auch wenn dies verbreitete Praxis ist, so ist dies nicht die einzige mögliche bzw. juristische korrekte Vertragsgestaltung.

Der Strombezug könnte im Mietvertrag vereinbart werden. Der Vermieter kann den Strom selbst erzeugen und durch die Kundenanlage an den Mieter leiten oder bei einem Versorgungsunternehmen beziehen. Es gibt keine gesetzliche Regelung die den Abschluss eines einheitlichen Vertrages über die Wohnung und den Strombezug ausschließt. Wegen der rechtlichen Unsicherheit über die Zulässigkeit eines einheitlichen Mietvertrages der Mieterstrom einschließt [4, § 535 Rd.Nr. 540–543] sind solche Verträge sind in der Praxis fast nicht zu finden. Nur sehr wenige Vermieter bieten solche einheitlichen Verträge an.

[9] https://www.bundesnetzagentur.de/cln_1412/DE/Sachgebiete/ElektrizitaetundGas/Verbraucher/Vertragsarten/vertragsarten-node.html

Regelmäßig wird neben dem Mietvertrag aber im zeitlichen Zusammenhang mit dem Mietvertrag ein separater Stromvertrag angeboten. Zur Sicherung im Falle der Kündigung des Mieterstromvertrages kann durch die Unterzähler auch mit einem Drittversorger abgerechnet werden. Einzelheiten zu den Messkonzepten finden sich im Kapitel „Messkonzepte“.

Bietet der Vermieter einen einheitlichen Vertrag über Wohnung und Mieterstrom an, so sollte er streng darauf achten, dass dieser Strom konkurrenzfähig ist und mindestens günstiger als z. B. der Vergleichstarif des jeweiligen Grundversorgers nach dem § 36 EnWG. Hier spielt der Verbraucherschutz eine Rolle, der die Mieter davor schützen soll sie in belastende Verträge „hineinzuzwingen“. Dies muss beim Mieterstrom so nicht sein: Der Vermieter bietet einen – ökologisch produzierten – Strom an und zwar zu Tarifen, die unter den ortsüblichen Konditionen liegen. Wie dies aussehen kann, wird in Kapitel „Wirtschaftlichkeit“ erläutert.

Damit kommt der Vermieter dem allgemeinen Wirtschaftlichkeitsgebot bzw. Äquivalenzprinzip nach [4, § 535, 126 ff.]. So ist konkret in § 556 c BGB und in §§ 8ff. der Wärmelieferverordnung 2013 für die Umstellung der Wärmeversorgung durch den Vermieter vorgesehen, dass bei der Einführung oder der Umstellung der Heizungsversorgung dies nicht zu mehr Belastungen für den Mieter führen darf [4, § 556c]. Den Gedanken der Wirtschaftlichkeit greift auch das Hessische Förderprogramm zum Mieterstrom auf [6], das Vorgaben zu den Strompreisen (Arbeitspreis und Grundpreis) macht.

Bietet der Vermieter – zusammen mit dem Stromversorger – einen Miet- und einen Stromvertrag an, so kann die Attraktivität des Stromvertrages durch ein „geschenktes“ Strombudget erhöht werden. Um den Mieter zum Abschluss des Stromvertrages zu bewegen, enthält der Mietvertrag ein gewisses Strombudget welches nur ausgeschöpft werden kann, wenn der gleichzeitig angebotene Stromvertrag abgeschlossen wird. Das im Mietvertrag enthaltene Strombudget wird dabei nicht separat in Rechnung gestellt, sondern ist ein Bestandteil der Miete. Es wird von dem Stromanbieter geliefert, der den Mieterstromvertrag anbietet. Das Strombudget geht verloren, wenn nicht gleichzeitig der separate Stromvertrag abgeschlossen wird. Auch diese Konstruktion ist in der Praxis nur sehr selten zu finden. Neben die rechtliche Unsicherheit tritt die Sorge des Vermieters durch das Stromkontingent im Mietvertrag zum Energieversorger zu werden und all die damit verbundenen Anforderungen erfüllen zu müssen. Aus den oben genannten Gründen ist dies für Vermieter äußerst nachteilig und unerwünscht.

Fazit

Das Mietrecht, basierend auf den Grundsätzen der Vertragsfreiheit, enthält keine Regelungen, die den Abschluss eines Mietvertrages einschließlich der Lieferung von Strom durch den Vermieter verbieten würde.

Hierzu sind auch keinerlei Urteile bekannt. Die mietrechtliche Vertragsfreiheit wird durch den Verbraucherschutz begrenzt: So lange der Strombezug bzw. die dafür zu bezahlenden Tarife dem Wirtschaftlichkeitsgebot entsprechen, sind die Grenzen des Verbraucherschutzes eingehalten. Auch die Wahlfreiheit der Stromkunden, die Stromanbieter frei zu wählen und sich ggf. gegen den Mieterstrom zu entscheiden, wird mit dem Angebot eines Mietvertrags mit Wärme- und Stromlieferung nicht übermäßig eingeschränkt. Es steht dem potenziellen Mieter/Stromkunden frei, den Mietvertrag mit Stromlieferung abzuschließen bzw. es zu unterlassen.

Die hier angestellten Überlegungen beziehen sich nur auf den Abschluss eines Mietvertrages mit Mieterstrom. Im laufenden Mietverhältnis kann kein Mieter zum Wechsel des Stromanbieters gezwungen werden. Hier muss der Vermieter den Mieter davon überzeugen, dass der Mieterstrom eine kostengünstige und ökologische Alternative ist. Eine einvernehmliche Vertragsänderung – zum Umstieg auf den Mieterstrom – ist immer möglich.

Wenn der Vermieter die Lieferung des Haushaltsstrom in der Form von Mieterstrom vorsehen will, ist dies explizit in den Mietvertrag aufzunehmen. Gleiches gilt für die Abrechnungsmodalitäten der Kosten. Die Grundlage dafür ist die schon erwähnte Betriebskostenverordnung. Der Haushaltsstrom müsste unter die Kategorie „Sonstige Betriebskosten" nach § 2 Nr. 17 BetrKV gefasst werden, um umlagefähig zu werden. Als Verteilungsschlüssel können im Mietvertag eine jährliche Abrechnung bzw. Strombudgets vereinbart werden.

Trotz der beschriebenen rechtlichen Möglichkeiten den Mieterstrom in einem Mietvertrag zu regeln, werden in der Praxis fast immer zwei separate Verträge für Vermietung und Stromlieferung abgeschlossen. Hier arbeiten Vermieter und Stromerzeuger bzw. -lieferant fast immer eng zusammen.

Wie sich Kooperationen konkret in der Praxis darstellen und welche Voraussetzungen für erfolgreiches Kooperieren erforderlich sind, wird im folgenden Kapitel „Kooperationen" dargestellt.

Literatur

[1] Ahlers, M., Götz, A. (2016): Hintergrundpapier: Vorschlag für eine Rechtsverordnung zur Förderung von PV-Mieterstrommodellen, im Auftrag des GdW,

[2] Bauabzugssteuer. Verfügung des Bayerischen Landesamts für Steuern vom 16.09.2015, Az.: S2272.1.1-3/8 St32. http://www.deutsche-handwerks-zeitung.de/installation-photovoltaikanlage-bauabzugssteuer-jetzt-pflicht/150/3098/310226. Zugegriffen: November 2016

[3] GdW Bundesverband Deutscher Wohnungs- und Immobilienunternehmen e.V. (2013): GdW-Arbeitshilfe 71: Wohnungsunternehmen als Energieerzeuger – Bedeutung, Möglichkeiten wirtschaftliche und rechtliche Rahmenbedingungen, Berlin

[4] Eisenschmid in Schmidt-Futterer: Mietrecht, Kommentar, 12. Auflage 2015, Kommentierungen zu §§ 535, 536, 556c BGB

[5] Großklos, M.; Behr, I.; Paschka, D. (2016): Möglichkeiten der Wohnungswirtschaft zum Einstieg in die Erzeugung und Vermarktung elektrischer Energie, Forschungsinitiative Zukunft Bau, IRB Verlag, Stuttgart

[6] Hessisches Ministerium für Wirtschaft, Energie, Verkehr und Landesentwicklung (2016): Merkblatt zur Förderung der Umstellung von Wohngebäuden auf eine haushaltseigene Stromversorgung mit hocheffizienter Kraft-Wärme-Kopplung und erneuerbaren Energien im

Rahmen des Pilotvorhabens „Mieterstrom-Modelle“ nach Teil II Nr. 3 in Verbindung mit Teil III A Nr. 5, Die Richtlinie des Landes Hessen zur energetischen Förderung im Rahmen des Hessischen Energiegesetzes (HEG vom 02. Dezember 2015 (StAnz. S. 1380), Wiesbaden

[7] Raschper, N. Graumann, C. (2015): Wohnungsgenossenschaften als strategische Partner beim Klimaschutz und einer nachhaltigen, sozial ausgewogenen Energiewende, Düsseldorf

[8] Steuerberatungsgesellschaft Gonze & Schüttler AG Anforderungen an die Gewerbesteuererklärung. http://www.steuer-gonze.de/web/index.php/steuertipps/privatpersonen/haus-und-grundbesitzer/424-photovoltaikanlagen. Zugegriffen: November 2016

[9] Vogler, I.; Herlitz, C.; Große, A.; Gebhardt, C. (2013/14):Wohnungsunternehmen als Energieerzeuger, DW 12/2013 und 1/2014, Haufe Verlag, Freiburg

Kooperation als Erfolgsfaktor für Mieterstrom

Iris Behr

Mieterstrom als gemeinsames Geschäftsmodell für Vermieter und Stromversorger

Die in den einzelnen Kapiteln beschriebenen komplexen Regelungen des Energierechts (Kapitel „Energiepolitische Rahmenbedingungen“), des Steuerrechts (Kapitel „Steuer- und mietrechliche Rahmenbedingungen“) sowie die mit dem Mieterstrom verbundene Messtechnik und Messkonzepte (Kapitel „Messkonzepte“) haben deutlich gemacht, dass Erzeugung und Vertrieb von Mieterstrom durch ein Wohnungsunternehmen oder einen privaten Vermieter mit einer Reihe von Risiken verbunden ist. Neben dem Verlust steuerrechtlicher Vorteile findet auch eine Einstufung als Energieversorgungsunternehmen statt. Messtechnik gehört ebenfalls nicht zum Kerngeschäft eines Wohnungsunternehmens.

In einer vom IWU im Jahr 2015 durchgeführten Befragung von Wohnungsunternehmen wurde jedoch festgestellt, dass bei mehr als 60 % der Antworten Mieterstrom als ein zukünftiges Thema gesehen wird [1]. Die Gründe dafür sind bereits in den vorherigen Kapiteln benannt worden: Insbesondere geht es den Wohnungsunternehmen darum, die Betriebskosten für Wärme (Heizung und Wasser) und Strom mindestens stabil zu halten und die Mieter an sich zu binden. Technische Notwendigkeiten des Heizungsanlagentausches und eine verbesserte Energiebilanz tragen dazu bei, dass sich die Wohnungsunternehmen dem komplexen Thema Mieterstrom widmen. Gerade Wohnungsunternehmen, die einen sozialen Auftrag haben, können ihren Mietern mit dem Mieterstrom eine wirtschaftlich attraktive Alternative der Stromlieferung anbieten – sofern nicht als Vergleich das allerbilligste Angebot herangezogen wird. „Rundum sorglos Pakete“ bzw. „all inclusive“ - Wohnungsangebote finden ihre Nachfrage im Segment des erweiterten

I. Behr (✉)
Institut Wohnen und Umwelt GmbH, Darmstadt, Deutschland
e-mail: i.behr@iwu.de

I. Behr, M. Großklos (Hrsg.), *Praxishandbuch Mieterstrom*,
DOI 10.1007/978-3-658-17540-5_5

Service-Wohnens: beheizter Wohnraum wird ergänzt mit Internetversorgung, Hausmeister oder „Concierge"-Dienstleistungen. Zusätzlich werden nun Mieterstrom sowie Strom für das Elektroauto, das E-Bike oder das Elektrolastenrad angeboten.

Dadurch erweitern Vermieter ihr Angebot und zwar nicht nur in nachfrageschwachen Märkten sondern auch in angespannten Marktlagen. Die vorhandene Mieterschaft zufriedenzustellen, sie an das Unternehmen zu binden und neue Mieter zu gewinnen, sind für das Wohnungsunternehmen hervorgehobene Aufgaben.

Das Interesse an der Mieterschaft besteht nicht nur beim Wohnungsunternehmen, sondern auch zunehmend bei Energieversorgern, seien es Stadtwerken oder andere Energiedienstleister. Dies gilt vor allem dann, wenn sie ihr Portfolio vom bloßen Stromverkauf erweitern wollen. Es ist zu beobachten, dass zunächst Stadtwerke, zunehmend aber auch die großen Energieversorger, den Ökostrom und damit verbundene Leistungen in ihre Angebotspalette aufnehmen. Der bewusste Umgang mit Wärme und Strom findet seinen Niederschlag in Energiesparkampagnen, schließt die Effizienzberatung zu Haushaltsgeräten ein und bietet Wärmeliefer-Contracting und Betriebsstrom-Contracting an. Sollen diese Angebote vor Ort und in der Region wirken, so sind die Energiedienstleister auf die örtlichen Verbraucher angewiesen. Die Mieterschaft vor Ort, betreut vom (kommunalen) Wohnungsunternehmen, ist für die erweiterte Angebotspalette der Energiedienstleister ein nahe liegendes Kundenpotenzial. Teilweise werden Mieterstromangebote von Energieversorgern auch mit weiteren Dienstleistungen verknüpft, z. B. mit Verbraucherportalen zur sofortigen Rückmeldung des eigenen Stromverbrauchs. Schließlich ist der Strommarkt umkämpft und Stadtwerke sehen das Erfordernis Mieterstrom anzubieten, damit nicht andere in ihrem Versorgungsgebiet diese Nische besetzen.

Betrachtet man die Startvoraussetzungen für Mieterstrom aus Sicht der unterschiedlichen Akteure, so lässt sich feststellen:

Wohnungsunternehmen verfügen über die notwendigen Gebäude, haben Bedarf an Wärme, die als *Abfallprodukt* bei der Kraft-Wärme-Kopplung zur Beheizung genutzt werden kann und besitzen den direkten Kontakt zu den Mietern als mögliche Mieterstromkunden. Andererseits fehlt hier häufig das Know-how im Bereich Stromerzeugung, und die steuerrechtlichen Rahmenbedingungen behindern einen Einstieg in Mieterstrom. Zusätzlich schrecken die energiewirtschaftlichen Rahmenbedingungen und die Einstufung als Energieversorgungsunternehmen, wenn Letztverbraucher beliefert werden.

Energieversorgungsunternehmen bzw. Energiedienstleister besitzen umfangreiche Kenntnisse bei Energieerzeugung, -vertrieb und -abrechnung elektrischer Energie. Sie besitzen im Normalfall jedoch keine eigenen Gebäude, in denen sie Mieterstromangebote entwickeln könnten, und der Zugang zu den Mietern als Kunden ist schwieriger.

Somit bieten sich Kooperationen zwischen Wohnungsunternehmen und Energiewirtschaft an, um die jeweiligen Stärken in gemeinsame Mieterstromprojekte einzubringen. Treffen vor Ort auch noch kommunale bzw. öffentliche Wohnungsunternehmen mit kommunalen Stadtwerken zusammen, so ist der Einstieg in eine Zusammenarbeit naheliegend. Auch kommunale Klimaschutzziele können mit solchen Kooperationen befördert werden.

Herausforderung der Kooperation

Trotzdem fällt die Kooperation nicht in den Schoß. Selbst bei Kooperation mit einem bewährten, im Prinzip vertrauten Energieversorger wie den Stadtwerken, ist Aufbauarbeit nötig, ist die Kooperation mit Aufwand verbunden und ist zeitintensiv. Dafür gibt es verschiedene Gründe:

Trotz der jeweiligen Expertise im eigenen Geschäftsfeld – die Vermietung beim Wohnungsunternehmen und die Stromerzeugung und Vermarktung beim Energieversorger – ist gemeinsam das Geschäftsfeld Mieterstrom neu zu entwickeln. Dies wird auch vom Bundesverband deutscher Wohnungs- und Immobilienunternehmen e. V. (GdW) und dem Verband kommunaler Unternehmen (VKU) so gesehen [2]. Die Ziele der Kooperationspartner müssen nicht einheitlich sein, vielmehr kann der Mehrwert auch darin bestehen, dass unterschiedliche Ziele in dem Projekt Mieterstrom erreicht werden können. Es ist wichtig dabei, dass sich die Partner der jeweiligen Interessenslagen – sowohl der eigenen als auch denen des Partners – bewusst sind. Unterschiedliche Unternehmensphilosophien und Gewinnerwartungen sind zu identifizieren und aufeinander abzustimmen.

Die jeweiligen Unternehmensinteressen und der gemeinsame Mehrwert finden sich in den Themen Energieeffizienz, dezentrale, regenerative Stromerzeugung, Kundengewinnung und Mieterbindung, Betriebskostenbegrenzung und Einführung von Innovationen wie Smart Metering.

Die Praxisbeispiele zeigen, dass auch für den Energiedienstleister das Geschäftsfeld Mieterstrom zu erlernen ist und die mess- und abrechnungstechnischen Komponenten komplex sind (siehe Kapitel „Messkonzepte"). Eine wichtige Frage ist hierbei, ob der Qualifizierungsbedarf, der im Bereich der Messkonzepte und des Messstellenbetriebs erforderlich ist, im eigenen Unternehmen entwickelt wird oder wiederum mit einem weiteren Partner betrieben wird. In jedem Fall führt die Komplexität der Fragestellungen zu einem eher großen Kreis von Beteiligten, was einen intensiven Kommunikationsbedarf nach sich zieht.

Kooperationsformen in der Praxis

Die folgende Abb. 1 zeigt die in der Praxis anzutreffende Grundstruktur zur Erzeugung und zum Vertrieb von Mieterstrom. Die Schritte Investition, Betrieb und Vertrieb sind klar voneinander abgegrenzt.

Zunächst ist über die Investition in die Energieerzeugungsanlage und ggf. die Veränderung der Kundenanlage zu entscheiden. Dies kann der Vermieter – unabhängig von dessen Rechtsform – selber tätigen (linke Seite in Abb. 1) oder durch einen Kooperationspartner mit dem er vertraglich verbunden ist, durchführen lassen (rechte Seite in Abb. 1).

Der Vermieter kann „seine" Erzeugungsanlage und Kundenanlage selber betreiben oder den Betrieb an einen Partner übertragen. Dafür kommen ein Tochterunternehmen des

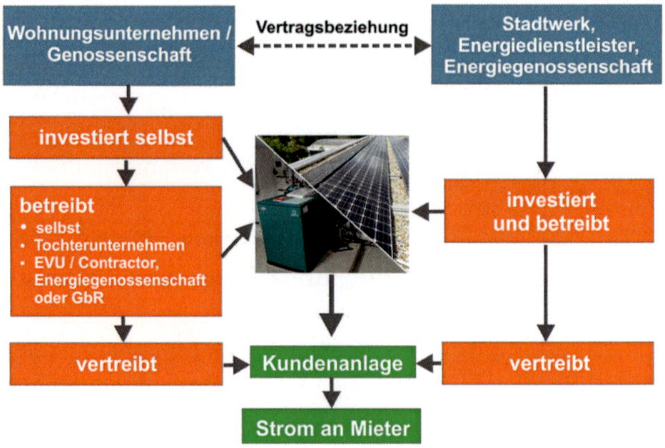

Abb. 1 Kooperationsformen für Mieterstrom

Vermieters in Frage, ein Contractor in der Form des Betriebscontractings, eine Energiegenossenschaft oder eine sonstige Betreibergesellschaft, z. B. eine GbR in Betracht (siehe Kapitel „Energiesysteme der Zukunft“). Dieser Betreiber übernimmt dann auch den Vertrieb des elektrischen Stroms und kümmert sich um Messung (selbst oder durch Beauftragung Dritter) und Abrechnung.

Möchte das Wohnungsunternehmen mit Stromerzeugung, Betrieb und Vertrieb möglichst wenig zu tun haben, so bietet sich eine Kooperation mit einem ausgewiesenen Energiedienstleister an (rechte Seite in Abb. 1). Hier kommt das Anlagencontracting zum Einsatz. Teilweise sind Investitionsbeteiligungen erforderlich, um die Wirtschaftlichkeit für das neue Produkt zu verbessern.

Der Blick in die Praxis lässt folgende Befunde zu: Aus der IWU-Untersuchung 2015 [1] hat sich ergeben, dass etwa die Hälfte der Unternehmen, die sich mit dem Mieterstrom beschäftigen, dies mit einem externen Kooperationspartner erledigen. Hierfür kommen vor allem Stadtwerke in Frage, aber auch private Contractoren. Die andere Hälfte vertreibt den Mieterstrom direkt – hierzu liegen bislang keine genaueren Angaben vor – oder über ein Tochterunternehmen.

GdW und VKU weisen in ihrer Broschüre [2] auf weitere Kooperationsformen hin: In Frage kommt die bloße Dachvermietung für Photovoltaik-Anlagen an einen Betreiber, der dann die PV-Anlage errichtet und betreibt und Strom an die Mieter des Gebäudes veräußert.

Hervorgehoben wird darüber hinaus noch der Kooperationspartner Energiegenossenschaft. Energiegenossenschaften sind Errichter und Betreiber von BHKW oder PV-Anlagen und bieten diese dem Wohnungsunternehmen zur Versorgung der Mieterschaft an. Gleichermaßen können Energiegenossenschaften Partner von Stadtwerken oder Wohnungsunternehmen bzw. Gebäudeeigentümern beim Bau von KWK- und PV-Anlagen sein. Sie können sich an der Finanzierung beteiligen, Anlagen errichten und betreuen.

Die beschriebenen Kooperationen bzw. Kooperationspartner müssen nicht in festen Konstellationen auftreten, sondern können sehr wohl variieren. Im Folgenden werden die dabei zu beachtenden Aspekte beschrieben, die nicht auf bestimmte Konstellationen begrenzt sind, sondern grundsätzlicher Art sind. Sie hängen davon ab, welchen Projektbeitrag die Kooperationspartner erbringen sollen und welches Risiko damit eingegangen wird. Projektbeiträge können finanzieller Natur sein aber auch in der bereits beschriebenen Bereitstellung von Know-how liegen. Über die folgenden Aufgaben und ihre jeweilige Verteilung zwischen den Partnern ist vorab Klarheit herzustellen.

Checkliste für gelingende Kooperationen

Flächenbereitstellung
Welche Flächen werden für die Energieerzeugungsanlagen benötigt und wer trägt die Kosten für die Vorbereitung der Flächen? Besonders bei PV-Dachanlagen ist vorab genau zu klären, ob die Montage der PV-Anlage energetische Modernisierungen im Dachbereich beeinflusst, da nach Montage der Module in den nächsten 20 Jahren nichts mehr verändert werden kann, ohne Ausfälle beim Solarertrag zu verursachen – und wer die Kosten z. B. für den Abriss alter Kamine trägt. Wie hoch ist die Pacht für die Dachflächen oder den Heizungsraum?

Anlageninvestition und Betrieb
Wer investiert in die Energieerzeugungsanlagen und wer betreibt die Anlagen? Pachtet der Betreiber die Anlage oder wird ein Baukostenzuschuss für die ohnehin erforderliche Wärmeerzeugungsanlage vereinbart? Soll die Investition in die Anlage die Wirtschaftlichkeit für den Betreiber verbessern und damit die Möglichkeit niedrigerer Betriebskosten eröffnen?

Inanspruchnahme von Förderprogrammen
Welche Förderprogramme werden angeboten, und wer kann sie in Anspruch nehmen?

Anlagenbetrieb einschließlich Messung und Abrechnung des Mieterstroms
Dieser Punkt ist die entscheidende Stelle für eine klare Trennung zur Vermeidung der steuerrechtlichen und energierechtlichen Risiken für das Wohnungsunternehmen. Die Aufgabe der Wohnungsversorgung soll klar von der der Stromversorgung abgegrenzt werden. Gleichzeitig müssen bei einem Wärmeliefercontracting Vereinbarungen zur Verfügbarkeit getroffen werden.

Auswahl des Messkonzeptes
Hier ist darauf zu achten, dass erzeugte, gelieferte und bezogene Strommengen erfasst werden. Außerdem ist sicherzustellen, dass Strom von Mietern, die auf die Strombelieferung durch den Vermieter verzichten und von einem Dritten beziehen, gemessen und abgerechnet werden kann (siehe Kapitel „Messkonzepte“).

Aufgabenübertragung von Anlagenerrichtung und/oder -betrieb an Tochterunternehmen
Hierbei ist darauf zu achten, dass Organisation und Aufgabenübertragung so gewählt werden, dass die steuerschädlichen Effekte (Verlust der erweiterten Gewerbesteuerkürzung und Ansteckung des Vermietungsgeschäfts durch das umsatzsteuerpflichtige Stromgeschäft) vermieden werden, da dies der Hauptgrund ist, die Stromerzeugung und den Stromvertrieb aus dem Wohnungsunternehmen auszulagern.

Betreiber der Kundenanlage
Normalerweise ist der Gebäudeeigentümer – häufig ohne sich dessen bewusst zu sein – auch Betreiber der Kundenanlage. Werden z. B. mehrere Kundenanlagen zusammengeschlossen und ein Energieversorger mit der Installation und dem Betrieb von Stromerzeugungsanlagen beauftragt, muss geklärt werden, wer zukünftig Betreiber der Kundenanlage ist.

Abschluss des Mietvertrages und des Stromliefervertrages
In der Praxis erfolgt bislang der Abschluss von zwei separaten Verträgen: dem Mietvertrag für die Wohnung und dem separaten Stromlieferungsvertrag. Trotzdem können sowohl im Mietvertrag als auch im Stromvertrag Regelungen aufgenommen werden, die den Abschluss des Mieterstromvertrags attraktiv machen. So kann ein freies Stromkontingent im Mietvertrag aufgenommen werden oder auch im Stromliefervertrag. Der Strompreis (Arbeitspreis) sollte günstiger als Konkurrenzangebote kalkuliert werden. Auch kann ein reduzierter Grundpreis bis hin zum vollständigen Wegfall des Grundpreises Gegenstand des Stromliefervertrages sein.

Im Mietvertrag sollten darüber hinaus Regelungen getroffen werden, die zur Vereinfachung beim Mieterstrom führen. Dies betrifft den Messstellenbetrieb und die Auslesung der Zähler, um zu verhindern, dass fremd versorgte Mieter die Daten von einem Dritten auslesen lassen möchten (§ 9 MessZV).

Weitere zu verabredende Anreize können in einer zusätzlichen Energieberatung oder in Zuschüssen zu energieeffizienten Haushaltsgeräten liegen. Sowohl der Mietvertrag als auch der Stromvertrag können die Nutzung des Mieterstroms für ein Elektro-Auto bzw. Elektro-Fahrrad enthalten, das an der unternehmenseigenen Stromtankstelle geladen wird.

Kundenbetreuung
Für das neue Geschäftsfeld Mieterstrom ist eine intensive Kundenansprache notwendig. Es ist zu entscheiden, ob diese vom Wohnungsunternehmen oder dem Kooperationspartner übernommen wird. Dabei sind auch Fragen des Datenschutzes zu regeln.

Wirtschaftlichkeitsüberlegungen
Das Geschäftsfeld Mieterstrom ist noch in der Entwicklung und fortwährenden Veränderungen unterworfen. Die Wirtschaftlichkeit unterscheidet sich je nachdem, ob die Wärme- und Stromlieferung durch das Wohnungsunternehmen oder einen externen Contractor erfolgt. Es zeigt sich, dass wegen des Gebotes der Kostenneutralität für gewerbliche

Wärmelieferungen dritte Contractoren bei gleichzeitiger Stromlieferung ggf. höhere Deckungsbeiträge als Wohnungsunternehmen realisieren können. Zwischen den Kooperationspartnern ist zu klären, wer mit welchem Anteil von diesen Vorteilen partizipiert und ob daran auch die Mieterschaft teilhaben soll (siehe Kapitel „Wirtschaftlichkeit").

Literatur

[1] Großklos, M.; Behr, I.; Paschka, D. (2015): Möglichkeiten der Wohnungswirtschaft zum Einstieg in die Erzeugung und Vermarktung elektrischer Energie. Darmstadt. http://www.iwu.de/forschung/energie/2015/mieterstrom/. Zugegriffen: 06. Oktober 2016

[2] Verband kommunaler Unternehmen e.V. (VKU), Bundesverband deutscher Wohnungs- und Immobilienunternehmen e.V. (GdW) (2015): Stadtwerke und Wohnungswirtschaft - Partner für die Energiewende vor Ort, Berlin

Mieterstrom – Chancen und Risiken für die Wohnungswirtschaft

Ingrid Vogler und Iris Behr

Gespräch mit Ingrid Vogler (GdW Bundesverband deutscher Wohnungs- und Immobilienunternehmen e. V.) und Iris Behr

Iris Behr: Ihr Verband beschäftigt sich seit einiger Zeit mit dem Thema Mieterstrom. Wie ist die Resonanz bei Ihren Mitgliedsunternehmen?

Ingrid Vogler: Für die Wohnungswirtschaft ist die Bewältigung der Energiewende und der damit verbundene Wandel der Energieversorgung sowie die Verbesserung der Energieeffizienz eines der wichtigen Zukunftsthemen. Die Ziele der Energiewende sind deshalb ein wichtiger Teilaspekt für die Bestandsentwicklung in den Wohnungsunternehmen. Städtebauliche, demografische, energetische und soziale Gesichtspunkte müssen miteinander verknüpft werden. Hierbei sehen wir erhebliche Chancen in der dezentralen Energieerzeugung im Gebäudebereich. Wir reden von der Nutzung von kleinen KWK-Anlagen bzw. PV-Anlagen und dem ortsnahen Verbrauch des Stromes als Mieterstrom.

Die Wohnungsunternehmen sehen darin viele Chancen: lokale Energie aus erneuerbaren Quellen und aus KWK haben das beste Image innerhalb der Energiewende. Mieterstrom ist eine der wenigen Maßnahmen, die eine Verminderung von Treibhausgas-Emissionen bei gleichzeitiger finanzieller Entlastung von Mietern ermöglicht.

Nachdem wir im Jahr 2013 eine Arbeitshilfe für Wohnungsunternehmen, die Strom selber erzeugen wollen, herausgegeben haben, um Hilfe im Dschungel der damit verbundenen technischen, steuerlichen, bilanziellen, rechtlichen und organisatorischen Fragen zu geben, haben wir – auch angeregt durch die IWU-Studie aus dem vergangenen Jahr – im Jahr 2015 eine eigene Umfrage zur Stromerzeugung in den Wohnungsunternehmen durchgeführt.

I. Vogler (✉)
GdW Bundesverband deutscher Wohnungs- und Immobilienunternehmen e.V., Berlin, Deutschland
e-mail: Vogler@gdw.de

I. Behr
Institut Wohnen und Umwelt GmbH, Darmstadt, Deutschland

I. Behr, M. Großklos (Hrsg.), *Praxishandbuch Mieterstrom*,
DOI 10.1007/978-3-658-17540-5_6

I. B.: Das ist interessant! Welche Erkenntnisse konnten Sie aus Ihren Befragungen gewinnen?

I. V.: Unsere Stichprobe lag mit mehr als 1900 antwortenden Unternehmen über der des IWU. Trotzdem sind wir zu ähnlichen, aber auch ergänzenden Erkenntnissen gekommen. 28 % der Unternehmen, also mehr als 550, gaben an, dass sie Strom erzeugen. Ganz überwiegend wird der Strom entsprechend EEG oder KWKG ins Netz gespeist, weswegen nicht verwundert, dass die Unternehmen zu über 60 % angaben, die Stromerzeugung in eigener Regie durchzuführen. In einem Drittel der stromerzeugenden Wohnungsunternehmen wird der Strom auch für den Allgemeinstrom genutzt, jedes siebente verwendet den Strom als Mieterstrom.

Die antwortenden Unternehmen sind sich sehr einig über die Hindernisse für die elektrische Energieerzeugung. Die rechtlichen Rahmenbedingungen, dabei besonders die steuerrechtlichen Regeln, die Vielzahl und die fehlende Planbarkeit der rechtlichen Regelungen stehen im Wege. Erst danach wird die Verbesserung der Wirtschaftlichkeit verbunden mit besseren Vermarktungsmöglichkeiten an die Mieterschaft genannt.

Eindrucksvoll ist, dass 68 % der stromerzeugenden und 30 % aller Wohnungsunternehmen mehr Stromerzeugungsanlagen (BHKW und PV) errichten würden, wenn die gesetzlichen Rahmenbedingungen besser wären. Es ist also festzuhalten, dass gegenwärtig die gesetzlichen Rahmenbedingungen den weiteren Ausbau der lokalen Stromerzeugung verhindern. Trotzdem haben unsere Mitgliedsunternehmen ein großes Interesse am Mieterstrom.

I. B.: Sie haben im vergangenen Jahr die IWU-Studie zum Mieterstrom [4] begleitet. Wir hatten seinerzeit Expertengespräche mit Praktikern aus großen Wohnungsunternehmen geführt, die bereits Mieterstromprojekte umsetzen. Auch hier wurde die Umsetzung durch die rechtlichen Rahmenbedingungen erschwert. Im Praxishandbuch wollen wir für am Mieterstrom Interessierte einen Überblick verschaffen und Wege zur Umsetzung aufzeigen. Wo sehen Sie zurzeit die größten Schwachstellen für eine Verbreitung des Mieterstroms?

I. V.: Lassen Sie uns mit der Gewerbesteuer beginnen, genauer gesagt mit der Möglichkeit der erweiterten Gewerbesteuerkürzung für Grundstücksunternehmen.

Kapitalgesellschaften und Genossenschaften, die ausschließlich eigenen Grundbesitz verwalten und nutzen, sind durch die „erweiterte Gewerbesteuerkürzung für Grundstücksunternehmen" gewerbesteuerlich besser gestellt als Kapitalgesellschaften und Genossenschaften, die daneben einer originär gewerblichen Tätigkeit nachgehen. Durch diese Regelung sollen Wohnungsunternehmen in der Rechtsform der Kapitalgesellschaft oder Genossenschaft anderen Steuerpflichtigen gleichgestellt werden, die mit der Grundstücksverwaltung nicht der Gewerbesteuer unterliegen. Voraussetzung für die erweiterte Gewerbesteuerkürzung ist, dass das Unternehmen über sein Kerngeschäft – die Nutzung und Verwaltung eigenen Grundbesitzes – hinaus lediglich die folgenden Tätigkeiten ausübt: Verwaltung und Nutzung eigenen Kapitalvermögens, Betreuung von Wohnungsbauten und Errichtung und Veräußerung von Einfamilienhäusern, Zweifamilienhäusern oder Eigentumswohnungen. Übt das Unternehmen nur eine andere Tätigkeit aus, z. B. das

Betreiben einer Photovoltaikanlage und die Einspeisung des Stromes in das Stromnetz oder die Lieferung des Stromes an Mieter gegen eine Vergütung, so ist das „schädlich“. Der Umfang der schädlichen Tätigkeit ist dabei völlig unbeachtlich. Das Wohnungsunternehmen verliert die Möglichkeit zur Inanspruchnahme der erweiterten Kürzung insgesamt, d. h., auch die Mieteinkünfte werden gewerbesteuerpflichtig.

Wir schätzen, dass ein Drittel der Wohnungsunternehmen von der Möglichkeit der erweiterten Gewerbesteuerkürzung Gebrauch macht. Für diese Unternehmen bedeutet die Stromerzeugung eine „schädliche gewerbliche Tätigkeit“, welche das Vermietungsgeschäft insgesamt gewerbesteuerpflichtig macht. Es geht also nicht nur darum, Gewerbesteuer auf die Stromerzeugung zu bezahlen, sondern auf das gesamte Vermietungsgeschäft. Hier würden große Belastungen auf die Unternehmen zukommen.

Ich will an dieser Stelle gar nicht alle weiteren nachteiligen rechtlichen Regelungen wiederholen, diese haben wir ausführlich in unserer Arbeitshilfe dargelegt, vielmehr möchte ich auf einen eher weichen Faktor hinweisen: die fehlende Planungssicherheit und die langen Debatten, die zu keinem Ergebnis führen. Denken Sie an die KWK-Gesetzesänderung von 2016. Die KWK-Förderung für lokalen Strom aus BHKW in Quartieren sollte ganz gestrichen werden und kam erst im letzten Moment wieder hinein. Dazu kommt, dass das Gesetz erst im Herbst dieses Jahres beihilferechtlich genehmigt wurde. So lange lagen alle Förderanträge auf KWK-Zuschlag nach KWKG auf Eis. Auch die wiederholten Änderungen innerhalb des EEG sind dem Mieterstrom nicht dienlich. Wieder im letzten Moment wurde im Sommer 2016 eine Verordnungsermächtigung für Mieterstrom aufgenommen. Zur Ausgestaltung läuft jetzt im Dezember 2016 immer noch die Diskussion.

Die Vielfalt der zu beachtenden Gesetze im steuerlichen Bereich und deren häufige Änderungen führen außerdem dazu, dass hohe Beratungskosten entstehen, wenn Mieterstromprojekte angewendet werden sollen.

I. B.: In der IWU-Untersuchung haben wir festgestellt, dass ungefähr die Hälfte aller Wohnungsunternehmen die Mieterstromprojekte in Kooperation realisiert. Was hören Sie im Einzelnen hierzu aus der Branche?

I. V.: In der Zwischenzeit sind alle Varianten anzutreffen: Wohnungsunternehmen kooperieren mit Stadtwerken, mit Energieversorgungsunternehmen, mit Dienstleistern oder mit ihrer eigenen Tochter. Wir haben ja im vergangenen Jahr zusammen mit dem Verband kommunaler Unternehmen e.V. eine Broschüre herausgegeben, in welcher Beispiele für Kooperationen beschrieben sind [3]. Die Praxisbeispiele zeigen, dass von den Kooperationen beide Partner profitieren können.

Das scheint in der Politik nicht angekommen zu sein. Es gibt Überlegungen, als Mieterstrom nur solche Modelle zuzulassen, die unmittelbar zwischen Vermieter und Mieter die Leistungsbeziehungen regeln. Für die Einschaltung eines Kooperationspartners ist kein Platz vorgesehen. Das wäre aber praktisch kaum eine Verbesserung im Vergleich zur geltenden (Rechts-)Lage. Der Gebäudeeigentümer müsste investieren, den Strom erzeugen und vertreiben, messen und abrechnen und alle diese Kompetenzen selbst aufbauen. Das können nur große Unternehmen leisten. Damit wäre der Mieterstrom praktisch nur sehr eingeschränkt realisierbar.

I. B.: Die Energiewende, das Erreichen der Klimaziele und damit verbunden das Ziel der dezentralen Energieversorgung werden vielfach propagiert. Die geltenden Gesetze und die laufenden Novellierungen sprechen jedoch eine andere Sprache: Die Novelle des KWK-Gesetzes 2015 senkt den Zuschlag für vor Ort verbrauchten Strom, in die EEG-Novelle 2016 ist erst in letzter Minute die Verordnungsermächtigung für Mieterstrom-Regelungen aufgenommen worden. Sie haben dazu eine Stellungnahme abgegeben. Was müsste aus Ihrer Sicht in der Mieterstrom-Verordnung geregelt werden?

I. V.: Wenn ich mal träumen darf: Wichtig wäre ein einheitliches Strommarktdesign mit einheitlichen Grundsätzen für den dezentralen Betrieb und die dezentrale Verwendung des erzeugten Stromes aus allen erneuerbaren Energien und KWK. EEG und KWK-Gesetz sollten gut aufeinander abgestimmt sein. Wir wollen allerdings nicht nur die KWK- und PV-Stromerzeugung berücksichtigt wissen, sondern alle Arten der Stromerzeugung an, auf und in Gebäuden aus erneuerbaren Energien sollen als Mieterstrom erfasst werden. Neue Entwicklungen dürfen nicht ausgeschlossen werden. Definitorisch sollten Mieterstrom und Eigenstrom gleich behandelt werden, denn es handelt sich technisch um genau dasselbe: nämlich die lokale Verwendung von dezentral erzeugtem Strom ohne Nutzung öffentlicher Netze. Die Verordnung wäre zukunftsweisend, wenn sie neben gebäudeweisen Lösungen auch Quartierslösungen zuließe. Es kann doch nicht sein, dass in einen Ministerium – dem BMUB – zusammen mit der KfW die Klimazielerreichung auf der Quartiersebene propagiert wird und mit entsprechenden Förderprogrammen hinterlegt ist (wie das KfW-Förderprogramm „Energetische Stadtsanierung“) und im anderen Ministerium – dem BMWi – eng am einzelnen Gebäude festgehalten wird. Wichtig ist es auch, dass für Mieterstrom keine Obergrenzen der Anlagengröße angesetzt werden. Die Verminderung der EEG-Umlage sollte unabhängig von der Anlagengröße sein. PV-Anlagen auf Wohnhäusern sind kleinteiliger und aufwändiger als z. B. Anlagen bei großen Hallendächern oder Freianlagen, es werden einige Dutzend bis maximal wenige hundert kW gebaut und nicht große Anlagen. Insofern findet die übliche Kostendegression bei steigender Anlagengröße bei Anlagen auf Wohngebäuden eher nicht statt. Wichtig ist es auch, dass die Mieter vom Mieterstrom profitieren. Einerseits geschieht das selbstverständlich, denn der Abschluss eines Stromliefervertrages über lokalen Strom ist freiwillig, d. h. der Anbieter des Mieterstromes muss dafür werben. Attraktiv ist der Strom dann nicht nur, weil er aus lokaler erneuerbarer Energie oder KWK stammt, sondern er muss auch preislich attraktiv sein. In den Mieterstrom-Förderprogrammen der Länder Hessen, Nordrhein-Westfalen und Thüringen wird vorausgesetzt, dass der Mieterstromarbeitspreis knapp unter dem günstigsten Tarif des örtlichen Grundversorgers liegen muss. Die Mieterschaft ist außerdem durch die Kündigungsregeln für Stromverträge geschützt.

I. B.: Gegenwärtig ist das Energie- und Stromsteuergesetz in der Novellierung. Es zeichnet sich ab, dass hier Hürden für den Mieterstrom aufgebaut werden.

I. V.: Wir haben uns dazu bereits im Mai dieses Jahres geäußert: Der Vorschlag für eine Novellierung enthält wesentliche Regelungen, die kleine KWK- und Mieterstromlösungen in Gebäuden und Wohnquartieren gefährden können. Die geplanten Neuregelungen würden zu einer faktischen Abschaffung der Stromsteuerbefreiung für Quartierslösungen mit dezentraler Stromversorgung und für Strom aus erneuerbaren Energieträgern führen. Dazu muss man wissen, dass bislang bei dezentralen BHKW-Projekten keine Stromsteuer anfällt, wenn der erzeugte Strom im räumlichen Zusammenhang an Kunden geliefert wird. Hier darf das öffentliche Stromnetz zwischen zwei Gebäuden genutzt werden. Mit der Novellierung würde bei der Nutzung öffentlicher Stromnetze unvermeidlich Stromsteuer anfallen. Selbst die Mitversorgung eines Nachbargebäudes wäre betroffen, wenn keine Kundenanlage besteht. PV-Mieterprojekte würden durch die Stromsteuer in Höhe von 2,05 ct/kWh verteuert, wenn das Unternehmen mehr als 20 MWh erzeugt. Dies ist schnell erreicht. Die Grenze in der Stromsteuernovelle soll bereits bei 20 kW_p liegen, die durchschnittliche Größe einer PV-Anlage in der Wohnungswirtschaft im Jahr 2014 betrug 22 kW_p. Der zukünftige Ausbau von PV-Anlagen mit Mieterstromversorgung würde dadurch erheblich erschwert. Auch bestehende Mieterstromprojekte, die im Allgemeinen mit größeren Dachanlagen realisiert werden, wären betroffen [1].

I. B.: Wir haben gehört, dass der Referentenentwurf zwar nicht zurückgezogen, aber zurück ins Finanzministerium geschickt worden ist, um nachzubessern. Dies wäre ja die Chance, die von Ihnen vorgeschlagenen Änderungen zu berücksichtigen.

Frau Vogler, werfen Sie einen Blick in die Zukunft: Welche Bedeutung meinen Sie, wird Mieterstrom in 10 Jahren bei der regenerativen bzw. hocheffizienten Stromerzeugung von Mietern spielen?

I. V.: Es sollte dann selbstverständlich möglich sein, dass die Vermieter zusammen mit der Wohnung und den weiteren Dienstleistungen auch lokal erzeugten Strom anbieten. Insbesondere Neubauten könnten dann ganz selbstverständlich PV- oder sogar Windenergieanlagen am Gebäude haben. Die dezentrale Energieversorgung darf allerdings dabei nicht im Gebäude steckenbleiben, sondern der Fokus wird auf dem Quartier liegen. Wer die Energiewende im Gebäudebereich will, muss die lokale Stromerzeugung und -nutzung unterstützen. Natürlich muss mit Blick auf zunehmende dezentrale Stromverwendung auch über die Gestaltung der Netzentgelte nachgedacht werden. In der Wohnungswirtschaft entwickeln wir auch dazu Ideen. Insbesondere bei Mieterstrom wird das Potenzial aber oft übertrieben.

Wir gehen davon aus, dass mittelfristig bis zu 20 % aller Mietwohnungen in Mehrfamilienhäusern für Mieterstrom infrage kommen können [2]. Nicht alle Mietwohnungen können mit Mieterstrom versorgt werden, weil sich nicht alle Gebäude oder Quartiere für den Einsatz von BHKW und PV-Anlagen eignen. Außerdem werden ca. 27 % der vermieteten Mehrfamilienhäuser durch Fernwärme versorgt, wo KWK-Mieterstromprojekte ausscheiden. Auch die individuellen lokalen Voraussetzungen sind von Bedeutung, z. B. bei der Nutzbarkeit des Daches für die Photovoltaik. Unter diesen Bedingungen rechnen wir damit, dass selbst bei zukünftiger teilweiser Einbindung von Batteriespeichern geschätzt maximal 50 % des Haushaltsstromes (von durchschnittlich 2000 kWh pro Mietwohnung) lokal als Mieterstrom erzeugt werden kann.

Von den 21 Mio. vermieteten Wohnungen in Deutschland befinden sich etwa 80 % oder etwa 17 Mio. Wohnungen in Mehrfamilienhäusern. Würde für die oben genannten 20 % dieser Haushalte die Hälfte des Haushaltsstromes als Mieterstrom erzeugt, so wären das

3,4 Terrawattstunden. Das sind weniger als 1 % der gesamten Stromnachfrage in Deutschland, die bei etwa 600 Terawattstunden im Jahr liegt. Diese Schätzung wurde in der gleichen Größenordnung auch von anderen Verbänden vorgelegt und wir haben gehört, dass auch das BMWi in dieser Größenordnung denkt.

Ich denke, dass die lokale Stromversorgung aus hocheffizienter oder erneuerbarer Energie ein gutes Image und eine gute Zukunft hat. Die Mieter sind daran interessiert, nicht zuletzt deshalb, weil hier auch ein günstigerer lokaler Stromtarif angeboten wird. Dies ist anders als bei der energetischen Gebäudesanierung, die sich aufgrund ihrer gebündelten Kosten in der Bevölkerung nicht so positiv darstellt. Wir sollten versuchen, effiziente Wärmeversorgung und erneuerbare Stromerzeugung und -versorgung gemeinsam zu denken.

Literatur

[1] GdW Bundesverband deutscher Wohnungs- und Immobilienunternehmen e.V., Die Wohnungswirtschaft Deutschland: Stellungnahme des GdW zum Referentenentwurf eines zweiten Gesetzes zur Änderung des Energie- und Stromsteuergesetzes vom 22.04.2016, Mai 2016

[2] GdW Bundesverband Deutscher Wohnungs- und Immobilienunternehmen e.V., Die Wohnungswirtschaft Deutschland: Stellungnahme Mieterstromverordnung nach EEG 2017 Wohnungswirtschaftliche Hinweise, 13.09.2016

[3] GdW Bundesverband Deutscher Wohnungs- und Immobilienunternehmen e.V., Verband kommunaler Unternehmen e.V. (VKU) (2015): Stadtwerke und Wohnungswirtschaft – Partner für die Energiewende vor Ort, Berlin

[4] Großklos, M.; Behr, I.; Paschka, D. (2015): Möglichkeiten der Wohnungswirtschaft zum Einstieg in die Erzeugung und Vermarktung elektrischer Energie. Darmstadt. http://www.iwu.de/forschung/energie/2015/mieterstrom/. Zugegriffen: 06. Oktober 2016

Technik und Wirtschaftlichkeit

Messkonzepte für Mieterstrom

Severin Beucker, Simon Hinterholzer, Martin Schweinoch
und Oliver Zernahle

Eine zentrale Voraussetzung für die Umsetzung von Mieterstrommodellen sind Messkonzepte mit denen Stromverbrauch oder -einspeisungen präzise erfasst werden können. Dies ist notwendig, um die mit den Modellen einhergehenden Steuerungs- und Abrechnungsaufgaben erfüllen zu können. Beispielsweise müssen für Abrechnungszwecke die von einem Mieter verbrauchten Kilowattstunden in einem definierten Zeitraum gemessen werden. Ebenfalls für die Abrechnung relevant ist die Differenzbildung zwischen eigenerzeugtem, eingespeistem und fremdbezogenem Strom. Zusätzlich kann für eine bedarfsgerechte Steuerung von Energieerzeugungsanlagen, wie Photovoltaik(PV)-Generatoren oder Blockheizkraftwerken (BHKW), die detaillierte zeitliche Auflösungen von Stromverbräuchen in Gebäuden notwendig sein. Damit können möglichst hohe Deckungsgrade aus eigenerzeugter Energie in Gebäuden oder Quartieren erreicht und zukünftig variable (lastabhängige) Bezugs- bzw. Einspeisemodelle in Verbindung mit dem Angebot aus dem vorgelagerten allgemeinen Stromnetz entwickelt werden.

In den letzten Jahren wurden verschiedene Messkonzepte für Mieterstrommodelle entwickelt und umgesetzt [16]. Die Herausforderung bei der Einführung der Modelle stellten dabei weniger die Technik, als vielmehr die rechtlichen (Kraft-Wärme-Kopplungsgesetz,

S. Beucker (✉) · S. Hinterholzer
Borderstep Institut für Innovation und Nachhaltigkeit, Berlin, Deutschland
e-mail: beucker@borderstep.de

M. Schweinoch
SKW Schwarz, München, Deutschland

O. Zernahle
Berliner Energieagentur GmbH, Berlin, Deutschland

I. Behr, M. Großklos (Hrsg.), *Praxishandbuch Mieterstrom*,
DOI 10.1007/978-3-658-17540-5_7

Erneuerbares Energien Gesetz, Gesetz zur Digitalisierung der Energiewende, Verordnung für Messstellenbetrieb, Datenschutzrecht, etc.) sowie die wirtschaftlichen (Strompreis, Steuern, Abgaben, Zählerkosten, etc.) Rahmenbedingungen dar. Sie wirken sich deutlich auf die Realisierbarkeit der Geschäftsmodelle aus und entscheiden darüber, mit welchem Aufwand und zu welchen Kosten Messkonzepte in der Praxis umgesetzt werden können.

Aufgrund der sich rasch ändernden Rahmenbedingungen stellt die nachfolgende Betrachtung daher eine Auswahl von Messkonzepte dar, die unter aktuellen Bedingungen (Sommer 2016) realisierbar sind bzw. von denen erwartet wird, dass sie in den nächsten Jahren attraktiv werden könnten.

Begriff der Messeinrichtung und Zählerarten

▶ **Definition** Eine Messeinrichtung ist nach DIN 1319-1 (1995) als die „Gesamtheit aller Messgeräte und zusätzlicher Einrichtungen zur Erzielung eines Messergebnisses" definiert [5]. Im einfachsten Fall besteht die Messeinrichtung aus einem einzigen Messgerät.

Der Zweck einer Messeinrichtung für Strom ist es, die über einen zeitlichen Verlauf verbrauchte Menge von Elektrizität zu erfassen. Der Begriff des Strom- oder Elektrizitätszählers wird folglich für Messgeräte verwendet, mit denen die elektrische Wirkleistung über einen Zeitraum summiert wird. Dabei wird elektrische Energie gemessen [8].

Ein einzelnes Messgerät bzw. ein Stromzähler wird in der Energiewirtschaft auch als Zählpunkt bezeichnet und ist die Stelle, an der die Versorgungsleistung Elektrizität an den Verbraucher übergeben oder vom Erzeuger bezogen wird. Ein Zählpunkt kann aus einem einzelnen Zähler oder auch aus mehreren Messstellen bestehen, die dann zu einem virtuellen Zählpunkt zusammengefasst werden [4].

Durch die Liberalisierung der Energiewirtschaft und des Messwesens haben Stromkunden heute die freie Wahl bei der Auswahl des Messstellenbetreibers (siehe § 5 MsbG [11]). Vor der Liberalisierung konnten Messeinrichtungen nur von ortsansässigen Versorgungsunternehmen eingebaut und betrieben werden.

Messeinrichtungen unterliegen, wenn sie für die Erbringung gewerblicher Leistungen (z. B. Abrechnungszwecke) verwendet werden, der Zulassung durch die Physikalisch-Technische Bundesanstalt (PTB) sowie der Eichpflicht [12]. Durch die Eichung sollen Messabweichungen vermieden bzw. ihre Effekte abgeschätzt werden. Das Eichgesetz definiert auch Eichfehlergrenzen, die im Betrieb nicht überschritten werden dürfen (siehe ebd.).

Arten von Messeinrichtungen

Messverfahren zur Feststellung des Verbrauchs an elektrischer Energie werden schon seit Beginn der Elektrifizierung eingesetzt, und die ersten massentauglichen Elektrizitätszähler wurden bereits zu Beginn des 20. Jahrhunderts als Induktionszähler eingeführt, begünstigt durch die Etablierung des Wechselstroms in der Elektrizitätsversorgung. Das Prinzip der induktiven Strommessung gekoppelt mit einer Spannungsmessung wird bis heute in den meisten Elektrizitätszählern (Ferraris-Zähler) angewandt.

Neben der reinen Verbrauchsmessung wurde besonders bei großen Abnehmern die Messung des Verlaufs der Leistung (Lastgang) als wichtig erachtet, um den tatsächlichen Aufwand der Strombereitstellung (Energiemenge + Leistungsvorhaltung) zu ermitteln. Da die Lastgangmessung jedoch mit größerem messtechnischen Aufwand verbunden ist, wurde in Haushalten in Deutschland bisher darauf verzichtet, nur der Verbrauch von Großabnehmer wird seit den 1980er Jahren mit dieser Technologie erfasst. Mit der weiteren Verbreitung der Digitaltechnik konnten kostengünstige Verfahren zur Messung und Speicherung von Lastgängen entwickelt werden, wodurch digitale Zähler vereinzelt bereits zur Verbrauchserfassung in Wohngebäuden eingesetzt werden. In der Praxis existieren daher heute unterschiedliche Zählerarten nebeneinander, die langfristig jedoch von der Digitaltechnik abgelöst werden. Die Bundesregierung setzt mit dem neuen „Gesetz zur Digitalisierung der Energiewende" eine rechtliche Verpflichtung zur Umrüstung zu neuen Messeinrichtungen um. Diese Umrüstung reicht je nach Kosten-Nutzen-Verhältnis von einfachen digitalen Messeinrichtungen bis hin zu Messsystemen, die entsprechend neuester Datenschutz-/Sicherheitsstandards in Kommunikationssysteme eingebunden sind. Dem Gesetz entsprechend soll auch die Einspeisung von Erzeugungsanlagen (BHKW, PV-Anlagen) mit intelligenten Messsystemen zeitlich aufgelöst erfasst werden.

Im folgenden Abschnitt wird die Kategorisierung von Messsystemen entsprechend des neuen Gesetzes zur Digitalisierung der Energiewende erläutert (siehe ebd.).

Messeinrichtung

Zur Erfassung des aufsummierten Energieverbrauches reicht ein einfacher Standard-Lastprofil-Zähler (SLP) (z. B. Ferraris-[1] oder digitaler SLP-Zähler) und die regelmäßige Ablesung des Zählwerks (in der Regel jährlich). Dies ist im Bestand die am weitetesten verbreitete Messeinrichtung. Die Eignung eines klassischen Ferraris Zähler als Messeinrichtung hängt von der Zielsetzung des Mieterstromprojektes ab, da jede Form der detaillierten Verbrauchs- und Leistungserfassung über den Zeitverlauf mit ihm nicht möglich ist. Es existieren allerdings Lösungen, um mit zusätzlichen Messgeräten oder Messwertwiederholern eine Einbindung in ein Kommunikationssystem umzusetzen (siehe auch Abschnitt „Messsystem").

Moderne Messeinrichtungen

Neben den Ferraris-Zählern existieren seit vielen Jahren auch sogenannte moderne bzw. digitale Messeinrichtungen (teilweise auch Smart Meter genannt), die z. B. den Energieverbrauch in 15-Minuten-Intervallen speichern (Registrierende Lastgangmessung (RLM))

[1] Der Ferraris- Zähler ist nach dem italienischen Physiker Galileo Ferraris benannt. Er besteht aus einem Asynchronmotor (Ferrarisläufer), der aus einer kreisförmigen Aluminiumscheibe besteht und über ein mechanisches Zählwerk den Stromverbrauch anzeigt [13].

oder auch variable Stromtarife (z. B. Hoch(HT)- und Niedertarif(NT)) und deren Nutzung registrieren können.

Moderne Messeinrichtungen kommen zunehmend bei Sanierungen und Neubauprojekten zum Einsatz. Sie eignen sich gut für die im Rahmen von Mieterstromprojekten anfallenden Abrechnungs- und Steuerungsaufgaben.

Die vorhanden digitalen Zähler können über unterschiedliche Schnittstellen und Standards (M-BUS, KNX sowie Impulsausgänge an den Zählern) in Kommunikationssysteme eingebunden werden. Um zukünftig einen interoperablen und sicheren Kommunikationsstandard zu etablieren, hat das Bundesamt für Sicherheit in der Informationstechnik (BSI) die Technische Richtlinie 03109 [2] erarbeitet, die zukünftig Mindestanforderungen an die Technik der Zähler sowie ihre Kommunikationsstandards definiert.

Messsystem Unter einem Messsystem wird eine in ein Kommunikationssystem eingebundene Messeinrichtung verstanden. Bei der Messeinrichtung kann es sich sowohl um konventionelle als auch digitale Systeme handeln. Durch die Einbindung von einfachen Messeinrichtungen können auch die Bestandszähler für Mieterstromprojekte genutzt werden, da z. B. die Messwerte über das Kommunikationssystem weitergeleitet und für Abrechnungs- und Steuerungszwecke weiterverarbeitet werden können.

Intelligentes Messsystem Ein intelligentes Messsystem umfasst sowohl intelligente Zähler (Messeinrichtung) als auch Sicherheits- und Kommunikationseinrichtungen (Smart Meter Gateways) zu deren Vernetzung. Die Unterscheidung in Mess- und Kommunikationseinheiten ist eine Besonderheit der deutschen Gesetzgebung. Sie resultiert aus politisch-rechtlichen Vorgaben, welche Anforderungen an die Kommunikationsfähigkeit von Messsystemen sowie den Schutz und die Sicherheit von personenbezogenen Energieverbrauchsdaten stellen (vgl. Ernst & Young [7] bzw. BITKOM [3]).

Die Datenhaltung, der Umgang mit personengebundenen Daten sowie die Kommunikation von intelligenten Messsystemen ist in der bereits erwähnten Technischen Richtlinie 03109 geregelt.

Messkonzepte für Mieterstrom

Die vorangegangenen Kapitel haben verdeutlicht, dass es unterschiedliche technische Ansätze für die Umsetzung von Mieterstrommodellen gibt. Aufgrund der geltenden Rahmenbedingungen haben sich drei Messkonzepte herausgebildet, die in der Praxis vornehmlich zum Einsatz kommen (für eine Übersicht zu den Modellen siehe auch [16]):

[2] Die aktuelle Fassung der TR-03109 „Technische Vorgaben für intelligente Messsysteme und deren sicherer Betrieb" ist auf der Webseite des BSI verfügbar, siehe https://www.bsi.bund.de/DE/Publikationen/TechnischeRichtlinien/tr03109/index_htm.html. Zugegriffen: 20.09.2016.

Tab. 1 Übersicht Messsysteme und Messeinrichtungen (Darstellung: eigene, Definitionen basierend auf Messstellenbetriebsgesetz [11])

<table>
<tr><th colspan="2">(Konventionelle) Messeinrichtung (Ferraris-Zähler)</th></tr>
<tr><td>Definition: Ein Messgerät, das allein oder in Verbindung mit anderen Messgeräten für die Gewinnung eines oder mehrerer Messwerte eingesetzt wird.</td><td>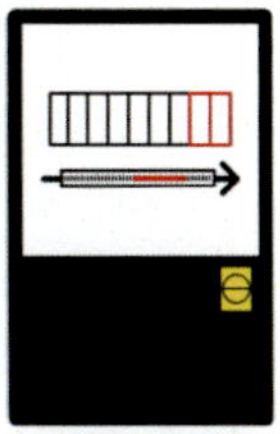</td></tr>
<tr><th colspan="2">Moderne Messeinrichtung</th></tr>
<tr><td>Definition: Eine Messeinrichtung, die den tatsächlichen Elektrizitätsverbrauch und die tatsächliche Nutzungszeit widerspiegelt und über ein Smart-Meter-Gateway sicher in ein Kommunikationsnetz eingebunden werden kann.</td><td>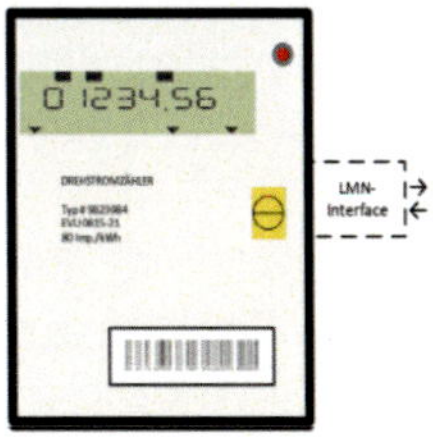
</td></tr>
<tr><th colspan="2">Messsystem</th></tr>
<tr><td>Definition: Eine in ein Kommunikationsnetz eingebundene Messeinrichtung.</td><td>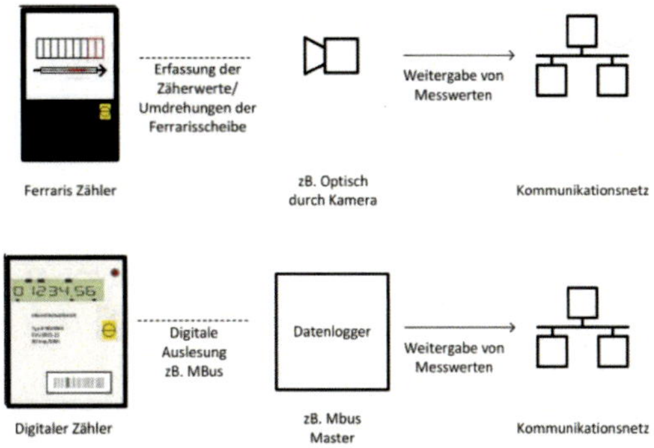
</td></tr>
<tr><th colspan="2">Intelligentes Messsystem</th></tr>
<tr><td>Definition: Eine Messeinrichtung, die den tatsächlichen Elektrizitätsverbrauch und die tatsächliche Nutzungszeit widerspiegelt und über ein Smart-Meter-Gateway sicher in ein Kommunikationsnetz eingebunden werden kann.</td><td>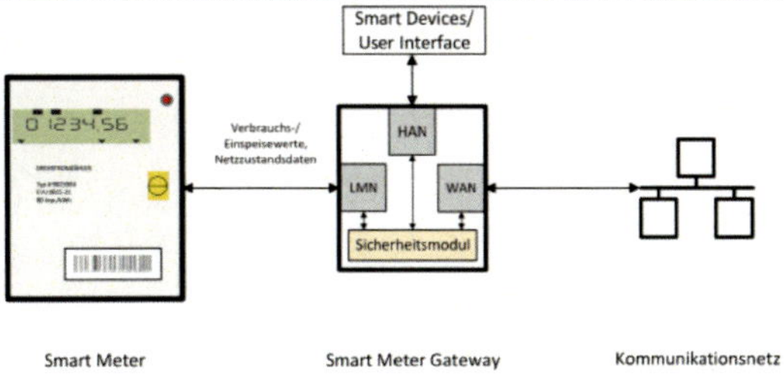
</td></tr>
</table>

1. die gemeinsame Sammelschiene (auch Summenzählermodell genannt),
2. die gemeinsame Sammelschiene mit bilanzieller Stromdurchleitung, als Sonderform von (1) und
3. die zweite Sammelschiene zur physischen Trennung von extern versorgten Stromkunden.

Welches der genannten Modelle zum Einsatz kommt hängt von mehreren Faktoren ab. So ist für die Auswahl des Messkonzepts z. B. entscheidend, ob die Technik in einem Bestandsgebäude oder in einem Neubau installiert wird, da dies mit unterschiedlichem Arbeitsaufwand für die Umsetzung der Messkonzepte verbunden ist. Ebenfalls von Bedeutung ist, welches Abrechnungsmodell mit dem Mieterstromkonzept verbunden ist und welcher Grad der Erfassung damit notwendig ist (z. B. zeitgenaue Erfassung zur Abrechnung dynamischer Tarife). Eine abschließende Betrachtung der Modelle, ihrer Eignung für Mieterstrommodelle sowie die Bewertung zukünftiger Entwicklungen wird in Abschn. „Fazit und Ausblick“ vorgenommen.

Messkonzept: Gemeinsame Sammelschiene (Summenzähler)

Ein gängiges Modell zur Versorgung von Bestandsgebäuden mit Mieterstrom ist das Summenzählermodell (Abb. 1). An einer Sammelschiene werden alle Wohnparteien (Stromkunden) sowie ein Erzeuger über jeweils einen eigenen Zähler angeschlossen. Über diese Sammelschiene fließt der erzeugte Strom direkt zu den Verbrauchern. Ein Zwei-Richtungszähler (zwei Zählwerke) grenzt die Anlage gegenüber dem Netz ab und misst ggf. die überschüssige Energie, die in das Netz eingespeist wird ($E_{Einspeisung}$) sowie die Energie,

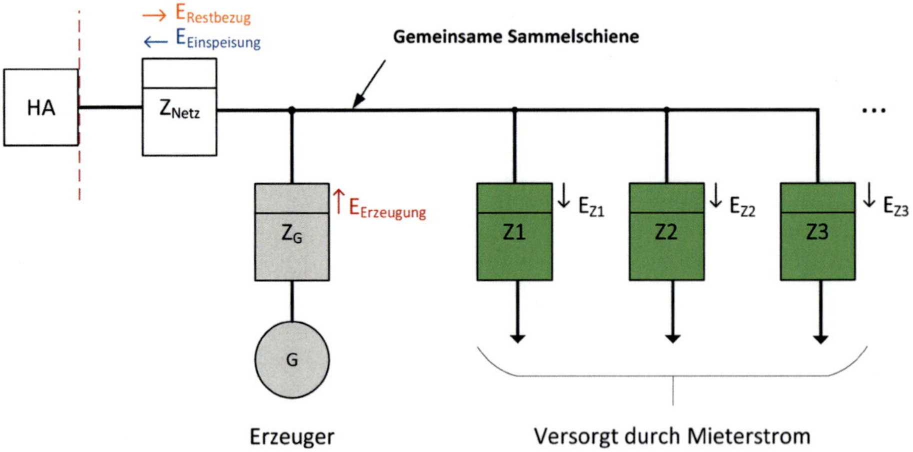

Abb. 1 Zähleranordnung des Modells „Gemeinsame Sammelschiene“ (Quelle: eigene)

die wiederum zu anderen Zeiten aus dem Netz zusätzlich bezogen werden muss ($E_{Restbezug}$). Dieses Modell eignet sich insbesondere dann, wenn alle Stromnutzer am Strombezug aus der Erzeugungsanlage beteiligt sind. Sollten sich einzelne Kunden dagegen entscheiden, ist eine abgewandelte Variante davon möglich (siehe Messkonzept „Gemeinsame Sammelschiene mit Stromdurchleitung").

Bilanzen im Messkonzeptes *Gemeinsame Sammelschiene*

Bezeichnung	Ermittlung	Beschreibung
Reststrombezug	$E_{Restbezug}$	Wird vom Betreiber/Anbieter des Mieterstrommodells zugekauft
Einspeisung	$E_{Einspeisung}$	Wird vom Betreiber/Anbieter des Mieterstrommodells in das Netz eingespeist und nach EEG oder KWKG vergütet
Gesamterzeugung	$E_{Erzeugung}$	Gesamte erzeugte Energie, relevant für Abrechnung der EEG-Umlage/KWK-Bonus

Messkonzept: Gemeinsame Sammelschiene mit Stromdurchleitung

Da Stromkunden ein Recht auf die freie Wahl des Stromlieferanten besitzen, nehmen insbesondere in großen Mieterstromprojekten in der Regel nicht alle Bewohner eines Gebäudes oder Quartiers teil. Nicht teilnehmende Bewohner beziehen ihren Strom daher über Drittanbieter. Für diesen Fall ist das Modell der gemeinsamen Sammelschiene mit Stromdurchleitung geeignet (Abb. 2). Die Stromlieferungen dieser Bewohner werden weiterhin durch das Stromnetz des Gebäudes oder Quartiers geleitet und bilanziell mit dem im Rahmen des Mieterstrommodells erzeugten und verbrauchten Strom verrechnet. Sowohl eigen- als drittversorgte Bewohner können Ihren Stromverbrauch nach wie vor am eigenen Zähler ablesen. Wichtig ist die Trennung der beiden Kundentypen daher nur für Abrechnung bzw. Gesamtbilanz.

Der Unterschied dieses Modells zum vorangegangenen ist daher nur, dass die fremdversorgten Bewohner bei der Gesamtbilanz des im Gebäude bzw. Quartier erzeugten und verbrauchten Stroms berücksichtige werden müssen. Hierfür sind zwei grundsätzliche Bilanzierungsmethoden (Vereinfachte Bilanzierung nach VBEW[3] oder Bilanzierung mit Lastprofilen) nutzbar, die mit dem lokalen Messstellenbetreiber abgestimmt werden müssen und von der eingesetzten Messtechnik (konventionell oder modern/digital) abhängen.

---

[3] Die vereinfachte Bilanzierung entsprechend VBEW erlaubt eine Abrechnung nach den aufsummierten Jahresverbräuchen, wodurch sich Teile des Reststrombezugs (rel. teurer Bezugsstrom) mit dem Überschussstrom (geringe Vergütung) kompensieren (siehe [16]).

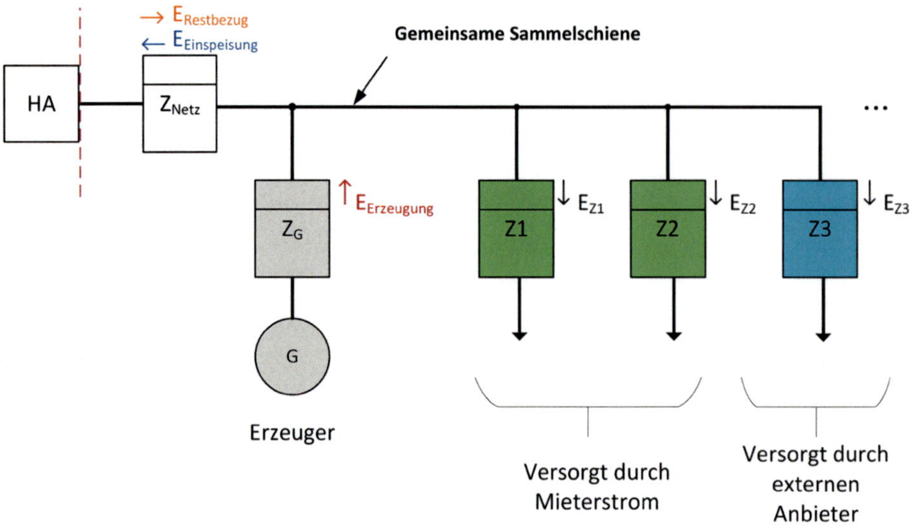

Abb. 2 Zähleranordnung im Modell „Gemeinsame Sammelschiene mit Stromdurchleitung" (Quelle: eigene)

Bilanz des Messkonzeptes *Gemeinsame Sammelschiene mit Stromdurchleitung*
Methode 1: Vereinfachte Bilanzierung (nach VBEW)

Bezeichnung	Ermittlung	Beschreibung
Reststrombezug	$E_{Restbezug} - E_{Z3}$	Entspricht dem Bezug der zusätzlich benötigten elektrischen Energie von einem Dritt-Lieferanten für die Versorgung der Mieterstromkunden. Falls sich hier ein negativer Betrag ergibt (da EZ3 mitversorgt wurde), wird als Restbezug 0 angenommen. Die entsprechende Energiemenge wird als Einspeisung gutgeschrieben.
Einspeisung	$E_{Einspeisung}$	Wird vom Betreiber/ Anbieter des Mieterstrommodells in das Netz eingespeist und nach EEG oder KWKG vergütet
Gesamterzeugung	$E_{Erzeugung}$	Gesamte erzeugte Energie, relevant für Abrechnung der EEG-Umlage/KWK-Bonus

Methode 2: Bilanzierung mit Lastprofilen[4] (virtuelle Zählpunkte)
Bei jedem Messintervall (15 Min.) wird Erzeugung ($E_{Erzeugung}$) und Verbrauch der Mieterstrom-Kunden ($E_{Z1} + E_{Z2}$) verglichen. Die Differenz aus Erzeugung und Verbrauch gibt dabei Aufschluss über die mit dem Netz ausgetauschte Energie. Die Bilanzierung am Zwei-Richtungszähler (Z_{Netz}) kann bei Vorhandensein der Lastprofile auch rechnerisch

[4] Reale Lastprofile liegen nur vor, wenn moderne Messsysteme verbaut sind, deshalb werden für die Verläufe der Verbraucher häufig Standard-Lastprofile für Haushalte verwendet.

ermittelt werden, weshalb auf diesen Zähler in einigen Mieterstromprojekten bereits verzichtet wird [14]. Die konkrete Zähleranordnung und Abrechnung muss in Absprache mit dem zuständigen Netzbetreiber/ Messstellenbetreiber verhandelt werden.

Bezeichnung	Ermittlung	Beschreibung
Reststrombezug	Summe aller negativer Differenzen	Wird vom Betreiber/ Anbieter des Mieterstrommodells zugekauft
Einspeisung	Summe aller positiven Differenzen	Wird vom Betreiber/ Anbieter des Mieterstrommodells in das Netz eingespeist und nach EEG oder KWKG vergütet
Gesamterzeugung	$E_{Erzeugung}$	Gesamte erzeugte Energie, relevant für Abrechnung der EEG-Umlage/KWK-Bonus

Sonderfall: Hybride Erzeugung

In Mieterstromprojekten kommt es vermehrt vor, dass die elektrische Energie für den Mieterstrom nicht nur in einer Anlage erzeugt wird, sondern eine zweite Anlage ebenfalls Strom bereitstellt. Dies kann zum Beispiel der Fall sein, wenn ein BHKW mit einer PV-Anlage kombiniert wird oder auch wenn zwei PV-Anlagen mit unterschiedlichen Inbetriebnahmezeitpunkten Strom liefern und diese damit, aufgrund unterschiedlicher Vergütung, mit abweichenden Tarifen in die Berechnung der Stromkosten eingehen. Um die Anteile der Einspeisung zu separieren, wird ein Abgrenzungszähler zwischen den Erzeugungsanlagen installiert. Dies ist in Abb. 3 dargestellt.

Bei Überschüssen wird vorrangig die Energie aus Erzeuger 2 für den Mieterstrom verwendet, dagegen fließt die Energie aus Erzeuger 1 in das Stromnetz. Der Erzeuger mit der höheren Einspeisevergütung ist somit gewöhnlich näher am Netz (Erzeuger 1) angeordnet.

Bilanzen im Messkonzept *Hybride Erzeugung*

Die Abrechnung erfolgt ähnlich dem Modell der gemeinsamen Sammelschiene, jedoch wird die eingespeiste Energie in der Regel unterschiedlich vergütet und muss daher für die Einzelanlagen getrennt ermittelbar sein. Während sich die eingespeiste Energie von Erzeuger 2 am Abgrenzungszähler als $E_{Einsp.Erzeuger2}$ ablesen lässt, kann die eingespeiste Energie des Erzeugers 1 durch die Differenz aus $E_{Einspeisung}$ und $E_{Einsp.Erzeuger2}$ errechnet werden.

Messkonzept: Zweite Sammelschiene

Eine weitere technischen Lösung für den Anschluss von Mieterstromkunden sowie extern versorgten Kunden stellt das Konzept „Zweite Sammelschiene“ auch für extern versorgte Elektrizitätskunden dar (häufig auch als separate-/doppelte Sammelschiene bezeichnet). Dabei werden über Drittanbieter versorgte Kunden über eine separate Stromversorgung angeschlossen (Abb. 4).

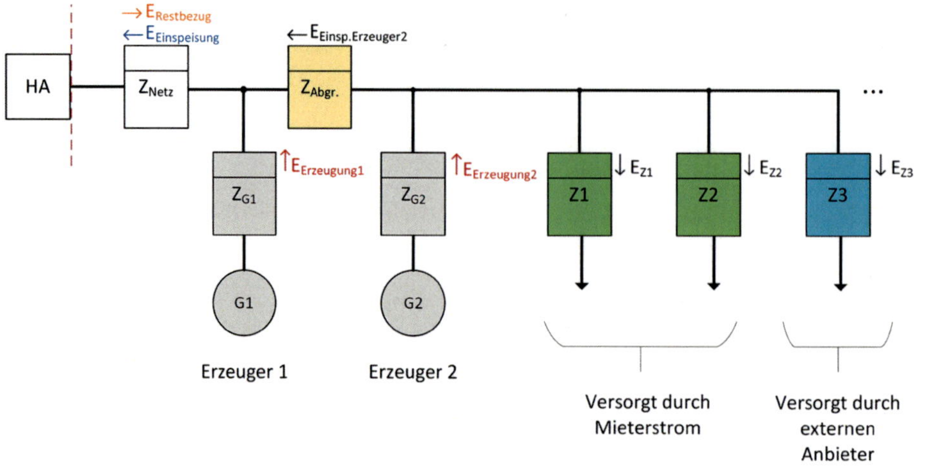

Abb. 3 Zähleranordnung im Modell Hybride Erzeugung (Quelle: eigene)

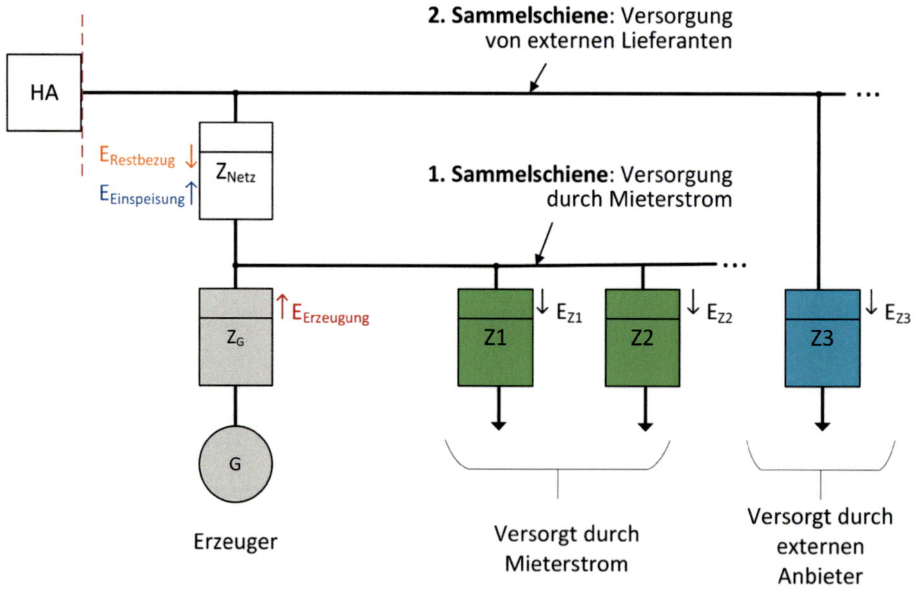

Abb. 4 Zähleranordnung im Modell „Zweite Sammelschiene" (Quelle: eigene)

Das Modell ist mit erhöhtem Aufwand bei der Erstinstallation sowie weiterem Aufwand bei dem Aus- oder Eintritt eines Kunden in das Mieterstrommodell verbunden, da die Stromanschlüsse technisch an- bzw. abgeschlossen werden müssen. Daher wird diese Variante in kleineren Mieterstromprojekten mit hoher Kontinuität der Stromkunden angewandt, selten dagegen in großen Objekten, wo häufige Mieterwechsel stattfinden.

Bilanzen im Messkonzept *Zweite Sammelschiene*

Bezeichnung	Ermittlung	Beschreibung
Reststrombezug	$E_{Restbezug}$	Wird vom Betreiber/Anbieter des Mieterstrommodells zugekauft
Einspeisung	$E_{Einspeisung}$	Wird vom Betreiber/Anbieter des Mieterstrommodells in das Netz eingespeist und nach EEG oder KWKG vergütet
Gesamterzeugung	$E_{Erzeugung}$	Gesamte erzeugte Energie, relevant für Abrechnung der EEG-Umlage/KWK-Bonus

Anwendung von Messeinrichtungen in Mieterstrommodellen

Messeinrichtungen kommen in Mieterstrommodellen für verschiedene Zwecke zum Einsatz. An erster Stelle werden sie für die Stromabrechnung sowie die Steuerung und Optimierung von Stromerzeugungsanlagen (z. B. PV-Anlagen, BHKW) genutzt.

Darüber hinaus können Messeinrichtungen in Mieterstrommodellen zukünftig auch verstärkt für weitere Zwecke genutzt werden. So können die Systeme beispielsweise zur Visualisierung bzw. für Feedbackmechanismen zu Energieverbräuchen bei den Endkunden genutzt und aktuelle Stromverbräuche und -kosten bei den Mietern angezeigt werden.

Schließlich können Messeinrichtungen zukünftig in einem intelligenten Stromnetz (Smart Grid) eine wichtige Funktion für die Stabilisierung sowie den Ausgleich von Spitzenlasten zukommen. Über intelligente Messeinrichtungen können Anreizsignale (z. B. in Form von variablen Preisen) an Kunden weitergeben und in Verbindung mit intelligenter Gebäude- und Heimvernetzungstechnik energetische Optimierungszustände ausgehandelt werden. Voraussetzung hierfür wären entsprechende Anreizsysteme in Form von variablen Preisen bzw. Preisanteilen (Steuern, Gebühren, etc.), die den netzstabilisierenden und optimierenden Effekt solcher Leistungen entsprechend berücksichtigen. Solche Anwendungen sind daher noch Gegenstand von Forschungsprojekten (siehe [10]).

Im Folgenden werden zunächst die Einsatzfelder Abrechnung und Steuerung von Erzeugungsanlagen vorgestellt. Sie entsprechen bereits etablierten Anwendungsfeldern von Messeinrichtungen. In einem zweiten Abschnitt wird dann auf die zukünftigen Anwendungsfelder von Messeinrichtungen in Mieterstrommodellen eingegangen, die z. T. in Pilotversuchen genutzt werden.

Abrechnung und Steuerung von Erzeugungsanlagen

Abrechnung Der primäre Zweck der Messeinrichtung in Mieterstrommodellen ist das Erfassen der verbrauchten bzw. erzeugten elektrischen Energie. Anhand der angezeigten Energiemengen kann der Verbrauch für die Abrechnung erfasst werden.

Im Falle von digitalen Messeinrichtungen (siehe auch Abschn. „Arten von Messeinrichtungen“) summieren die Zähler nicht nur der Energieverbrauch auf, sondern speichern diesen auch zeitlich aufgelöst (z. B. in 15 Minutenintervallen). Verfügt die Messeinrichtung über ein Gateway, so kann zudem eine elektronische (Fern-)Auslesung der Energieverbräuche erfolgen.

Ziel der Mieterstromprojekte ist in der Regel, eine maximale Verwendung der erzeugten Energie innerhalb der teilnehmenden Haushalte zu erreichen. Aus technischen Gründen sind die Gebäude trotz eigener Erzeugungsanlage kontinuierlich mit dem Versorgungsnetz verbunden wodurch im Betrieb Ausgleichsströme mit dem Netz auftreten. Eingespeiste Energie wird je nach Erzeugungsanlage nach dem Erneuerbaren-Energien-Gesetz (EEG) oder dem Kraft-Wärme-Kopplungsgesetz (KWKG) vergütet. Der Strom wird in diesem Fall durch Bezugs- oder Einspeisezähler erfasst.

Für die Abrechnung der über die Messeinrichtung erfassten Stromverbräuche stehen verschiedene Modelle bzw. Systeme zur Verfügung. Diese reichen je nach Anzahl der angeschlossenen Verbraucher und des Unternehmens, das die Abrechnung übernimmt, von einfachen Abrechnungssystemen auf der Basis von Tabellenkalkulation bis hin zu integrierten Lösungen in Enterprise-Resource-Planning(ERP)-Systemen.[5]

Steuerung von Erzeugungsanlagen Für die Optimierung des Betriebs dezentraler Erzeugungsanlagen (z. B. BHKW oder PV-Anlagen) können Messeinrichtungen wertvolle Signale liefern und damit den Anteil des genutzten Mieterstroms erhöhen. Hierfür können z. B. flexible Stromerzeuger oder Verbraucher beim Kunden oder im Gebäude je nach Bedarf und Angebot der dezentralen Erzeugung angesteuert werden. Dafür werden jedoch kontinuierliche Verbrauchs- bzw. Erzeugungsdaten (z. B. in 15 Minuten-Intervallen) benötigt, um innerhalb eines Abrechnungszeitschritts die eingespeiste und aus dem Netz bezogene Energie auszugleichen. Solche Werte können von intelligenten Messsystemen (siehe Abschn. „Arten von Messeinrichtungen“) bereitgestellt werden.

Als technische Schnittstellen für die Steuerung der Erzeugeranlagen können beispielsweise bei kleineren Anlagen intelligente Wechselrichter oder bei größeren Anlagen auch offene Schnittstellen in den Erzeugungsaggregaten (z. B. Virtual-Heat-and-Power(VHP)-Ready[6]) oder EEBUS genutzt werden (siehe auch Kapitel „ProSHAPE“).

---

[5] Enterprise-Resource-Planning(ERP)-Systeme sind komplexe Softwaresysteme, die in mittleren bis großen Unternehmen für vielfältige Unternehmensaufgaben, z. B. die Produktions- und Ressourcenplanung oder auch die Kostenrechnung eingesetzt werden.

Ein ERP-System ist eine komplexe oder eine Vielzahl von miteinander kommunizierender Anwendungssoftware bzw. IT-Systemen, die zur Unterstützung der Ressourcenplanung des gesamten Unternehmens eingesetzt werden. Komplexe ERP-Systeme werden häufig in Teil-Systeme (Anwendungs-Module) aufgeteilt, die je nach Unternehmensbedarf miteinander kombiniert werden können.

[6] VHP-ready ist ein offener Industriestandard für die Steuerung und den Zusammenschluss von dezentralen Strom- und Wärmeerzeugungsanlagen, Verbrauchern und Energiespeichern zu Virtuellen Kraftwerken (siehe auch Industrieforum VHPready e.V. unter https://www.vhpready.de. Zugegriffen: 20.09.2016.

Zukünftige Anwendungsfelder intelligenter Messeinrichtungen

Visualisierung und Feedbackmechanismen zum Energieverbrauch
Ein weiterer Einsatzzweck von Messsystemen in Mieterstrommodellen ist die Schaffung von Transparenz über den aktuellen Stromverbrauch bzw. die Erzeugung von Feedbackmechanismen für die Stromkunden, die zu einem effizienteren Umgang mit Energie oder auch zur zeitlichen Verlagerung von Stromverbräuchen führen können. Ergebnisse aus Pilotstudien zeigen, dass durch Feedbacksysteme absolute Einsparungen beim Stromverbrauch in Haushalten in einer Größenordnung von bis zu 4 % (siehe z. B. [1] oder [9]) und Anreize zur zeitlichen Verlagerung des Energieverbrauchs geschaffen werden können. Transparenz und Feedbackmechanismen können durch die Auswertung der Werte aus Messsystemen und deren Anzeige auf unterschiedlichen Ausgabegeräten Display/Smartphone/Tablet-Computer oder PC im Haushalt erreicht werden.

Schaffung von Anreizen für netzdienliche Leistungen
Durch die Energiewende und die daraus folgenden Veränderungen im deutschen Stromerzeugungsportfolio entsteht ein zunehmender Bedarf an netzdienlichen Einspeisern/Verbrauchern [10]. Zum einen wird zunehmend mehr Regelenergie zur Stabilisierung der Netzfrequenz benötigt. Zum anderen werden zukünftig flexiblere Stromabnehmer sowie Erzeuger benötigt, um kurzfristige Schwankungen im Erzeugungsportfolio der erneuerbaren Energien auszugleichen. Wohnquartiere mit ihren Stromverbrauchern und dezentralen Erzeugungsanlagen können zu einer Systemstabilisierung und Sicherung der Versorgungsqualität beitragen. Im Zusammenhang mit Mieterstromprojekten lässt sich auch eine flexible Bereitstellung von Blindleistung aus Erzeugungsanlagen zur Spannungsstabilisierung im Verteilnetz realisieren. Diese kann erst durch den Einsatz intelligenter Messsystemen und deren Kommunikationsfähigkeit umgesetzt werden.

Für ein Realisierung solcher netzdienlichen Leistungen sind jedoch noch umfangreich Anpassungen in der Gesetzgebung sowie den Vergütungs- und Marktmechanismen für die Kompensation solcher Dienste zu schaffen.

Rechtliche Gestaltung und Umsetzung von Messkonzepten

Die Strukturierung und Umsetzung der geschilderten Messkonzepte hat rechtliche Vorgaben zu beachten, die einerseits Handlungsspielräume schaffen und andererseits auch begrenzen.

Bereits das bisherige Energiewirtschaftsgesetz (EnWG) enthielt Vorgaben für den Messstellenbetrieb, die Anforderungen und den Einbau von Messsystemen für Strom und den Umgang mit personenbezogenen Daten (etwa über den Nutzer eines Stromanschlusses) sowie Informationspflichten eines Messstellenbetreibers (§§ 21b – 21e, 21 g und 21 h EnWG) [6]. Nähere Einzelheiten sollten durch eine Rechtsverordnung der

Bundesregierung festgelegt werden (§ 21i EnWG). Diese Rechtsverordnung ist allerdings nie erlassen worden.

Gesetzliche Neuregelung

Ab dem 02.09.2016 ist mit dem Gesetz zur Digitalisierung der Energiewende eine grundlegende Neuregelung in Kraft getreten, die auch Auswirkungen auf die Messkonzepte für Mieterstrom zur Folge hat. Dieses Gesetz soll nach dem Bundesministerium für Wirtschaft und Energie dem Smart Grid, Smart Metern und Smart Home Technik in Deutschland den Weg ebnen. Ein zentrales Element dieser Neuregelung ist das Gesetz über den Messstellenbetrieb und die Datenkommunikation in intelligenten Energienetzen (Messstellenbetriebsgesetz – MsbG). Das Messstellenbetriebsgesetz legt differenzierte Rollen mit Zuständigkeiten und Verantwortungen fest. Das gilt insbesondere für die Zuständigkeit für den Messstellenbetrieb und den Wechsel des Messstellenbetreibers sowie die Rolle des jeweiligen Messstellenbetreibers, Anschlussnehmers und Anschlussnutzers. Wie detailliert und differenziert diese Regelungen gestaltet sind, macht schon die Anzahl gesetzlicher Begriffsdefinitionen deutlich: Alleine in § 2 MsbG werden 28 Begriffe gesetzlich definiert, ergänzend gelten die insgesamt 68 weiteren Begriffsdefinitionen in § 3 Energiewirtschaftsgesetz.

Für den Messstellenbetrieb wird nicht nur eine grundsätzliche Zuständigkeit geregelt, sondern auch die Notwendigkeit von Messstellenverträgen zwischen verschiedenen Parteien mit bestimmten Mindestinhalten (§ 10 MsbG). Auch für einen Wechsel des Messstellenbetreibers durch einen Anschlussnutzer werden detaillierte Regelungen getroffen.

Das Messstellenbetriebsgesetz regelt auch detaillierte technische Anforderungen und Sicherheitsanforderungen für intelligente Messsysteme (Smart Meter und Smart-Meter-Gateways). Zum Nachweis der Erfüllung der sicherheitstechnischen Anforderungen müssen Smart-Meter-Gateways durch das Bundesamt für Sicherheit in der Informationstechnik zertifiziert werden. Nicht zertifizierte Messsysteme dürfen nur mit einer Einwilligung des Anschlussnutzers noch für eine Übergangszeit von bis zu 8 Jahren genutzt werden (§ 19 Abs. 5 MsbG). Nicht zuletzt enthält das Messstellenbetriebsgesetz auch umfangreiche und detaillierte Regelungen für die Datenerhebung, Datenverarbeitung und Datennutzung im Zusammenhang mit der Datenkommunikation in intelligenten Energienetzen mit Sonderregelungen für Stromnetze. Eine darüber hinausgehende Datenerhebung mit Hilfe einer Messeinrichtung oder eines Messsystems ist nur mit Einwilligung des jeweiligen Anschlussnutzers zulässig, die den allgemeinen datenschutzrechtlichen Anforderungen entsprechen muss. Dies hat für die Praxis weitreichende Konsequenzen: Alle Daten, die sich auf einen einzelnen Anschluss zurückbeziehen lassen, werden typischerweise personenbezogene Daten im Sinne des Datenschutzrechts (§ 3 Abs. 1 BDSG) sein [2]. Ohne gesonderte Einwilligung des Anschlussnutzers dürfen neben den gesetzlich geregelten Befugnissen aber nur anonyme Daten erhoben und verarbeitet werden, die nicht mehr auf eine bestimmbare natürliche Person zurückbezogen werden können.

Aspekte und Vorgehen für die rechtliche Gestaltung

Es bestehen also umfangreiche und detaillierte rechtliche Vorgaben, die bei der Umsetzung von Messkonzepten und den daraus folgenden Aufgaben, wie Abrechnung, Steuerung und weitere Leistungen, berücksichtigt werden müssen. Die Umsetzung eines Messkonzepts ist nur in Wechselbeziehung zwischen mehreren Beteiligten (etwa Netzbetreiber, Messstellenbetreiber, Anschlussnehmer, Anschlussnutzer) möglich, die teilweise langfristigen Investitionszyklen unterliegen. Für die konkrete Umsetzung eines Messkonzepts sind entsprechende Vereinbarungen zwischen den Beteiligten erforderlich, die ihrer jeweiligen Rolle und den gesetzlichen Anforderungen gerecht werden.

Die langfristigen Investitionszyklen einzelner Beteiligter (etwa Netzbetreiber, Messstellenbetreiber) entsprechen zudem nicht immer den relativ kurzen Änderungsintervallen für einzelne Rechtsvorschriften. So wird etwa das deutsche Bundesdatenschutzgesetz mit Wirkung zum 28.05.2018 in wesentlichen Teilen durch die Europäische Datenschutz-Grundverordnung abgelöst. Auch wenn wesentliche Grundzüge der Regelungen inhaltlich erhalten bleiben, erfolgen doch vielfältige Änderungen in Details und auch formalen Anforderungen. Ebenso ist damit zu rechnen, dass sich andere rechtliche Regelungen für die Umsetzung eines Messkonzepts während der langfristigen Investitionszyklen verändern werden.

Für die rechtliche Gestaltung eines Messkonzepts ist daher zunächst eine möglichst frühzeitige Definition der Rollen der unterschiedlichen Beteiligten an diesem Messkonzept erforderlich. Auf Grundlage dieser Rollendefinition sollte anhand der gesetzlichen Regelungen analysiert werden, welche Gestaltungsspielräume für die Einhaltung der rechtlichen Anforderungen an das Messkonzept bestehen. Erst nach dieser Analyse können die notwendigen Vereinbarungen zwischen den Beteiligten strukturiert und konzipiert werden. Nötigenfalls kann sogar Modifikationsbedarf für das Messkonzept bestehen, wenn die gesetzlichen Anforderungen auch durch vertragliche Gestaltungen nicht vollständig eingehalten werden können. Daher sollte die rechtliche Analyse und Begleitung bereits bei der Konzeption des Messkonzepts erfolgen, um Konzeptionsschwächen und Fehlsteuerungen von vorneherein zu vermeiden.

Umsetzung mit Flexibilität der Vereinbarungen

Die Vereinbarungen zwischen den Beteiligten selbst sollten jeweils die notwendige Flexibilität aufweisen, um Änderungen rechtlicher Anforderungen während des teilweise langfristigen Investitionszyklus abbilden zu können. Dazu gehören Vereinbarungen über Mechanismen für die Analyse und Umsetzung der Auswirkungen rechtlicher Änderungen sowie das entsprechende Change-Management für die Vereinbarungen selbst.

Aufgrund der differenzierten gesetzlichen Regelungen für die Rollen, Zuständigkeiten und Verantwortlichkeiten der verschiedenen Beteiligten an einem Messkonzept, ist daher vor allem bei komplexeren Mieterstrommodellen und bei mehreren beteiligten Partnern zu einer rechtlichen Begleitung bereits in der Konzeptionsphase zu raten. Nur so kann frühzeitig die notwendige Basis für eine rechtskonforme Umsetzung durch entsprechende Vereinbarungen zwischen den Beteiligten geschaffen werden, auch um Risiken für die praktische Realisierung proaktiv zu vermeiden.

Fazit und Ausblick

Aus den vorangegangenen Abschnitten ist deutlich geworden, dass es technische und rechtlich gut umsetzbare Messkonzepte für Mieterstromprojekte gibt. Bei der Auswahl eines Konzeptes spielen unterschiedliche Voraussetzungen wie das Versorgungskonzept (PV-Anlage, BHKW, etc.), die Art der Immobilie (Bestandsgebäude oder Neubau), die Zusammensetzung der Bewohner (Mieter, Eigentümer, etc.) sowie die örtlichen Rahmenbedingungen (Absprache mit lokalen Versorgern und Messstellenbetreibern, etc.) eine wichtige Rolle. Alle diese Faktoren nehmen Einfluss auf das Messkonzept und damit auch auf die Komplexität sowie die Kosten der Umsetzung. Die wichtigsten Charakterisierungsmerkmale der vorgestellten Messkonzepte und ihrer grundsätzlichen Eignung sind in der folgenden Tab. 2 nochmals zusammengefasst. Sie kann als Orientierungshilfe bei der Auswahl genutzt werden.

Über die genannten Faktoren hinaus gibt es eine Reihe von aktuellen Entwicklungen, die sich zukünftig in Form rechtlicher und wirtschaftlicher Rahmenbedingungen auf die Umsetzung von Messkonzepten für Mieterstrom auswirken können. Hierzu zählen:

Tab. 2 Vergleich der Messkonzepte für Mieterstrom

Messkonzept: Gemeinsame Sammelschiene	
Vorteile	**Nachteile**
+ Gut geeignet für alle Gebäudetypen + Einfache Installation in Neu- und Bestandsgebäuden + Flexible Erweiterbarkeit mit zusätzlichen Erzeugern/Verbrauchern	– Komplexere Abrechnung und Abstimmungsbedarf mit Messstellenbetreiber (im Falle der bilanziellen Durchleitung)
Messkonzept: Zweite Sammelschiene	
Vorteile	**Nachteile**
+ Standardisierte Abrechnung des Netzbetreibers anhand der Zählerwerte + Im Neubau/bei zentraler Anordnung der Unterzähler relativ einfach zu installieren + Physische Trennung von Nicht-Kunden des Mieterstrom-Projekts + Gut geeignet in kleineren Gebäuden mit wenig Fluktuation der Mieter/Bewohner	– Hoher Umsetzungsaufwand im Bestandsbau (insbesondere bei dezentralen Wohnungszählern) – Kündigung/Neuwerbung von Kunden ist mit physischer Umschaltung der Wohnung auf andere Sammelschiene verbunden

- Das Gesetz zur Digitalisierung der Energiewende: Das vor kurzem verabschiedete Gesetz sieht umfangreiche Anforderungen zur Ausstattung von Messstellen, zur Ausgestaltung des Messstellenbetriebs sowie zu Messsystemen, zur Datenkommunikation und zum Umgang mit persönlichen Daten vor. In dem Gesetz werden auch Rahmenbedingungen für den Rollout von intelligenten Messsystemen und die Preisgrenzen für deren Betrieb festgelegt. Dies hat wiederum Einfluss auf die zukünftigen Kosten eines Messstellenbetriebs und die Geschwindigkeit, mit der sich Messdienstleistungen zukünftig entwickeln und verbreiten werden. In dem Gesetz sind zudem eine Reihe von Ausnahme- und Übergangsregelungen definiert, die auch den Betrieb bestehender Anlagen erlauben. Eine endgültige Abschätzung der Auswirkungen des neuen Gesetzes zum jetzigen Zeitpunkt ist daher nur schwer zu treffen.
- Variable/dynamische Strompreise: Variable bzw. dynamische Strompreise wären eines der wichtigsten Motive für die Einführung von intelligenten Zählern und damit von neuen Messkonzepten. In Verbindung mit Mieterstrommodellen könnten variable und dynamische Tarife für lokale oder regionale Handelsmechanismen genutzt werden und so zum dezentralen Ausgleich von Stromerzeugung und -bedarf führen. Hierfür wären intelligente Messsysteme und -konzepte eine zentrale Voraussetzung. Die aktuellen rechtlichen Vorgaben in Deutschland ermöglichen aber nur einen geringen Spielraum für variable oder dynamische Tarife. Da Privatkunden nach dem Standardlastprofil abgerechnet werden müssen (siehe StromNVZ § 12, Absatz 1 [15]), gibt es kaum Anreize für eine zeitvariable Tarifierung. Sollte sich diese Gesetzeslage ändern, so könnte daraus ein erheblicher Bedarf an intelligenten Messkonzepten erwachsen.
- Netzdienliche Leistungen: Ein weiterer Grund für die Einführung intelligenter Messsysteme und -konzepte könnte aus der Schaffung netzdienlicher Leistungen erwachsen. Der netzdienliche Betrieb von Gebäuden und Quartieren, darunter wird deren Nutzung zum Ausgleich fluktuierender erneuerbarer Energien verstanden (z. B. durch das Demand-Side-Management von Verbrauchern oder die geregelte Einspeisung dezentraler Erzeugungsanlagen), wird im Zuge der fortschreitenden Energiewende zunehmend wichtig. Bislang existieren noch keine Anreize für Haushaltskunden, um netzdienliche Leistungen (z. B. Angebote für Demand-Side-Management oder zur Stabilisierung der Netzfrequenz) anzubieten. Wichtige Voraussetzungen hierfür wäre die gesetzliche Anpassung der Qualifizierung zur Teilnahme am Regelenergiemarkt. Erste Pilotvorhaben zur Erfassung solcher netzstabilisierenden Beiträge von Wohngebäuden und Quartieren befinden sich jedoch bereits in der Erprobung (siehe z. B. [10] Kapitel „ProSHAPE“)

Die genannten Faktoren verdeutlichen, dass es, motiviert durch die Energiewende, eine Vielzahl von wirtschaftlichen und rechtlichen Gründen für die Nutzung und Weiterentwicklung von Messkonzepten gibt und diese vielfältige Schnittstellen zu Mieterstromkonzepten aufweisen.

Literatur

[1] BAUM (2012): Smart Energy made in Germany, Zwischenergebnisse der E-Energy-Modellprojekte auf dem Weg zum Internet der Energie. München, Berlin.

[2] Bundesdatenschutzgesetz (BDSG) (2015): Bundesdatenschutzgesetz. https://www.gesetze-im-internet.de/bundesrecht/bdsg_1990/gesamt.pdf. Zugegriffen: 20.09.2016

[3] BITKOM (2014) Bundesverband Informationswirtschaft, Telekommunikation und neue Medien e.V.: Vor dem Boom – Marktaussichten für Smart Home, Fokusgruppe Connected Home des Nationalen IT-Gipfels, Vortag vom 23.Oktober 2014, Berlin. https://www.bitkom.org/Presse/Anhaenge-an-PIs/2014/Oktober/141023-Marktaussichten-SmartHome.pdf. Zugegriffen: 20.09.2016

[4] Bundesverband der Energie- und Wasserwirtschaft e.V. (BDEW 2008): MeteringCode 2006, Ausgabe 2008, Berlin

[5] DIN 1319–1 (1995): Grundlagen der Meßtechnik - Teil 1: Grundbegriffe, Beuth Verlag, Berlin

[6] Energiewirtschaftsgesetz (EnWG, 2005): Gesetz über die Elektrizitäts- und Gasversorgung. https://www.gesetze-im-internet.de/bundesrecht/enwg_2005/gesamt.pdf. Zugegriffen: 20.09.2016

[7] Ernst & Young (2013): Kosten-Nutzen-Analyse für einen flächendeckenden Einsatz intelligenter Zähler, Endbericht zur Studie im Auftrag des Bundesministeriums für Wirtschaft und Technologie. http://www.bmwi.de/DE/Mediathek/publikationen,did=586064.html. Zugegriffen: 20.09.2016

[8] Hoffman, J. (2005): Handbuch der Messtechnik. Hanser, München 2005

[9] Intelliekon (2011): Nachhaltiger Energiekonsum von Haushalten durch intelligente Zähler-, Kommunikations- und Tarifsysteme, Ergebnisbericht – November 2011. http://www.intelliekon.de/ergebnisse/downloads/307_Ergebnisbericht_RZ_klein_sortiert.pdf. Zugegriffen: 20.09.2016

[10] Klein, K.; Kalz, D.; Herkel, S. (2014): Netzdienlicher Betrieb von Gebäuden: Analyse und Vergleich netzbasierter Referenzgrößen und Definition einer Bewertungskennzahl, Bauphysik 36 (2014), Nr. 2, S. 49–58

[11] Messstellengbetriebsgesetz (MsbG, 2016): Bundesgesetzblatt Jahrgang 2016 Teil I Nr. 43, Bonn, am 1. September 2016

[12] Mess- und Eichgesetz (MessEG, 2013): Gesetz über das Inverkehrbringen und die Bereitstellung von Messgeräten auf dem Markt, ihre Verwendung und Eichung sowie über Fertigpackungen

[13] Stöckl, M.; Winterling, K. H. (1978): Elektrische Meßtechnik. 6. Auflage. Teubner, Stuttgart

[14] Sonnenenergie 3|2014 (2014): Virtuelle Zählpunkte - Messkonzepte für Solarstromlieferung in Mietsgebäuden. http://www.sonnenenergie.de/sonnenenergie-redaktion/SE-2014-03/Layout-fertig/PDF/Einzelartikel/SE-2014-03-s032-Photovoltaik-Virtuelle_Zaehlpunkte.pdf. Zugegriffen: 23.09.2016

[15] Stromnetzzugangsverordnung (StromNVZ) (2005): Verordnung über den Zugang zu Elektrizitätsversorgungsnetzen. https://www.gesetze-im-internet.de/bundesrecht/stromnzv/gesamt.pdf. Zugegriffen: 20.09.2016

[16] Verband der Bayerischen Energie- und Wasserwirtschaft e. V. (VBEW 2015): VBEW-Hinweis: Messkonzepte und Abrechnungshinweise für Erzeugungsanlagen, Ausgabe: 03.2015, Arbeitsgruppe „Messkonzepte", München

Rolle der Stromerzeugung bei der Gebäudebilanzierung

Marc Großklos und Milena Frank

Mieterstrom bzw. die Stromerzeugung im Gebäude kann für Wohnungsunternehmen bzw. Investoren auch deshalb interessant sein, weil die Stromerzeugung teilweise in der Energiebilanz des Hauses angerechnet wird, was zu einer besseren primärenergetischen Bewertung führen kann. Damit beeinflusst die Stromerzeugung auch den Wärmeschutz, die Anlagentechnik sowie das Erreichen von Förderstandards wie dem KfW-Effizienzhaus 55 oder 40. In diesem Kapitel soll anhand eines Beispielgebäudes dargestellt werden, wie sich die Anforderungen durch die Stromerzeugung verändern.

Berücksichtigung der Stromerzeugung im Rahmen der Energieeinsparverordnung (EnEV)

Beim Neubau und der grundlegenden Sanierung von Gebäuden werden von der Energieeinsparverordnung [12] Anforderungen an den Jahres-Primärenergiebedarf Q_P für Heizung, Warmwasserbereitung, Lüftung und Kühlung sowie an die Transmissionswärmeverluste H'T gestellt. Vergleichsgrößen sind Q_P und H'T eines Referenzgebäudes, das sich mit gleicher Geometrie, Gebäudenutzfläche und Ausrichtung mit der in Anhang 1, Tabelle 1 der EnEV festgelegten Ausführung ergeben würde. Durch die Novellierung der EnEV, die im Jahr 2016 in Kraft getreten ist, dürfen die Transmissionswärmeverluste nicht über denen des Referenzgebäudes liegen. Da gleichzeitig der Primärenergiebedarf im Neubau um 25 % unter dem des Referenzgebäudes der EnEV 2014 liegen muss, erfüllt

M. Großklos (✉) · M. Frank
Institut Wohnen und Umwelt GmbH, Darmstadt, Deutschland
e-mail: m.grossklos@iwu.de

I. Behr, M. Großklos (Hrsg.), *Praxishandbuch Mieterstrom*,
DOI 10.1007/978-3-658-17540-5_8

das Referenzhaus nun nicht mehr die Anforderungen der EnEV 2016, was bei den Berechnungen in Abschn. „Beispielberechnungen" berücksichtigt werden muss.

Stromerzeugung nach § 5 EnEV

Bei der Erstellung der Energiebilanz von Gebäuden ist es nach § 5 der EnEV[1] zulässig, dass Strom aus erneuerbaren Energien beim Endenergiebedarf des Gebäudes abgezogen wird, wenn er

- in unmittelbarem räumlichen Zusammenhang zu dem Gebäude (dazu gehören das Gebäude selbst, Garage, Carport, Schuppen etc.) erzeugt wird und nicht über ein öffentliches Netz transportiert wird ([8] Nr. 6.05),
- vorrangig im Gebäude direkt oder nach Zwischenspeicherung selbst genutzt wird und nur Überschüsse in ein öffentliches Netz eingespeist werden.[2]

Es darf höchstens die Strommenge angerechnet werden, die dem Strombedarf des Gebäudes entspricht und die Anrechnung muss monatlich durchgeführt werden. Für Photovoltaikstrom ist der monatliche Ertrag nach DIN V 18599-9:2011-12 (inkl. DIN V 18599-9 Berichtigung 1: 2013-5) mit dem Referenzklima Potsdam nach DIN V 18599-10:2011-12 Anhang E und Standardwerten für die Nennleistung der PV-Module nach DIN V 18599-9:2011-12 Anhang B zu berechnen [1].

Je nach verwendeter Anlagentechnik variiert der Strombedarf des Gebäudes. Dabei muss beachtet werden, dass der Haushaltsstrom nicht bei der Berechnung berücksichtigt wird. Somit ist die Anrechenbarkeit der Stromerzeugung begrenzt. Gebäude mit einem höheren Hilfsstrombedarf, z. B. aufgrund von Wohnungslüftungsanlagen profitieren stärker von der Gutschrift als ein Gebäude mit einem Gasbrennwertkessel, dessen Hilfsstrombedarf niedrig liegt.

Bei KWK-Anlagen, auch wenn sie mit Biomethan betrieben werden, erfolgt die Anrechnung ausschließlich über den f_p-Faktor (Primärenergiefaktor) und nicht über § 5 der EnEV ([8] Nr. 6.03).

---

[1] § 5 regelt die Anrechnung in Neubauten, für Altbauten wird in § 9 Abs. 2 eine analoge Berechnungsweise erlaubt

[2] Nach [KfW 2015] Nr. 6.02 darf ggf. bei Wärmepumpen, die über einen eigenen Stromliefervertrag versorgt werden, der erzeugte PV-Strom nicht bilanziert werden, wenn er zählertechnisch nur für Hilfs- und Haushaltsstrom (letzterer wird nach EnEV aber nicht bilanziert) genutzt wird, nicht jedoch für die Wärmepumpe. Dies gilt generell bei unterbrechbaren Verbrauchseinrichtungen. Der Strom darf nur für Verbraucher berücksichtigt werden, die direkt physikalisch mit dem regenerativen Erzeuger verbunden sind und über eine entsprechende Schalt- und ggf. Messtechnik verfügen ([KfW 2015] Nr. 6.06).

Wärmeerzeugung in einem BHKW nach DIN V 18599

Beim Einsatz einer zum Gebäude gehörenden KWK-Anlage muss deren Primärenergiefaktor mit DIN V 18599-9: 2011-12, Abschnitt 5.1.7, Verfahren B berechnet werden. Es wird dann für die von der KWK-Anlage gelieferte Wärme ein Primärenergiefaktor f_P berechnet. Der Wert für das gesamte Gebäude ergibt sich, indem die Primärenergiefaktoren der Energieträger für KWK-Anlage und Spitzenlastwärmeerzeuger mit ihren entsprechenden Anteilen und Wirkungsgraden gewichtet werden und von der Summe die Gutschrift für den erzeugten Strom abgezogen wird.

Als f_P-Werte ist bei Bioöl der entsprechende Wert für Heizöl (1,1 kWh_{PE}/kWh_{End}) zu verwenden, bei gasförmiger Biomasse der Wert für Erdgas H (1,1 kWh_{PE}/kWh_{End}). Der verbesserte f_P-Wert von 0,5 kWh_{PE}/kWh_{End} darf nur bei unmittelbarem räumlichen Zusammenhang zwischen Biogas/Bioöl-Erzeugung und Gebäude verwendet werden. Für Strombezug ist ein f_P-Wert von 1,8 kWh_{PE}/kWh_{End} zu verwenden. Für eingespeisten Strom aus KWK-Anlagen ergibt sich nach Abzug des Eigenbedarfs ein f_P von 2,8 kWh_{PE}/kWh_{End}.

Stromerzeugung aus KWK und PV-Anlagen werden somit unterschiedlich behandelt, da bei PV-Strom eine Obergrenze für den monatlichen Strombedarf gilt. Bei KWK-Anlagen wird dagegen eine Gutschrift in voller Höhe der Stromerzeugung angerechnet.

Anforderungen durch das Erneuerbare-Energien-Wärme-Gesetz

Für Neubauten, die die Anforderungen der EnEV erfüllen müssen, gilt auch das Erneuerbare-Energien-Wärme-Gesetz (EEWärmeG) [4]. Dieses schreibt einen Mindestanteil an erneuerbaren Energien bei der Wärmeerzeugung vor. Für Bestandsgebäude gilt es nur für öffentliche Gebäude, die grundlegend renoviert werden. Die Anforderungen sind in Tab. 1 dargestellt, mögliche Ersatzmaßnahmen in Tab. 2.

PV-Anlagen können, wie in Tab. 1 und 2 zu sehen, nicht für die Erfüllung des EEWärmeG angerechnet werden.

Das Referenzgebäude der EnEV sieht eine solarthermische Anlage zur Warmwasserbereitung vor, die je nach Berechnungsverfahren und Kollektortyp von den Anforderungen des EEWärmeG abweichen kann. Besonders bei großen Gebäuden werden die Anforderungen des EEWärmeG vom Referenzgebäude nach EnEV deutlich unterschritten.

Die Bundesregierung plant die EnEV und das EEWärmeG zusammenzuführen und damit die Anwendung zu vereinfachen. Das ursprünglich für das Jahr 2016 geplante Gebäudeenergiegesetz wird jedoch nicht vor 2018 verabschiedet werden. Geplant ist, die bisherigen Anforderungen von EnEV und EEWärmeG mindestens beizubehalten [11].

In Baden-Württemberg existiert mit dem EWärmeG [5] ein zusätzliches Gesetz, das Anforderungen an den Anteil erneuerbarer Energien bei Bestandsgebäuden im Falle eines Tauschs des Heizkessels stellt. Auch hier sind unterschiedliche Wege zur Erfüllung des EWärmeG möglich, ebenso sind Ersatzmaßnahmen mit Wärmedämmung, KWK-Anlagen, Anschluss an ein Fernwärmenetz oder eine PV-Anlage erlaubt. Wegen der regionalen Bedeutung werden an dieser Stelle die Auswirkungen des EWärmeG nicht weiter vertieft.

Tab. 1 Übersicht der erneuerbaren Energien zur Erfüllung des EEWärmeG (Wohngebäude, ohne Anforderungen für Kälte und öffentliche Gebäude)

Erneuerbare Energie	Mindestdeckungsrate am Wärmebedarf (%)	Anmerkungen
Solarthermische Anlagen	15	Gilt als erfüllt, wenn: ≤2 WE: 0,04 m² Aperturfläche/m² Nutzfläche >2 WE: 0,03 m² Aperturfläche/m² Nutzfläche
Biogas	30	nur in Kessel der besten verfügbaren Technik oder KWK-Anlage; bei Biomethan ist eine Massenbilanzierung erforderlich
Flüssige Biomasse	50	nur in Kessel der besten verfügbaren Technik und unter Einhaltung der Anforderungen Biomassestrom-Nachhaltigkeitsverordnung sowie Treibhausminderungspotenzial mind. 77 g $CO_{2\,eq.}$/MJ bei Kessel bzw. 85 g $CO_{2\,eq.}$/MJ bei KWK-Anlage
Feste Biomasse	50	Umwandlungswirkungsgrad mind. 86 % bei Heizung/Warmwassererwärmung bis 50 kW, mind. 88 % über 50 kW; Biomassekessel oder automatisch beschickter Ofen erforderlich
Geothermie/ Umweltwärme	50	JAZ Luft/Wasser-WP: 3,5; mit WW: 3,3 JAZ alle anderen WP: 4,0; mit WW: 3,8 Umweltzeichen erforderlich

Tab. 2 Ersatzmaßnahmen zur Erfüllung des EEWärmeG (Wohngebäude, ohne Anforderungen für Kälte und öffentliche Gebäude)

Ersatzmaßnahmen		
Wärmedämmung	15 %	Reduktion des Jahresprimärenergiebedarfs und der Anforderungen an H'_T um 15 %
KWK-Anlage	50 %	Hocheffizienz nach 2004/8/EG
Abwärme	50 %	Bei Wärmerückgewinnung in Lüftungsanlagen: Wärmerückgewinnungsgrad mind. 70 % und Leistungszahl mind. 10. Bei WP: Prüfzeichen und Nachweis erforderlich
Wärmenetze	–	Wärmenetze sind möglich und müssen den Anteil der erneuerbaren Energien aller angeschlossenen Gebäude decken

Beispielberechnungen in unterschiedlichen energetischen Standards

Um die Auswirkungen unterschiedlicher energetischer Standards und vor allem von Stromerzeugungstechniken auf die Energiebilanz eines Mehrfamilienhauses und in Bezug auf die EnEV-Anforderungen sowie auf die Förderstandards der KfW zu untersuchen, wurde ein Mehrfamilienhaus aus der deutschen Gebäudetypologie [10] als Neubau in unterschiedlichen Ausführungen mit ZUB-Helena [13] nach dem Berechnungsverfahren der DIN V 18599/EnEV 2014/2016 berechnet. Bei dem Modellgebäude handelt es sich um ein Mehrfamilienhaus Baujahr 2014/2015 mit 17 Wohneinheiten und 1219 m² beheizter Wohnfläche (Abb. 1).

Die Förderstandards des KfW-Effizienzhaus 55 (EH55) bzw. KfW-Effizienzhaus 40 (EH40) sind dadurch definiert, dass der Primärenergiebedarf von 55 % bzw. 40 % des Wertes des jeweiligen Referenzhauses der EnEV2014 erreicht werden muss. Gleichzeitig müssen die Transmissionswärmeverluste bei 70 % bzw. 55 % des Referenzgebäudes liegen.

Für das Gebäude wurden folgende Ausführungsvarianten betrachtet (Tab. 3):

- EnEV 2016 für Neubauten
- KfW-Effizienzhaus 55
- KfW-Effizienzhaus 40

Abb. 1 Beispielgebäude für die Variantenberechnungen (Bildquelle: M. Großklos)

Tab. 3 Übersicht der untersuchten Varianten

	V1	V2	V3	V4	V5	V6	V7	V8	V9	V10	V11
energetischer. Standard	EnEV 2016	EnEV 2016	EnEV 2016	EnEV 2016	EnEV 2016	EH55	EH55	EH55	EH55	EH55	EH40
Wärme-erzeuger	Gas-BW	Gas-BW	Gas-BHKW	WP	WP	Gas-BW	Gas-BW	Gas-BHKW	WP	WP	WP
Solar-thermie	X					X					
PV-Anlage		X			X		X			X	X
Lüftungs-anlage	Abluft	WRG	Abluft	Abluft	Abluft	WRG	WRG	WRG	Abluft	Abluft	WRG

Als Wärmeerzeuger wurden verglichen:

- Gas-Brennwertkessel (BW)
- BHKW mit 12,5 kW_{th} und 5 kW_{el} Leistung und wärmegeführtem Betrieb sowie Gasbrennwertkessel als Spitzenlasterzeuger (BHKW)
- Luft-/Wasser-Wärmepumpe mit einer Jahresarbeitszahl von 3,5 (WP)
- Thermische Solaranlage (ST), Dimensionierung nach den Anforderungen der EnEV 2014/2016 mit 44 m^2 Kollektorfläche.

Bei Varianten mit Photovoltaik (PV) wurde eine Anlage auf dem Flachdach mit 35,9 kW_p und Ost-/Westausrichtung unterstellt. Alle Gebäude verfügen mindestens über eine Abluftanlage, einige Varianten dagegen über eine mechanische Lüftungsanlage mit Zu- und Abluft und Wärmerückgewinnung (WRG).

Teilweise muss die energetische Qualität der Gebäudehülle besser ausgeführt werden, als aufgrund der Nebenbedingung für H'_T erforderlich (H'_T Referenzgebäude = 0,44), um bei der gewählten Variante die Hauptanforderung der EnEV beim Primärenergiebedarf zu erreichen (Tab. 4).[3] Bei den Varianten mit BHKW muss ein Anteil von 50 % an der gesamten benötigten Wärme erreicht werden, was bei einer Berechnung als Mikro-BHKW nach DIN V 18599-9 unterstellt wird, in der Praxis aber nicht zwangsläufig gegeben ist. Bei Varianten mit Lüftungsanlage mit Wärmerückgewinnung wurde unterstellt, dass die Anforderung des EEWärmeG einer Deckung von 50 % des Gesamtwärmebedarfs (Heizung und Warmwasserbereitung) des Gebäudes durch die Lüftungsanlage alleine nicht erreicht wird und somit weitere regenerative Energien oder Ersatzmaßnahmen (z. B. verbesserter Wärmeschutz) erforderlich sind [2].

[3] In Tab. 4 unterschreiten die Gebäude aufgrund der real verfügbaren Materialien und Dämmstärken die Anforderungen minimal.

Tab. 4 Anforderungen an den Transmissionswärmeverlust H'$_T$ und den Primärenergiebedarf Q_P für die verschiedenen Varianten

	V1	V2	V3	V4	V5	V6	V7	V8	V9	V10	V11
	EnEV ST	EnEV PV WRG	EnEV BHKW	EnEV WP	EnEV WP PV	EH55 ST WRG	EH55 PV WRG	EH 55 BHKW WRG	EH55 WP	EH55 WP PV	EH40 WP PV WRG
H'$_T$ EnEV	0,44	0,44	0,44	0,44	0,44	0,44	0,44	0,44	0,44	0,44	0,44
H'$_T$ EEWärmeG		0,37				0,41	0,37				
H'$_T$ EH55/40						0,31	0,31	0,31	0,31	0,31	0,24
resultierende Anforderung H'$_T$	0,44	0,37	0,44	0,44	0,44	0,31	0,31	0,31	0,31	0,31	0,24
H'$_T$ -Ist	0,28	0,33	0,30	0,44	0,44	0,23	0,26	0,22	0,31	0,31	0,24
Verhältnis H'$_T$-Ist zu H'$_T$ erforderl. (%)	65	89	68	100	100	76	85	71	100	100	99
Q_P Anf. zu EnEV Referenz (%)	75	64	75	75	75	55	55	55	55	55	40
Q_P erreicht (%)	74	64	74	53	31	55	55	55	45	25	18

Ergebnisse Energiebilanzberechnung Neubau

Variante V1 mit solarthermischer Anlage (ST) erfüllt die Vorgaben des EEWärmeG, benötigt aber einen verbesserten Wärmeschutz, um die Primärenergieanforderungen Q_P zu erfüllen. V2 besitzt keine ST, statt dessen eine PV-Anlage, die aber nach EEWärmeG nicht anrechenbar ist. Deswegen muss zur Erfüllung des EEWärmeG die Gebäudehülle um 15 % verbessert ausgeführt werden. Zusätzlich wurde eine Lüftungsanlage mit Wärmerückgewinnung berücksichtigt, um die Anforderungen an die Gebäudehülle nicht zu hoch werden zulassen. V3 mit BHKW erfüllt die Anforderungen an Ersatzmaßnahmen des EEWärmeG, muss aber zur Erreichung der Anforderungen an Q_P auch an der Gebäudehülle verbessert werden. Wird eine Wärmepumpe eingesetzt (V4 und V5) so reichen die Mindestanforderungen des Referenzhauses bei H'$_T$ aus, um die Anforderungen auch bei Q_P zu erfüllen.

Bei den EH55-Varianten ergibt sich aus den Anforderungen der KfW an H'$_T$ gleichzeitig die Erfüllung des EEWärmeG als Ersatzmaßnahme. Um gleichzeitig auch die Primärenergieanforderungen zu erfüllen, wurden V6, V7 und V8 mit einer Wärmerückgewinnung ausgestattet, damit die Anforderungen an die Gebäudehülle nicht schärfer werden, als sie an Passivhäuser gestellt werden (U-Werte Außenwand, Dach, Boden nicht kleiner als 0,10 W/(m²K)). Bei V9 und V10, die über eine Wärmepumpe beheizt werden, reicht dagegen der Mindestwärmeschutz des EH55 aus, und es ist keine Wärmerückgewinnung erforderlich.

Als Ausblick auf zukünftige Standards ist in V11 auch ein Effizienzhaus 40 mit Wärmepumpe, PV-Anlage und Wärmerückgewinnung berechnet. Auch hier ist die WRG erforderlich, um baupraktisch umsetzbare U-Werte der Gebäudehülle zu erreichen.

Die **Erzeugernutzwärmeabgabe** (Wärmebedarf für Heizung, Warmwasser, Verteilung und Verluste, auch als Gesamtwärmebedarf bezeichnet) der untersuchten Varianten (Abb. 2) unterscheidet sich hauptsächlich aufgrund der Qualität der Gebäudehülle. Ein niedriger Wert ist hier grundsätzlich günstiger als ein höherer. V2 weist aufgrund der Wärmerückgewinnung den niedrigsten Gesamtenergiebedarf der EnEV-Varianten auf. V1 und V3 mit BHKW liegen etwa gleichauf, die Wärmepumpenvarianten V4 und V5 besitzen einen 27 % höheren Gesamtenergiebedarf gegenüber V1. Die EH55 Varianten V6, V7 und V8 liegen ca. 30 % unter dem Gesamtwärmebedarf von V1. Die EH55 Varianten V9 und V10 mit Wärmepumpe liegen in der gleichen Größenordnung wie die EnEV-Varianten ohne Wärmepumpe (V1, V3). V11 (EH40) ist vergleichbar mit den Varianten V6 bis V8.

Die Kennwerte in Abb. 2 und allen weiteren Bildern sind jeweils auf die beheizte Wohnfläche bezogen und nicht auf die Gebäudenutzfläche A_N nach EnEV, um daraus einfacher Kosten für die Mieter ableiten zu können.

Der **Endenergiebedarf** (Abb. 3) wird bei den brennstoffversorgten Varianten vom Nutzungsgrad des Wärmeerzeugers, bei den Varianten mit Wärmepumpen von der Jahresarbeitszahl bestimmt. Je nachdem, ob eine Lüftungsanlage mit Wärmerückgewinnung

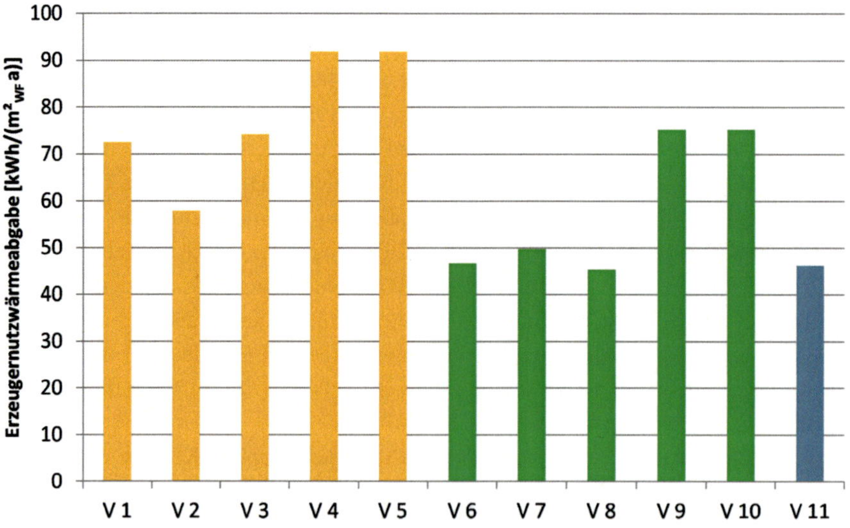

Abb. 2 Kennwerte der Erzeugernutzwärmeabgabe der verschiedenen Varianten, bezogen auf die beheizte Wohnfläche des Gebäudes

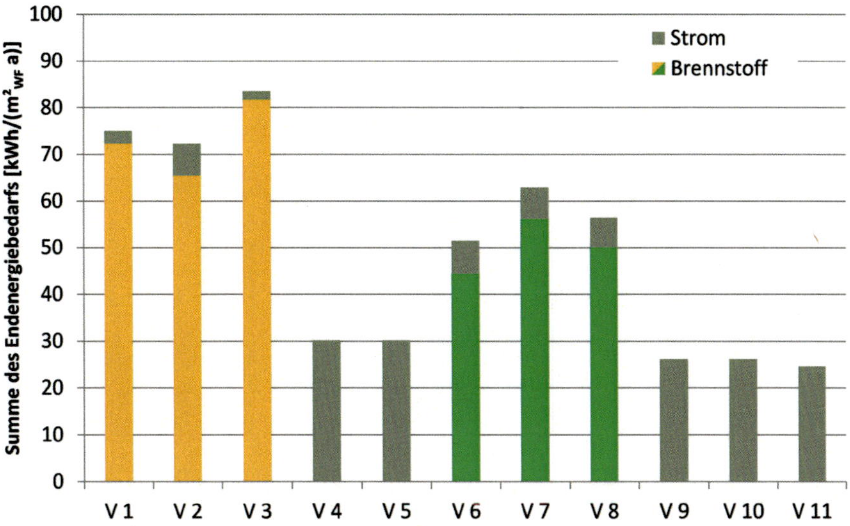

Abb. 3 Endenergiebedarfskennwerte der verschiedenen Varianten (bezogen auf die beheizte Wohnfläche)

vorhanden ist, variiert auch der Hilfsstrombedarf, der bei den Varianten mit Wärmepumpe am höchsten ist. V1 und V2 besitzen mit ca. 74 kWh/(m^2_{WF}a) etwa den gleichen Endenergiebedarf, V3 liegt aufgrund des schlechteren Nutzungsgrades des BHKW am höchsten. V4 und V5 mit Wärmepumpe erreichen ca. 30 kWh/(m^2_{WF}a) und liegen damit deutlich niedriger als die anderen EnEV-Varianten. Allerdings wird hier anstelle des Brennstoffs der teurere Energieträger Elektrizität benötigt. Bei den EH55-Varianten V6 bis V8 ergeben sich kleine Unterschiede zwischen den jeweiligen Endenergiebedarfswerten, die Einsparung gegenüber der Variante V1 liegt zwischen 16 % und 31 %. Durch den Einsatz einer Wärmepumpe (V9, V10) erreicht das Gebäude eine Reduktion bei der Endenergie um 65 %. Die höchste Reduktion bei der Endenergie wird beim EH40 erreicht (67 %).

Die **Primärenergie** eines Energieträgers, also die Energie, die auch die vorgelagerten Aufwendungen für Gewinnung, Transport und Umwandlung berücksichtigt, macht unterschiedliche Energieträger (Brennstoffe, Strom) erst vergleichbar. Bei dieser primärenergetischen Bewertung (Abb. 4) schneiden V1 und V3 (mit BHKW) etwa gleich ab und erreichen mit 54 kWh_{PE}/(m^2_{WF}a) den höchsten Primärenergiebedarf. V2 liegt 15 % niedriger, da keine thermische Solaranlage vorhanden ist und somit die Ersatzmaßnahmen des EEWärmeG greifen. Mit Wärmepumpe (V4 und V5) werden die niedrigsten Primärenergiebedarfswerte der EnEV-Varianten erreicht. Hier wird außerdem der Einfluss der Anrechnung der Stromerzeugung sichtbar, so dass bei V5 mit PV-Anlage der Primärenergiebedarf nur noch bei 32 kWh/(m^2_{WF}a) liegt.

Bei einer Ausführung als Effizienzhaus 55 wird definitionsgemäß bei Varianten V6 bis V8 eine Unterschreitung des Referenzgebäudes der EnEV2014 um 45 % erreicht (55 % der Anforderungen). Wird eine Wärmepumpe eingesetzt (V9 und V10), so liegt die

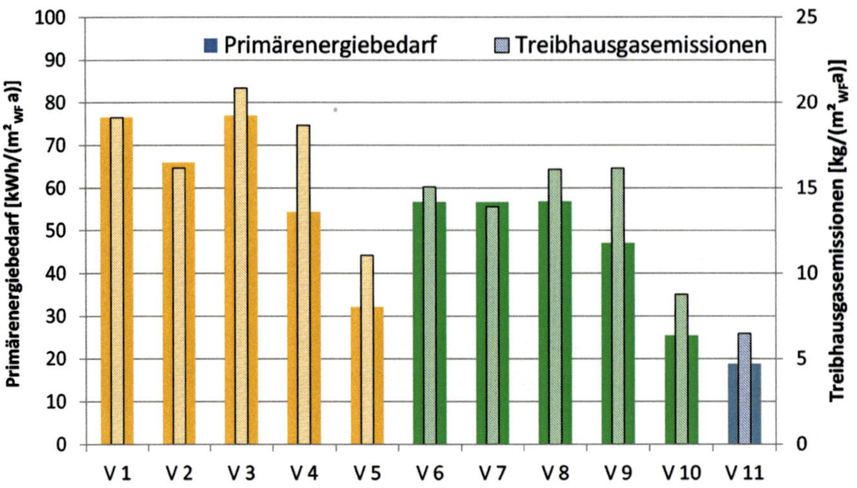

Abb. 4 Kennwerte für Primärenergiebedarf und Treibhausgasemissionen der verschiedenen Varianten (bezogen auf die beheizte Wohnfläche)

Ausführung ohne PV-Anlage 55 % unter den EnEV-Anforderungen, mit PV-Anlage sogar 75 % darunter. Beim EH40 wird der niedrigste Primärenergiebedarf mit nur 18 kWh/ $(m^2_{WF}a)$ erreicht, was einer Reduktion um 82 % gegenüber EnEV2014 entspricht.

In Abb. 4 sind auch die Treibhausgasemissionen (THG) dargestellt. Da die EnEV hierzu keine Emissionsfaktoren bereitstellt, wurden sie aus [6] entnommen, wo sie mit dem Programm GEMIS bestimmt wurden. Die Darstellung kann aber nur eine grobe Orientierung liefern, da sich die Bewertung für Strom bei der Primärenergie zwischen der EnEV und GEMIS unterscheidet.

Bei den THG-Emissionen schneidet V4 mit Wärmepumpe nur geringfügig besser ab als V1 oder V3 und liegt über V2. Wird zusätzlich eine PV-Anlage betrieben (V5), können die THG-Emission in der Bilanz um 41 % gesenkt werden. Die EH55-Varianten V6 und V8 liegen auch bei den Treibhausgasemissionen etwa gleichauf, bei V7 mit PV können die THG-Emissionen um ca. 8 % gegenüber V6 gesenkt werden. V9 mit Wärmepumpe schneidet nicht besser ab als V6 oder V8, auch wenn die geforderte Jahresarbeitszahl von 3,5 erreicht wird. Durch die zusätzliche PV-Anlage bei V10 können die Emissionen um 46 % gegenüber V9 gesenkt werden. Die niedrigsten THG-Emissionen werden beim EH40 mit 6,5 $kg/(m^2_{WF}a)$ erreicht.

Deckung des Strombedarfs durch die PV-Anlage

Interessant ist auch die Betrachtung der Varianten mit PV-Anlagen (V2, V5, V7, V10, V11) bezüglich der anrechenbaren Stromerzeugung. Bei allen Varianten wurde eine gleich große PV-Anlage mit 35,9 kW_p und einer Jahreserzeugung von 28.842 kWh/a berücksichtigt. Diese Anlage deckt in der Jahresbilanz den Strombedarf (Bilanzgrenze EnEV, ohne Haushaltsstrom) beim Einsatz einer Wärmepumpe (Variante 11) netto zu 96 % ab, wenn es als EH40 errichtet wurde und zu 78 %, wenn es als EnEV-Neubau (V5) geplant wurde. Ohne Wärmepumpe, aber mit Wohnungslüftungsanlagen mit Wärmerückgewinnung, wird etwa das 3,5-Fache des Bedarfs an Hilfsstrom erzeugt (V2 und V7).

Nach EnEV darf aber nur der maximale monatliche Strombedarf für Heizung und Warmwasserbereitung sowie der Hilfsstrom in der Energiebilanz als Erzeugung angerechnet werden. Setzt man diesen mit dem gesamten Strombedarf ins Verhältnis, so ergibt sich für V2 und V7 eine etwa 92 %ige Deckung des Bedarfs. Mit Wärmepumpe können aber nur 41 % bei V5 (als EnEV-Haus) bis 57 % (als EH40) des gesamten Strombedarfs gedeckt werden. Allerdings spiegeln diese Zahlen nicht die physikalische Wirklichkeit bzw. die Messwerte am Stromzähler wider, da eine jährliche oder monatliche Betrachtung Überschüsse am Tag mit Bedarf in der Nacht oder bei schlechter Witterung verrechnet. Deutlich realistischere Deckungsgrade, die besser die zu erwartenden Werte am Stromzähler abbilden, erhält man, wenn Stromerzeugung und -bedarf auf Stundenbasis bestimmt werden (siehe Kapitel „Planung“). In [3] wurde ein vereinfachtes Verfahren zur Bestimmung der Deckungsgrade auf Stundenbasis aus den Jahreswerten entwickelt. Nach diesem Verfahren ergibt sich für V2 und V7 eine Deckungsrate von 40 % des benötigten Hilfsstroms aus der PV-Anlage. Mit Wärmepumpe liegt die zeitlich hoch aufgelöste Deckungsrate bei 26 % (V5 als EnEV-Neubau) bis 33 % (V11 als EH40). Dies bedeutet, dass immer noch ca. Zweidrittel des Strombedarfs in diesem Beispiel vom Versorger bezogen werden müssen, was auch Konsequenzen für die Kalkulation eines Mieterstromtarifs hat.

Ergebnisse Energiebilanzberechnung für die Modernisierung

Bei der energetischen Modernisierung von Gebäuden muss bei Maßnahmen, die mehr als 10 % der gesamten Bauteilfläche betreffen entweder der Mindestwärmeschutz nach Anlage 3 Tabelle 1 der EnEV eingehalten werden[4] oder es muss im Rahmen eines Gesamtnachweises ein Primärenergiekennwert sowie ein Transmissionswärmeverlust von jeweils 140 % des EnEV2014 Referenzgebäudes erreicht werden. Es stellt sich die Frage, ob durch zusätzliche Stromerzeugung am Gebäude die Förderstandards EH115, EH100 oder EH85 der KfW (leichter) erreicht werden können [9]. Dazu wurde das Modellgebäude als modernisiertes Bestandsgebäude berechnet, das die EnEV2014-Mindesanforderungen gerade erfüllt (als Komplettsanierung) sowie mit BHKW bzw. PV-Anlage. Da die Anforderungen an H'_T (140 % vom Referenzgebäude nach EnEV2014) auf jeden Fall erfüllt werden müssen, wenn nicht das vereinfachte Bauteilverfahren angewandt wird, kann durch die Stromerzeugung hauptsächlich das Erreichen von KfW-Förderstandards erleichtert werden. Das EEWärmeG muss bei der Modernisierung nicht eingehalten werden. Tabelle 5 zeigt die Kenndaten der untersuchten Varianten und die Ergebnisse.

[4] Z. B. wenn bei beheizten oder gekühlten Räumen auf der Außenwand Bekleidungen in Form von Platten oder Verschalungen angebracht werden oder der Außenputz erneuert wird. Der Höchstwert für den Wärmedurchgangskoeffizienten liegt dann bei 0,24 W/(m²K) und somit unter dem des Referenzgebäudes im Neubau (0,28 W/(m²K)).

Tab. 5 Übersicht und Ergebnisse der Varianten für ein Bestandsgebäude

	V12	V13	V14
Energetischer Standard	EnEV 2014/2016 Sanierung	EnEV 2014/2016 Sanierung	EnEV 2014/2016 Sanierung
Wärmeerzeuger	Gas-BW	Gas-BHKW	Gas-BW
Solarthermie	–	–	–
PV-Anlage	–	–	X
Lüftungsanlage	Abluft	Abluft	Abluft
H'_T	0,66[a]	0,66	0,66
Q_P Ist	**122,9** $kWh_{PE}/(m^2_{WF}a)$	**104,4** $kWh_{PE}/(m^2_{WF}a)$	**118,6** $kWh_{PE}/(m^2_{WF}a)$
Q_P EnEV Referenz	86,6 $kWh_{PE}/(m^2_{WF}a)$		
Q_P EH115	99,6 $kWh_{PE}/(m^2_{WF}a)$		
Q_P EH100	86,6 $kWh_{PE}/(m^2_{WF}a)$		
Q_P EH85	73,6 $kWh_{PE}/(m^2_{WF}a)$		

[a]Zur Erfüllung der Anforderungen an den Primärenergiebedarf muss ohne regenerative Energieträger der Transmissionswärmeverlust des Gebäudes unter dem Anforderungswert von 0,5 * 140% = 0,7 liegen

Es zeigt sich, dass durch den Einsatz einer PV-Anlage (V14) der Q_P-Wert nur um 3 % gegenüber der Vergleichsvariante V12 gesenkt werden kann, da der Hilfsstrombedarf des Gebäudes gering ist. Mit dem BHKW verbessert sich der Q_P-Wert auf 104,4 $kWh_{PE}/(m^2_{WF}a)$, allerdings werden die Anforderungen an das EH115 um 5 % überschritten. Die erforderlichen Dämmdicken zur Erfüllung der EnEV-Anforderungen[5] liegen teilweise unter den am Bau heute üblichen Ausführungen, so dass wahrscheinlich ohnehin höhere Dämmstoffstärken realisiert werden. Das BHKW erbringt in diesem Beispiel eine Verbesserung um ca. 18 $kWh_{PE}/(m^2_{WF}a)$, die Standards EH 115 (H'_T bei 115 % EnEV Referenz, Q_P bei 115 % EnEV Referenz), EH100 (H'_T bei 115 % EnEV Referenz, Q_P bei 100 % EnEV Referenz) und besser können somit in Kombination mit einem verbessertem Wärmeschutz und BHKW leichter erreicht werden.

Fazit

Die Analysen haben gezeigt, dass stromerzeugende Anlagen durchaus einen Einfluss auf die Energiebilanz des Gebäudes besitzen, welcher sich gegenüber früheren Vorgaben der EnEV (siehe [7]) im Neubau aber nicht mehr so deutlich auswirkt. Bei den EnEV-Mindestanforderungen (V2) war mit einer PV-Anlage als Ersatz der Solarthermie zusätzlich die Lüftung mit Wärmerückgewinnung erforderlich, um die Anforderungen an Q_P und aus

[5] Im berechneten Beispiel: Dachdämmung ca. 10 cm, Außenwand ca. 4 cm und Fußboden ca. 4 cm

dem EEWärmeG zu erfüllen. Beim KfW-Effizienzhaus 55 (V7) kann eine PV-Anlage eine solarthermische Anlage bei etwas schlechterem Wärmeschutz ersetzen. Die Auswirkungen einer PV-Anlage hängen vor allem vom Strombedarf im Gebäude ab. Beim Einsatz einer Wärmepumpe führt die angesetzte Jahresarbeitszahl zu einer deutlichen Reduktion des Primärenergiebedarfs, so dass die Nebenanforderungen der EnEV bzw. des KfW-Effizienzhauses 55 hier entscheidend sind und die PV-Anlage keine Vorteile mehr beim Wärmeschutz bringt. Liegt die Jahresarbeitszahl in der Praxis oder konstruktionsbedingt niedriger, so sichert ein besserer Wärmeschutz vor steigenden Betriebskosten. Bei BHKW mit fossilen Energieträgern (V3) ist eine leichte Verschlechterungen beim Wärmeschutz in der EnEV-Variante möglich. Beim EH55 schneidet das BHKW aufgrund des schlechteren Jahresnutzungsgrades und des Energieträgers Erdgas schlechter ab als Varianten mit zusätzlichen regenerativen Energieträgern.

Das KfW-Effizienzhaus 40 in Variante V11 profitiert bei der Gebäudehülle kaum noch durch die Gutschrift der PV-Anlage, da die Nebenanforderungen an den Wärmeschutz entscheidend sind. Der Primärenergiebedarf der Varianten V9 bis V11 liegt unabhängig davon sehr niedrig.

Die Vorteilhaftigkeit eines energetischen Standards kann für Eigentümer und Mieter unterschiedlich ausfallen. Für den Mieter sind die abgerechneten Kosten am Zähler entscheidend, die in die Betriebs- und Heizkostenabrechnung eingehen. Aus Sicht der Mieter sind Varianten mit einem verbesserten Wärmeschutz und damit verringertem Energiebedarf tendenziell besser als anlagentechnische Ersatzmaßnahmen, die sich nicht immer auf die Betriebskosten auswirken. Ob sich die veränderten Investitionskosten auch auf die Höhe der Kaltmiete auswirken und somit auf die Gesamtkosten für die Mieter, hängt von dem lokalen Mietmarkt ab. Nicht überall können höhere Mieten erzielt werden, bzw. das maximale Mietniveau wird unabhängig von den tatsächlichen Nebenkosten des Gebäudes ausgeschöpft.

Generell ist zu beachten, dass die in der Energiebilanz anrechenbaren Stromgutschriften in der Praxis kaum erreicht werden können, da diese nach EnEV nur auf Monatsbasis bilanziert werden. Realistische Deckungsgrade am Stromzähler liegen für Hilfsstrom – je nach Anlagentechnik – zwischen 25 % und 40 %.

Bei der Modernisierung ist besonders der Einsatz eines BHKW für Gebäudebesitzer von Interesse, da der zu verwendende Primärenergiefaktor f_p sich verbessert. Eine PV-Anlage erbringt im Bestand aufgrund des niedrigen Hilfsenergiebedarfs nur eine geringe Verbesserung. Es ist jedoch zu berücksichtigen, dass es sich bei den Berechnung um ein einzelnes Beispielgebäude handelt und andere Gebäude abweichende Ergebnisse liefern können.

Literatur

[1] Deutsches Institut für Normung DIN V 18599 (12–2011): Energetische Bewertung von Gebäuden – Berechnung des Nutz-, End- und Primärenergiebedarfs für Heizung, Kühlung, Lüftung, Trinkwarmwasser und Beleuchtung. Teil 1–10, Ausgabe 12–2011. Beuth Verlag, Berlin

[2] Fachverband Gebäude-Klima e.V.: Die Bewertung der Wärmerückgewinnung in RLT-Anlagen und Klimakälteanlagen für Nichtwohngebäude nach EEWärmeG. FGK-Status-Report 20 (2014), Bietigheim-Bissingen. http://www.energie-experten.org/fileadmin/Newsartikel/Newsartikel_03/FGK_Status-Report_20.pdf. Zugegriffen: 08.12.2016

[3] Frank, M.; Loga, T.; Schaede, M.; Weißmann, C. (2015): Eigendeckung des Strombedarfs von Niedrigstenergiehäusern durch Photovoltaik-Anlagen – Verrechnung mit unterschiedlichen Zeitschrittweiten ergänzend zur EnEV. Bauphys. 37 (2015), Heft 2

[4] Gesetz zur Förderung Erneuerbarer Energien (EE) im Wärmebereich – Erneuerbare-Energien-Wärmegesetz (EEWärmeG) (2011): Konsolidierte, unverbindliche Fassung des Gesetzestextes mit den Änderungen durch das „Europarechtsanpassungsgesetz Erneuerbare Energien; "Bundesgesetzblatt 2011, Teil I Nr. 17, vom 15.April 2011, Bonn

[5] Gesetz zur Nutzung erneuerbarer Wärmeenergie in Baden-Württemberg (Erneuerbare-Wärme-Gesetz – EWärmeG) (2015): GBl. Nr. 5 vom 20. März 2015 S. 151–160, Stuttgart

[6] Großklos, Marc (2014): Kumulierter Energieaufwand und CO_2-Emissionsfaktoren verschiedener Energieträger und -versorgungen; Stand 17.12.2014. Institut Wohnen und Umwelt, Darmstadt

[7] Marc Großklos, Iris Behr, Daniel Paschka (2016) Möglichkeiten der Wohnungswirtschaft zum Einstieg in die Erzeugung und Vermarktung elektrischer Energie. Fraunhofer IRB Verlag, Stuttgart

[8] KfW Liste der Technischen FAQ, Anlage zu den Merkblättern Energieeffizient Sanieren (151/152/430) und Energieeffizient Bauen (153), Stand 08/2016. KfW, Frankfurt. https://www.kfw.de/PDF/Download-Center/F%C3%B6rderprogramme-(Inlandsf%C3%B6rderung)/PDF-Dokumente/6000003695_Technische_FAQ_151_152_430_153.pdf. Zugegriffen: 25.08.2016

[9] KfW Anlage zu den Merkblättern Energieeffizient Sanieren: Kredit (151/152), Investitionszuschuss (430), Stand 04/2016. KfW, Frankfurt. https://www.kfw.de/KfW-Konzern/Service/Download-Center/F%C3%B6rderprogramme-(Inlandsf.)-(D-EN)/Barrierefreie-Dokumente/Energieeffizient-Sanieren-(151-152-und-430)-Anlage-Technische-Mindestanforderungen-ab-04-2016/. Zugegriffen: 25.08.2016

[10] Loga, Tobias; Stein, Britta; Diefenbach, Nikolaus; Born, Rolf (2015) Deutsche Gebäudetypologie, Beispielhafte Maßnahmen zur Verbesserung der Energieeffizienz von typischen Wohngebäuden – zweite erweiterte Auflage. Institut Wohnen und Umwelt, Darmstadt

[11] Tuschinski, M.: Gebäudeenergiegesetz 2017 – Was kommt wann?. http://service.enev-online.de/bestellen/EnEV_2017_Was_kommt_wann_Novelle_Energieeinsparverordnung.pdf. Zugegriffen: 08.12.2016

[12] Verordnung über energiesparenden Wärmeschutz und energiesparende Anlagentechnik bei Gebäuden (Energieeinsparverordnung – EnEV), nichtamtliche Lesefassung, Stand 21.11.2013 der Fassung BGBl I S. 1519

[13] ZUB-Systems (2016): ZUB-Helena, Programmversion 7.41 (2016)

Erzeugungs- und Verbrauchsprofile für die Planung von Mieterstrom

Marc Großklos

Prognose als Schlüssel zum Erfolg

Bei der Umsetzung von Mieterstromprojekten kommt der realistischen Prognose von Energieerzeugung und -verbrauch eine große Bedeutung zu, da diese wichtige Ausgangsdaten für die Wirtschaftlichkeitsbetrachtung liefern. Im Gegensatz zu den Energiebilanzberechnungen nach Energieeinsparverordnung (EnEV) (siehe Kapitel „Gebäudebilanzierung") kommt es darauf an, Erzeugung und Verbrauch nicht auf Jahres- oder Monatsbasis abzuschätzen, sondern möglichst mit der Auflösung, wie sie später auch von den Stromzählern erfasst wird – also auf Sekundenbasis. Die hierfür erforderlichen Daten sind jedoch selten vorhanden. Als Näherung können entweder reale Messdaten umgesetzter Anlagen oder entsprechende Planungsprofile verwendet werden, die meist als 15-Minuten- oder als Stundenwerte vorliegen. Für eine Abschätzung der zu erwartenden Eigenverbrauchsquoten und den erforderlichen Reststrombezug können diese Auflösung bereits herangezogen werden, da insbesondere der Tagesgang von Photovoltaik-Anlagen damit beschrieben werden kann.

▶ **Eigenverbrauch** beschreibt den Anteil an der erzeugten elektrischen Energie, der direkt im Gebäude selbst verbraucht und nicht ins elektrische Netz eingespeist wird. Der Eigenverbrauch wird von dem Verhältnis von Erzeugungs- und Verbrauchsprofil und der absoluten Höhe der Stromerzeugung bestimmt. Je höher der Eigenverbrauch bei einem Mieterstromprojekt ausfällt, desto geringer sind die Netzeinspeisung und der erforderliche Reststrombezug.

M. Großklos (✉)
Institut Wohnen und Umwelt GmbH, Darmstadt, Deutschland
e-mail: m.grossklos@iwu.de

I. Behr, M. Großklos (Hrsg.), *Praxishandbuch Mieterstrom*,
DOI 10.1007/978-3-658-17540-5_9

Das Verbrauchsprofil für Haushaltsstrom ist im Tagesverlauf großen Schwankungen unterworfen und auch im Jahresverlauf ist ein höherer Verbrauch im Winter zu erkennen. Je mehr Wohneinheiten versorgt werden, desto stärker wird das Gesamtprofil durch die zeitversetzte Nutzung von einzelnen Elektrogeräten geglättet.

Abb. 1 zeigt die gemessene elektrische Leistungsaufnahme von insgesamt 60 Wohneinheiten in energetisch modernisierten Mehrfamilienhäusern mit Komfortlüftungsanlage. In der Nacht sinkt der Verbrauch auf ca. 6 kW ab, am Tag treten teilweise Spitzen über 30 kW auf.

Planungsgrundlagen für die Stromerzeugung

Die für Mieterstrom eingesetzten Stromerzeugungstechniken Photovoltaik (PV) und Block-Heizkraftwerke (BHKW) weisen ganz unterschiedliche Erzeugungsprofile auf. Die PV-Anlage besitzt sowohl einen Tages- als auch einen Jahresgang mit höchster Stromerzeugung im Sommer in der Mittagszeit. Allerdings schwankt die Erzeugung auch zwischen den einzelnen Tagen deutlich. Das BHKW liefert bei wärmegeführtem Betrieb im Winter eine nahezu konstante elektrische Leistung. In der Übergangszeit und im Sommer schaltet es immer wieder aus, da die Wärmenachfrage sinkt. Dadurch ist das Stromangebot beim Einsatz eines BHKW im Sommer deutlich geringer als im Winter, allerdings liegt der Verbrauch dann auch niedriger. Die Stromerzeugung einer PV-Anlage mit 30 kW_P und Südausrichtung sowie eines wärmegeführten BHKW mit 9,6 kW_{el} ist in Abb. 2 exemplarisch dargestellt.

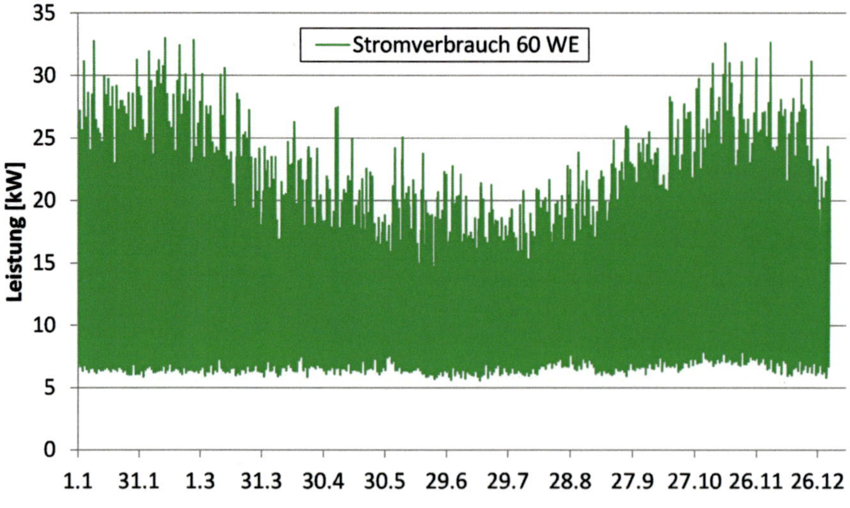

Abb. 1 Gesamtstromverbrauch von 60 Haushalten in Mehrfamilienhäusern über ein Jahr gemessen

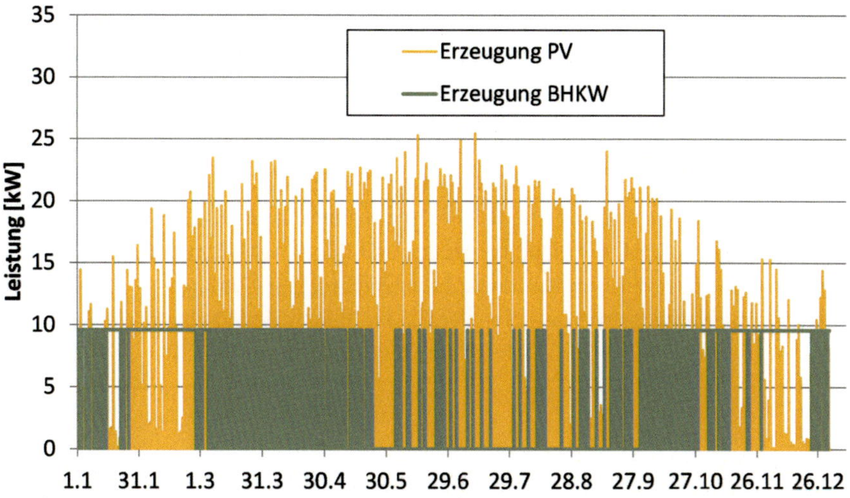

Abb. 2 Stromerzeugung eines BHKW (9,6 kW_{el}) und einer PV-Anlage (30 kW_p)

Photovoltaik

Der Stromertrag einer Photovoltaik-Anlage hängt im Wesentlichen von der solaren Einstrahlung am Aufstellungsort, der Neigung und Orientierung der Module, dem Modultyp, dem Wirkungsgrad der Module und von Verschattungen durch Gebäude, Bäume, Masten oder den Horizont ab. Für den höchsten Ertrag ist eine Ausrichtung nach Süden mit ca. 25 bis 35 Grad Neigung optimal. Bei ausreichend Installationsfläche kann z. B. durch eine Ost-/Westausrichtung der Tagesgang der Solarstromerzeugung zu etwas höheren Erträgen in den Morgen- und Abendstunden verschoben werden, so dass Erzeugungs- und Verbrauchsprofil besser zusammen passen und der Eigenverbrauch ansteigt. Für eine grobe Abschätzung des möglichen Solarertrags kann von 900 bis 1100 kWh im Jahr pro installierter kW_P Nennleistung bei einer optimal ausgerichteten Anlage ausgegangen werden. Für Dachanlagen werden meist polykristalline Siliziummodule eingesetzt, da diese das günstigste Verhältnis zwischen Ertrag und Kosten aufweisen. Zusätzlich ist zu berücksichtigen, dass der Solarertrag durch Alterung der Module zwischen 0,5 % und 2 % pro Jahr abnimmt.

Bei der Planung muss berücksichtigt werden, dass Anlagen bis 30 kW_P auf 70 % der maximalen Leistung gekappt werden müssen, wenn EEG-Vergütung für Überschusseinspeisung gezahlt werden soll. Da ein Teil der Erzeugung im Gebäude selbst erzeugt wird, sollte der Wechselrichter die Einspeiseleistung am Verknüpfungspunkt zum Netz der allgemeinen Versorgung messen und nur diese auf 70 % begrenzen. Dadurch können die Ertragsverluste minimiert werden. Alternativ kann genau wie bei großen PV-Anlagen eine

Vorrichtung zur Fernabregelbarkeit der Einspeiseleistung durch den Netzbetreiber vorgesehen werden.

Bei der Planung von PV-Dachanlagen ist auch zu prüfen in welchem Zustand sich Dacheindeckung und -dämmung befinden. Nach der Installation können Änderungen z. B. am Wärmeschutz im Dachgeschoss nicht mehr ohne Ertragsausfälle bei der PV-Anlage von außen durchgeführt werden. Auch Wohnflächenerweiterungen im Dachgeschoss werden u.U. durch PV-Module erschwert. Oft werden einzelne Kamine nicht mehr genutzt, die aber die Installation der PV-Anlage behindern und durch Schattenwurf zu Ertragseinbußen führen. Diese überzähligen Kamine sollten abgebrochen werden. Aus diesen Gründen sollte das Dachgeschoss vor Installation der PV-Module in einen zukunftsfähigen Zustand gebracht werden, der die Anforderungen der nächsten 20 Jahren erfüllt.

Blockheizkraftwerke

Blockheizkraftwerke (BHKW) nutzen die Abwärme bei der Erzeugung elektrischer Energie zur Deckung der Wärmegrundlast im Gebäude. Da Wärmeüberschüsse mit vertretbarem Aufwand nur über kurze Zeit gespeichert werden können, werden BHKW bisher überwiegend wärmegeführt betrieben. Zukünftig ist auch die verstärke Anpassung der Erzeugung an den Strombedarf im Gebäude oder im öffentlichen Netz denkbar (siehe Kapitel „ProSHAPE"). Um zumindest teilweise die Stromerzeugung dem Strombedarf anpassen zu können und um die Startvorgänge zu reduzieren, sind Wärmespeicher Voraussetzung für einen effizienten Betrieb.

Bei der Planung werden BHKW bei wärmegeführtem Betrieb meist über die geordnete Jahresdauerlinie des Wärmebedarfs der versorgten Gebäude ausgelegt (Abb. 3). Dabei werden die stündlichen Wärmeleistungen absteigend geordnet. An der Stelle, an der die thermische Leistung des BHKW die geordnet Jahresdauerlinie schneidet, befindet sich der Auslegungspunkt des BHKW und man kann die zugehörige Laufzeit des Aggregats pro Jahr sofort ablesen. Kann das BHKW seine Leistung modulieren oder steht ein thermischer Energiespeicher zum Ausgleich zwischen Wärmebedarf im Gebäude und Erzeugungsleistung zur Verfügung, so kann die Laufzeit der Anlage verlängert werden (in Abb. 3 gestrichelt dargestellt).

Das BHKW sollte für einen wirtschaftlichen Betrieb 4000 bis 5000 Betriebsstunden im Jahr erreichen. Die dafür erforderliche thermische Leistung kann aus der Jahresdauerlinie direkt abgelesen werden. Eine optimale Auslegung liegt meist bei einer thermischen BHKW-Leistung von etwa 20 % der Wärmelast des Gebäudes, kann aber je nach Laststruktur von diesem Wert auch abweichen. Bei Wirtschaftlichkeitsberechnung sollten unterschiedliche Auslegungen miteinander verglichen werden. Je nach Form der Jahresdauerlinie kann eine Aufteilung in zwei BHKW-Aggregate zu längeren Laufzeiten des ersten BHKW und damit höherem Eigenverbrauch führen. Allerdings sind kleine Anlage spezifisch teuer und besitzen höhere Wartungskosten. Die VDI 4656

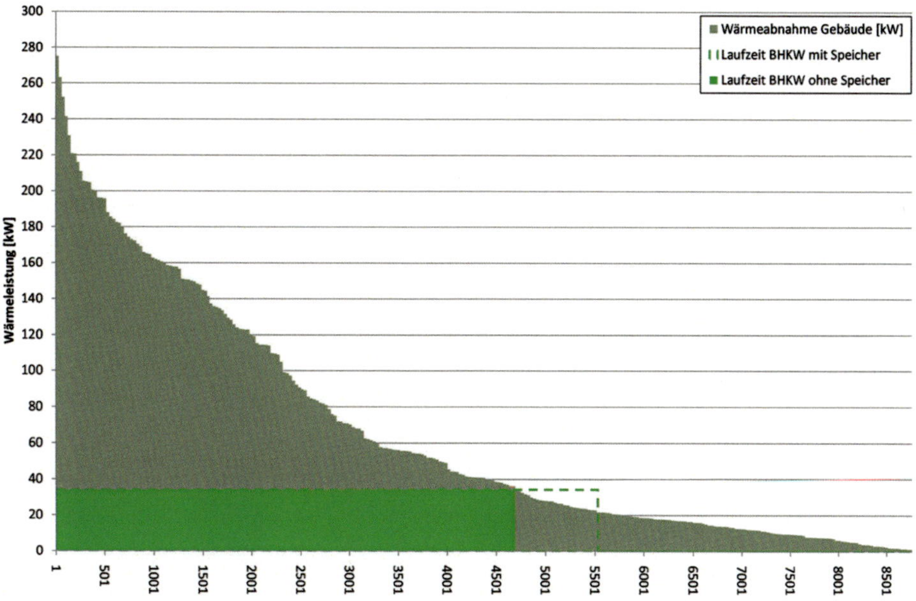

Abb. 3 Geordnete Jahresdauerlinie eines Mehrfamilienhauses (80 Wohneinheiten) und Wärmelieferung eines BHKW mit und ohne Pufferspeicher

[12] liefert für Mikro-KWK-Anlagen bis ca. 50 kW thermischer Leistung Planungs- und Dimensionierungshinweise.

Da bei Mieterstrom auch die zeitliche Abfolge von unterschiedlichem Strom- und Wärmebedarf des Gebäudes und somit verschiedenen Betriebszustände des BHKW eine wichtige Rollen spielen, empfiehlt es sich bei Bestandsgebäuden Messungen der Energieverbräuche durchzuführen. Wenn dies nicht möglich ist oder es sich um Neubauten handelt, kommen spezielle Auslegungsprogramme zum Einsatz, um die tatsächliche Deckung des Wärme- und Strombedarfs im Gebäude zu berechnen. Liegen für ein Gebäude reale Messdaten vor, so können mit diesen Daten auch mit Hilfe einer Tabellenkalkulation die zu erwartenden Erträge und der Eigenverbrauch aus der BHKW-Stromerzeugung berechnet werden.

Planungsgrundlagen für den elektrischen Energieverbrauch

Soll der Eigenverbrauch in einem Gebäude im Vorfeld abgeschätzt werden, so sind auch Informationen über die typischen Lastprofile für Haushaltsstrom, Allgemein- und Hilfsstrom, zusätzliche Stromverbräuche für Elektromobilität sowie für die Wärmeerzeugung erforderlich. Der Eigenverbrauch liegt bei PV-Anlagen je nach Dimensionierung und Last im Gebäude und ohne Einsatz eines Elektrospeichers zwischen 20 % (Einfamilienhaus) und 40 % (Mehrfamilienhaus bei optimierter Auslegung). Bei einem BHKW kann der Eigenverbrauch etwas höher liegen und bis etwa 50 % reichen [12]. Dabei ist das Verhältnis von thermischer Leistung des BHKW zu Gesamtwärmeleistung des Gebäudes von Bedeutung, da hohe Leistungen in der Übergangszeit und im Sommer zu kurzen Laufzeiten und damit geringerem Eigenverbrauch führen. Die höchsten Wert für den Eigenverbrauch werden mit einer Kombination aus BHKW und PV-Anlage sowie einem elektrischen Energiespeicher erreicht.

Haushaltsstrom

Zur Erzeugung von hoch aufgelösten Lastprofilen für Haushaltsstrom kann das Standardlastprofil H0 des BDEW [7] verwendet werden. Dieses mittlere Profil ist für eine größere Anzahl von Haushalte oder Gebäude für je einen Wochentag sowie das Wochenende für Sommer, Winter und Übergangszeit definiert. Die relativen Profile für die einzelnen Typtage mit einer Auflösung von 15 Minuten können zu einem Jahresprofil zusammengesetzt und mit dem zu erwartenden Gesamtstromverbrauch des Gebäudes multipliziert werden.

Abb. 4 zeigt für eine Woche im November den gemessenen Haushaltsstromverbrauch von 60 Wohneinheiten in 7 Mehrfamilienhäusern sowie das zugehörige H0-Lastprofil, das mit dem Jahresgesamtstromverbrauch skaliert wurde. Im Detail weichen die Lastprofile

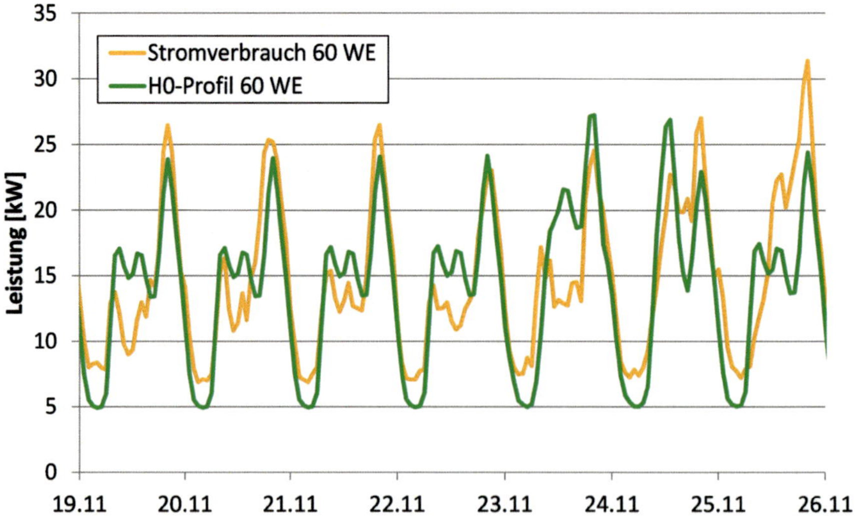

Abb. 4 Gemessener Haushaltsstromverbrauch für 60 Wohneinheiten und zugehöriges H0-Profil für eine Woche im November

Tab. 1 Vergleichswerte des Haushaltsstromverbrauchs in Mehrfamilienhäusern 2016 **ohne** elektrische Warmwasserbereitung [11]

	gering						sehr hoch
Personen je HH	**A**	**B**	**C**	**D**	**E**	**F**	**G**
1	bis 800	bis 1.100	Bis 1.300	bis 1.500	bis 1.900	bis 2.500	über 2.500
2	bis 1.300	bis 1.700	bis 2.000	bis 2.300	bis 2.600	bis 3.200	über 3.200
3	bis 1.800	bis 2.200	bis 2.600	bis 3.000	bis 3.500	bis 4.000	über 4.000
4	bis 2.000	bis 2.500	bis 3.000	bis 3.400	bis 4.000	bis 4.600	über 4.600
>4	bis 2.400	bis 3.000	bis 3.500	bis 4.200	bis 4.000	bis 6.000	über 6.000

durchaus ab, die typische Dynamik kann mit dem H0-Profil aber abgebildet werden. Liegt die Anzahl der Wohneinheiten deutlich niedriger, so verschlechtert sich die Übereinstimmung und die H0-Profile sind weniger gut für eine Prognose des Deckungsanteils geeignet, da die Glättung des Profils durch das zufällige Ein- und Ausschalten von Verbrauchern über den Tag in den verschiedenen Wohnungen weniger stark auftritt und dadurch die Lastspitzen ausgeprägter sind.

Zur Erstellung eines gebäudebezogenen Lastprofils muss der Gesamtstromverbrauch bekannt sein. Liegen keine Mess- oder Abrechnungsdaten vor (z. B. bei Neubauten oder Bestandsgebäuden mit unterschiedlichen Stromlieferanten für die Mieter) können nur statistische Kenngrößen herangezogen werden. In Tab. 1 sind die Haushaltsstromverbräuche in Mehrfamilienhäusern ohne elektrische Warmwasserbereitung für unterschiedliche Haushaltsgrößen klassifiziert [11]. Ein mittlerer Haushalt entspricht etwa der Kategorie D. Tab. 2 zeigt die entsprechenden Klassen für Mehrfamilienhäuser mit elektrischer Warmwasserbereitung.

Tab. 2 Vergleichswerte des Haushaltsstromverbrauchs in Mehrfamilienhäusern 2016 **mit** elektrischer Warmwasserbereitung [11]

	gering						sehr hoch
Personen je HH	**A**	**B**	**C**	**D**	**E**	**F**	**G**
1	bis 1.200	bis 1.500	Bis 1.900	bis 2.100	bis 2.600	bis 3.400	über 3.400
2	bis 2.000	bis 2.500	bis 3.000	bis 3.200	bis 3.600	bis 4.400	über 4.400
3	bis 2.700	bis 3.400	bis 3.900	bis 4.300	bis 5.000	bis 6.000	über 6.000
4	bis 3.100	bis 4.000	bis 4.500	bis 5.000	bis 5.800	bis 7.100	über 7.100
>4	bis 3.300	bis 4.500	bis 5.500	bis 6.000	bis 7.000	bis 9.000	über 9.000

Die Bemessung über die Anzahl der Personen ermöglicht meist eine besser Prognose des zu erwartenden Haushaltsstromverbrauchs als flächenspezifische Kennwerte. Oft ist jedoch die Zahl der Bewohner (Personenbelegung) nicht bekannt, sondern nur die vermietete Wohnfläche des Hauses. Um dennoch einen Ansatz für die Planung zu haben, kann von einer Wohnfläche von 38 m² pro Person in Mieterhaushalten ausgegangen werden [10].

Allgemein- und Hilfsstrom

Allgemeinstrom fällt im Haus für die Beleuchtung oder gemeinsam betriebene Anlage wie z. B. Aufzüge an. Unter Hilfsstrom wird der Stromverbrauch für den Betrieb der Wärmeerzeuger verstanden (Pumpen, Regelungen, aber auch elektrische Energie für den Betrieb von Wärmepumpen). Die Profile dieser Stromverbräuche sind sehr unterschiedlich und schwanken stark – typische Nutzungszeiten bei Aufzügen sind ganzjährig in den Morgen- und Abendstunden, bei Beleuchtung vor allem im Winterhalbjahr morgens bzw. abends, bei Hilfsstrom für Wärmepumpen vor allem im Winter, dann aber ganztägig.

Kennwerte für die Abschätzung des Hilfsstromverbrauchs von Mehrfamilienhäusern sind in der Studie zum Allgemeinstrom in Wohngebäuden zu finden [3].

Für Wärmepumpen existiert das normierte Lastprofil W01 des VDEW, das abhängig vom gewichteten Tagesmittel der Außentemperatur der letzten drei Tage ein relatives Lastprofil für die Stromaufnahme der Wärmepumpe vorgibt. Da die energetische Qualität der Gebäudehülle und die Jahresarbeitszahl der Wärmepumpe nicht in die Bestimmung des Lastprofils eingehen, führt dieses Vorgehen zu einer größeren Ungenauigkeit im Vergleich mit einer detaillierten Planung über die Heizlast des Gebäudes.

Elektromobilität

Bei neu errichteten (Miet-)Wohnungen gewinnt das Thema Stellplätze und Elektromobilität zunehmend an Bedeutung. Flächen sind knapp, Stellplätze sind teuer (sie liegen bei ca. 10 % der Baukosten), und werden im Segment des preiswerten oder geförderten Wohnungsbaus bereits als Investitionshemmnis gesehen. Dadurch bietet sich die Kombination von Car-Sharing und Elektromobilität an. Sie bietet interessante Schnittstellen zum Mieterstrom, da Elektroautos, E-Bikes, und E-Lastenräder die Stromerzeugung im Gebäude nutzen können und eine weitere Abnahmequelle für elektrische Energie eröffnen. Über die Strommengen die durch wohnungsnahe Elektromobilität abgenommen werden gibt es noch kaum empirische Erkenntnisse.

Private PKW weisen häufig lange Standzeiten von mehr als 23 Stunden am Tag auf. Car-Sharing-Autos werden etwas häufiger genutzt, jedoch kaum im Berufsverkehr, dafür besonders in den Abendstunden [2]. Eine Aufladung findet immer dann statt, wenn das

Fahrzeug an der Ladestation steht. Durch die längeren Ladezeiten sind bei Elektrofahrzeugen auch längere Stillstandzeiten einzuplanen. Abhängig vom Tages- und Jahresgang der Stromerzeugung und Zeitpunkt der Ladung kann das Elektrofahrzeug entweder den Eigenverbrauch oder den Reststrombezug erhöhen. Wenn die Stromerzeugung überwiegend mit PV-Anlagen erfolgt, ist es besonders günstig, wenn die Aufladung tagsüber stattfindet. Dies ist besonders bei Fahrzeugen der Fall, die für den Freizeitverkehr am Abend genutzt werden. BHKW werden im Winterhalbjahr häufig in den Abendstunden oder durchgängig betrieben, so dass dann auch eine Aufladung nach Feierabend mit selbst erzeugtem Strom erfolgen kann. Allerdings müssen neben den Ladezeiten auch die Lade- und Erzeugungsleistung zueinander passen.

Es sind mehrere Arten von Ladepunkten mit unterschiedlichen Ladeleistungen sowie mit Wechselstrom- als auch Gleichstromladung am Markt verfügbar. Dabei muss darauf geachtet werden, dass die Ladeleistung möglichst nicht über der mittleren elektrischen Leistung des Stromerzeugers im Gebäude liegt, damit die Fahrzeugbatterie überwiegend aus der eigenen Erzeugung geladen werden kann. Die heute häufig eingesetzten Wallboxen besitzen Ladeleistungen von 11 kW bzw. 22 kW, über den normalen Schuko-Stecker wird mit 3,7 kW (einphasig) geladen (nach DIN EN 61851-1) [4]. Werden mehrere Ladestationen installiert, so ist auch zu prüfen, ob der Hausanschluss für die zusätzliche Last ausgelegt ist.

Bei Einfamilienhäusern konnte der Eigenverbrauch durch die zusätzliche Ladung von Elektrofahrzeugen im Mittel um 5 % erhöht werden [8]. Sind die voraussichtlichen Standzeiten an der Ladestation bekannt, kann über eine gesteuerte Ladung abhängig von der vorhandenen Erzeugung der Eigenverbrauch ggf. weiter gesteigert werden.

Elektrische Energiespeicher

Bisher werden elektrische Energiespeicher in Mehrfamilienhäusern noch wenig eingesetzt. Die Gründe dafür sind vor allem die hohen Kosten, aber auch das fehlende Interesse für die Stromerzeugung im Gebäude sowie die zusätzlichen Anforderungen an Messung und Abrechnung [1]. Mit Mieterstrom werden elektrische Energiespeicher interessanter, da sie den Eigenverbrauch erhöhen und damit die an Mieter gelieferte Strommenge vergrößern können. Gleichzeitig sinken die bisher hohen Kosten der Speicher.

Elektrische Energiespeicher werden meist als Kurzzeitspeicher für den Tag-/Nachtausgleich bis hin zum Ausgleich über wenige Tage eingesetzt. Besonders im Zusammenhang mit PV-Anlagen, die am Tag Überschüsse produzieren, abends und in der Nacht aber nicht zur Deckung des Strombedarf der Mieter beitragen, können Elektrospeicher Vorteile bringen und den Reststrombezug verkleinern (Abb. 5).

Bei der Planung sind vor allem die nutzbare Speicherkapazität, die Einbindung in das Hausnetz und die Be- und Entladeleistung entscheidend. Bei einer Kombination von PV-Anlage und BHKW mit einem Elektrospeicher sind bei sehr energieeffizienten Gebäuden

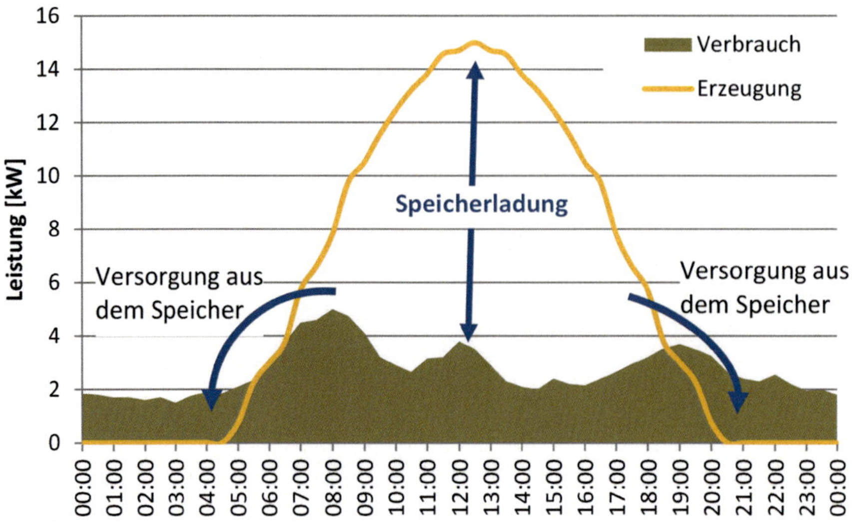

Abb. 5 Wirkung eines Elektrospeichers: PV-Überschüsse am Tag werden in den Speicher geladen, um den Abend- und Nachtverbrauch zu decken [5]

Autarkiegrade bis 80 % möglich [6]. Grundsätzlich muss der Einsatz eines solchen Elektrospeichers genau hinsichtlich seiner Wirtschaftlichkeit überprüft werden. Sollen Netzdienstleistungen mit dem Mieterstromangebot kombiniert werden (siehe Kapitel „ProSHAPE"), kann sich die Rentabilität eines Elektrospeichers verbessern. Mit der Novelle des EEG 2017 wurde nun auch gesetzlich klargestellt, dass auch bei gemischtem Speicherbetrieb (Einspeicherung von selbst erzeugtem und von Netzstrom) nicht doppelt die EEG-Umlage anfällt. Nur auf den Eigenverbrauch ist zukünftig die EEG-Umlage zu zahlen [9].

Literatur

[1] Bundesnetzagentur (2016): Leitfaden zur Eigenversorgung - Finale Fassung, Bonn. https://www.bundesnetzagentur.de/SharedDocs/Downloads/DE/Sachgebiete/Energie/Unternehmen_Institutionen/ErneuerbareEnergien/Eigenversorgung/Entwurf_Leitfaden_151016.pdf;jsessionid=DF22DD0F46B3886F6C5F2C7AC2477688?__blob=publicationFile&v=3. Zugegriffen 09.12.2016

[2] civity (2014): Urbane Mobilität im Umbruch. Mobilitätsmärkte am Beispiel der Free-Floating Carsharing-Systeme. Civity, Hamburg. http://matters.civity.de/ Zugegriffen: 10.11.2016

[3] Clausnitzer, K-D; Hoffmann, N. (2009): Allgemeinstrom in Wohngebäuden – Dämpfung der Wohn-Nebenkosten durch Innovationen zur Reduktion des Allgemeinstromverbrauchs. Bremer Energie Institut, Bremen

[4] DIN EN 61851–1:2012-01: Elektrische Ausrüstung von Elektro-Straßenfahrzeugen – Konduktive Ladesysteme für Elektrofahrzeuge. Deutsches Institut für Normung. Berlin

[5] Großklos, M.; Schade, M. (2016): Gebäude mit Energiegewinn. IRB Verlag, Stuttgart
[6] Großklos, M.; Stein, B. (2016): Auslegung und Betriebsergebnisse eines elektrischen Energiespeichers in einem Passivhaus Plus mit 17 Wohneinheiten. In: Tagungsband der 20. Internationalen Passivhaustagung 2016, Seite 645–650. Passivhaus Institut, Darmstadt
[7] KommEnergie (2016): Standardlastprofile (SLP), http://www.kommenergie.de/netz/lastprofilverfahren/standardlastprofile-slp/. Zugegriffen: 12.09.2016
[8] Samtweber, F.: Zusammenspiel von Photovoltaik-Anlagen und Elektrofahrzeugen. BWK Bd. 68 (2016), Nr. 4, S. 44–46
[9] Sonne, Wind, Wärme: Auf den letzten Metern: Bundestag bessert EEG 2017 nach. Meldung vom 15.12.2016. http://www.sonnewindwaerme.de/photovoltaik/letzten-metern-bundestag-bessert-eeg-2017. Zugegriffen: 20.12.2016
[10] Statistisches Bundesamt (2016): Datenreport 2016 – Ein Sozialbericht für die Bundesrepublik Deutschland. Bonn. https://www.destatis.de/DE/Publikationen/Datenreport/Downloads/Datenreport2016.pdf?__blob=publicationFile. Zugegriffen: 05.09.2016
[11] Stromsparinitiative (2016): Stromspiegel für Deutschland 2016 – Klimaschutz zu Hause. co2online, Berlin. http://www.die-stromsparinitiative.de/fileadmin/bilder/Stromspiegel/broschuere/Stromspiegel-2016-web.pdf. Zugegriffen: 05.09.2016
[12] VDI 4656 (2013): Planung und Dimensionierung von Mikro-KWK-Anlagen. Ausgabe September 2013. Verein Deutscher Ingenieur, Beuth Verlag, Berlin
[12] Weiß, A. (2015): Analyse des Deckungsanteils der Stromerzeugung einer KWK-Anlage am Strombedarf eines Gebäudes. Bachelorthesis am Institut für Massivbau der TU Darmstadt

Wirtschaftlichkeit von Mieterstrom

Daniel Paschka

Einleitung

Mieterstrommodelle öffnen für die Wohnungswirtschaft, engagierte private Vermieter sowie für Stadtwerke, Contractoren und Energiegenossenschaften ein neues Tätigkeitsfeld mit alternativen Erlösmöglichkeiten.

Gleichzeitig können Mieter durch einen günstigeren Stromtarif finanziell entlastet werden und durch die Versorgung aus dezentraler Energieversorgung an der Energiewende partizipieren.

Für Betreiber von Bestandsanlagen, die bislang nur Wärme an Mieter liefern, ermöglicht sich eine attraktive Alternative zur immer unwirtschaftlicher werdenden Einspeisung der gesamten Stromerzeugung in das Netz der allgemeinen Versorgung.

Ein wesentlicher Erfolgsfaktor von Mieterstrommodellen ergibt sich aus der Verdrängung von externem Zusatzstrombezug, der mit Netzentgelten, Umlagen, Abgaben und Steuern belastet ist.

Vor Ort erzeugter und verbrauchter Strom (Direktverbrauch bzw. direkte Lieferung innerhalb einer Kundenanlage) ist im Energierecht privilegiert: Bei der Stromentnahme durch Mieter ist nur die EEG-Umlage[1] aus dem Erneuerbare-Energien-Gesetz (EEG)

[1] Das EEG 2014 [8] sieht bei einer Lieferung an Letztverbraucher die EEG-Umlage in voller Höhe vor (§ 60 Abs. 1; 2016: 6,354 ct/kWh). Der Gesetzesbeschluss zum EEG 2017 [7] sieht in § 95 Nr. 2 eine verringerte, noch nicht bezifferte EEG-Umlage vor, wenn der vor Ort erzeugte und verbrauchte Strom in einem Mieterstrommodell aus einer Photovoltaikanlage an letztverbrauchende Mieter geliefert wird (siehe Kapitel „Mieterstrom - Einleitung").

D. Paschka (✉)
HessenEnergie Gesellschaft für rationelle Energienutzung mbH, Wiesbaden, Deutschland
e-mail: daniel.paschka@hessenenergie.de

I. Behr, M. Großklos (Hrsg.), *Praxishandbuch Mieterstrom*,
DOI 10.1007/978-3-658-17540-5_10

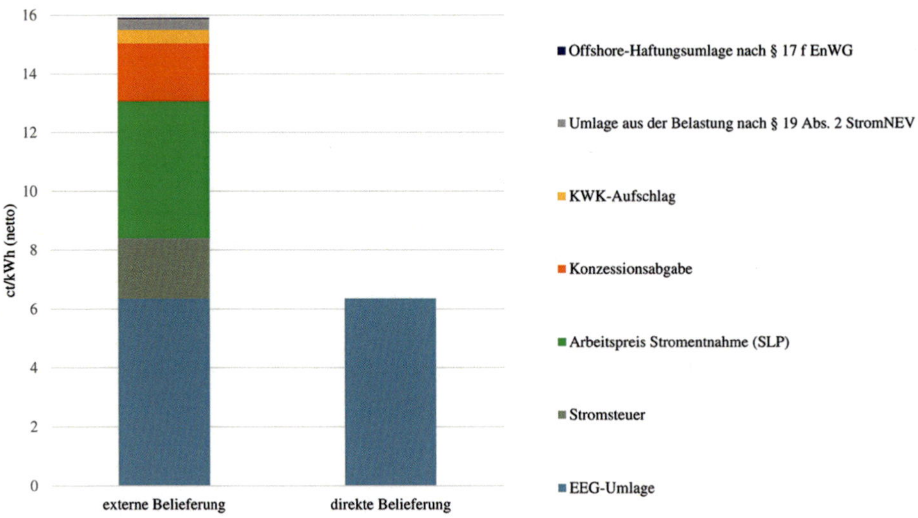

Abb. 1 Vergleich von Belastungen auf den Wirkarbeitspreis bei externer und direkter Belieferung (Stand: 2016)

fällig. Weitere Belastungen entstehen nicht (siehe Abb. 1). Der finanzielle Vorteil variiert je nach Netzgebiet und beträgt exemplarisch 9,553 ct/kWh (zzgl. USt.). In einem Mieterstrommodell sind die Belastungen lediglich auf den darüber hinaus aus dem Netz der allgemeinen Versorgung bezogenen Zusatzstrom fällig.

Dem gegenüber steht ein komplexer miet-, energie- und steuerrechtlicher Rahmen, welcher in regelmäßigen Abständen novelliert wird. Nachdem das Kraft-Wärme-Kopplungsgesetz (KWKG) und das EEG in neuen Fassungen mit zahlreichen Neuregelungen beschlossen wurden, die die Verbreitung des Mieterstroms eher erschweren als erleichtern, steht nun eine Anpassung des Energie- und Steuerrechtes an.

In einer Modellrechnung wird in diesem Kapitel die monetäre Attraktivität von Mieterstrommodellen für Wohnungsunternehmen und Energiedienstleister nach dem aktuellen sowie dem voraussichtlich zukünftigen Gesetzesrahmen bewertet.

Berechnungsannahmen

Die Grundlage der Modellrechnung bildet ein an der Gebäudehülle energetisch modernisiertes Mehrfamilienhaus mit 48 Wohneinheiten der Baualtersklasse 1969 bis 1978 mit einer ineffizienten Heizzentrale.

Der Energiebedarf entspricht 285.000 kWh/a Wärme und 144.000 kWh/a Strom. In der Ausgangssituation („Status Quo“) betragen die Betriebskosten für die Wärmelieferung 25.930 € (brutto). Den Mietern entstehen Kosten aus der Stromlieferung von Energieversorgungsunternehmen von 40.799 € (brutto). In Summe ergeben sich als Vergleichswert für die Attraktivität eines Mieterstrommodells Energiegesamtkosten der Mieter von 66.729 €/a.

Die nun anstehende Erneuerung der Heizzentrale sieht den Einsatz eines Blockheizkraftwerkes (BHKW) mit 20 kW elektrischer Leistung, einem Brennwertkessel sowie einer Photovoltaik-Anlage (PV-Anlage) mit 25 kW_p vor. Für die Abrechnung der Stromlieferung an die Mieter kommt eine datenbankbasierte Software zur Anwendung. Es wird unterstellt, dass die Software in vier weiteren Objekten eingesetzt wird, und deshalb mit 20 % der Anschaffungskosten in die Modellrechnung einfließt.

Um den Mietern einen Anreiz zur Teilnahme am Mieterstrommodell zu geben, wird ein Mieterstromtarif mit einem Arbeitspreis von 24,13 ct/kWh (brutto) und einem Grundpreis von 60 €/a (brutto) festgelegt. Damit wird der günstigste Tarif des örtlichen Grundversorgers im Arbeitspreis um 1 ct/kWh (brutto) und im Grundpreis um 36 €/a (brutto) unterschritten. Mieter sparen gegenüber dem Vergleichstarif 66 €/a (brutto).

Die Vollkostenrechnung ermittelt den jährlichen zu erwartenden Deckungsbeitrag aus Sicht eines Wohnungsunternehmens und eines Energiedienstleisters. Er errechnet sich aus den kapital-, verbrauchs-, und betriebsgebundenen Kosten sowie den Erlösen, die aus dem Anlagenbetrieb entstehen. Der Deckungsbeitrag wird in Abhängigkeit der Anzahl der sich beteiligenden Mieter durch Teilnahmequoten von 100 % bis 30 % dargestellt.

Der Betrachtungszeitraum entspricht einem aus Sicht des Investierenden üblichen Zeitraum von zehn Jahren.

Die Investitionen der Modernisierung fließen als Annuität mit einer jährlichen Verzinsung von 3 % in die Berechnung ein (Tab.1). Die kapitalgebundenen Kosten nehmen mit sinkender Teilnahmequote aufgrund eines auf die Anzahl belieferter Zählpunkte bezogenen Anteils leicht ab.

Tab. 1 Kapitalgebundene Kosten (Teilnahmequote: 100 %)

Position	Ausgaben (netto)	Bemerkung
Zählerkonzept inkl. Smart-Meter	13.440 €	Mittelwert aus eigener Marktrecherche
Abrechnungssoftware	4.339 €	20 % der Anschaffungskosten wegen Einsatz in weiteren Gebäuden, Mittelwert aus eigener Marktrecherche
BHKW	55.100 €	Leistung: 20 kW_{el}, 47 kW_{th}; Berechnung gem. [1]
./.BAFA Förderung	–4.375 €	Mini-KWK-Förderung des Bundesamts für Wirtschaft und Ausfuhrkontrolle (BAFA) [4]
Brennwertkessel	20.000 €	Leistung: 160 kW_{th}
Pufferspeicher	4.500 €	Fassungsvermögen: 2.500 Liter
PV-Anlage	30.000 €	Leistung: 25 kW_p, in Anlehnung an [10]
Summe (netto)	123.004 €	–
Annuität (netto)	**14.420 €**	**zehn Jahre, Kalkulationszinssatz 3 %**

Tab. 2 Verbrauchs- und betriebsgebundene Kosten (Teilnahmequote: 100 %)

Position	Ausgaben (netto)	Menge bei 100 % Teilnahmequote
	verbrauchsgebundene Kosten:	
Erdgasbezug	4,46 ct/kWh, 446 €/a	345.176 kWh (BHKW), 71.211 kWh (Brennwertkessel)
Zusatzstrombezug	21,12 ct/kWh, 81 €/a	52.616 kWh
EEG-Umlage auf Direktlieferung	4.525 €/a (BHKW), 1.281 €/a (PV-Anlage)	71.217 kWh (BHKW), 20.167 kWh (PV-Anlage)
	betriebsgebundene Kosten:	
Wartung BHKW	3,15 ct/kWh	96.220 kWh (Gesamtstromerzeugung BHKW)
Wartung Brennwertkessel	1.500 €/a	–
Wartung & Versicherung PV-Anlage	361 €/a	20.184 kWh
Abrechnung Stromlieferung an Mieter	1.621 €/a	48 Wohneinheiten
Messstellenbetrieb Smart Meter	698 €/a	48 Wohneinheiten
Messstellenbetrieb BHKW	26 €/a	–

Die verbrauchs- und betriebsgebundenen Kosten korrelieren ebenfalls positiv mit der Teilnahmequote (Tab. 2). Die Variablen sind die Abrechnungssoftware, der Zusatzstrombezug und die EEG-Umlage auf den Direktverbrauch.

Die Erlöse setzen sich aus dem Strom- und Wärmeverkauf an die Mietparteien, den Vergütungsansprüchen aus dem Kraft-Wärme-Kopplungsgesetz (KWKG) und der Energiesteuererstattung aus dem Energiesteuergesetz (EnStG) auf das im BHKW eingesetzte Erdgas zusammen (Tab. 3).

Tab. 3 Ansprüche aus dem Kraft-Wärme-Kopplungs-Gesetz und dem Energiesteuergesetz

Position	Anspruch (netto)	Menge bei 100 % Teilnahmequote
KWK-Zuschlag Einspeisung	8,00 ct/kWh	25.003 kWh
KWK-Zuschlag Direktverbrauch	4,00 ct/kWh	71.217 kWh
Üblicher Preis Erzeugung	2,90 ct/kWh	96.220 kWh
Vermiedene Netznutzungsentgelte Einspeisung	1,31 ct/kWh	25.003 kWh
Virtuelle Rücklieferung des Direktverbrauches an Verteilnetzbetreiber	2,90 ct/kWh	71.217 kWh
Energiesteuererstattung	0,55 ct/kWh	345.176 kWh

Die PV-Anlage ist auf einen vollständigen Direktverbrauch des erzeugten Stroms ausgelegt. Eine Einspeisung des PV-Stroms in das Netz der allgemeinen Versorgung wird deshalb und aufgrund niedrigerer Fördersätze nach dem EEG nicht berücksichtigt.

Exkurs: Summenzählermodell

Wenn sich nicht alle Mieter mit dem Mieterstromtarif beliefern lassen, muss der zuständige Verteilnetzbetreiber eine Bilanzierung vornehmen und virtuelle Stromverbräuche für den Zusatzstrombezug, den Direktverbrauch und die Stromeinspeisung ermitteln (siehe Kapitel „Messkonzepte“).

Diesen Mietern ordnet das Summenzählermodell den Zusatzstrombezug vorrangig zu. Der verbleibende Zusatzstrombezug wird auf die am Mieterstrom partizipierenden Mieter umgelegt.

Verbrauchen die nicht partizipierenden Mieter mehr Strom, als der Zusatzstrombezugszähler anzeigt, wird deren Verbrauch als virtueller Zusatzstrombezug festgelegt. Weiterhin wird der virtuelle Direktverbrauch dem Verbrauch der partizipierenden Mieter gleichgesetzt. Die Differenz aus der Stromerzeugung im Objekt und dem virtuellen Direktverbrauch ergibt dann die virtuelle Stromeinspeisung (Abb. 2).

Der Deckungsbeitrag ist für das Wohnungsunternehmen bzw. den Energiedienstleister demzufolge dann am höchsten, wenn die vor Ort erzeugte Strommenge genau dem Stromverbrauch der Mieter entspricht, die mit dem Wohnungsunternehmen Stromlieferverträge geschlossen haben. Da in der an die Mieter gelieferten Strommenge dann bilanziell kein Zusatzstrom mehr enthalten ist, entstehen dem Wohnungsunternehmen bzw. dem Energiedienstleister vom Grundpreis für den Zusatzstrombezugsvertrag abgesehenen, in diesem speziellen Fall keine weiteren Kosten.

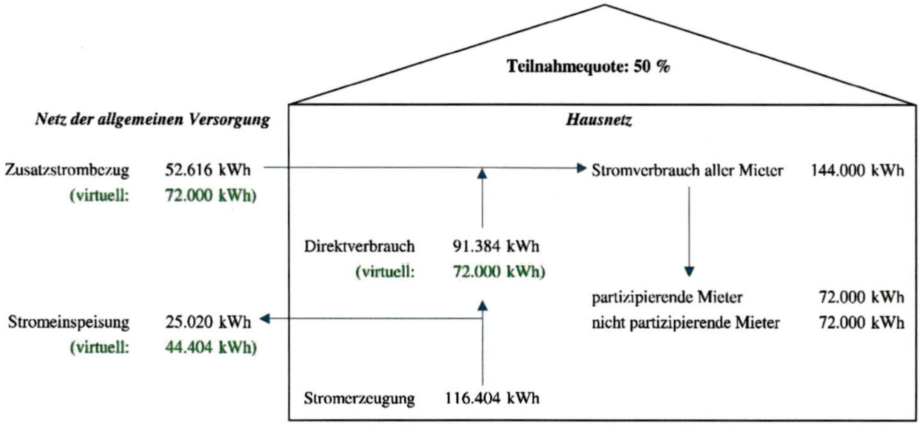

Abb. 2 Summenzählermodell in Anlehnung an Heinz Brosziewsky [3]

Exkurs: Fiktive Rücklieferung von BHKW-Strom durch den Verteilnetzbetreiber

Bei Verbrauch von dezentralem, gesetzlich gefördertem Strom muss zur umsatzsteuerrechtlich korrekten Behandlung zwischen dem Anlagenbetreiber und dem zuständigen Verteilnetzbetreiber nach einem besonderen Mechanismus entsprechend 2.5 Abs. 18 des Umsatzsteueranwendungserlasses (UStAE) [5] abgerechnet werden – unabhängig von der elektrischen Anlagenleistung. In der Modellrechnung betrifft das nur den nach KWKG geförderten BHKW-Strom.

Zunächst liefert der Anlagenbetreiber fiktiv die Stromeinspeisung und den Direktverbrauch zu den geltenden Fördersätzen und dem üblichen Preis an den Verteilnetzbetreiber. Für die Stromeinspeisung kommen zusätzlich noch die vermiedenen Netznutzungsentgelte zum Tragen. Der Ausweis der Umsatzsteuer ist nur regelbesteuerten Unternehmen vorbehalten.

In einer fiktiven Rücklieferung berechnet der Verteilnetzbetreiber den üblichen Preis auf den Direktverbrauch. Seine Rechnung enthält die Umsatzsteuer, die an den Staat abgeführt wird. Der steuerfreie Eigenverbrauch von Kleinunternehmern ist damit unterbunden.

Für detailliertere Ausführungen empfiehlt sich der Praxisleitfaden der ASUE [2].

Lieferung durch ein Wohnungsunternehmen

Derzeitiger gesetzlicher Rahmen

Neben der Wärmeversorgung können Wohnungsunternehmen auch die Lieferung von selbst erzeugtem Strom an ihre Mieter entsprechend 4.12.1. Abs. 5 S. 3 UStAE [5] als umsatzsteuerfreie Nebenleistung zur Vermietungstätigkeit ausüben.

Speist das Wohnungsunternehmen aus Erzeugungsanlagen regelmäßig Strom in das Netz der allgemeinen Versorgung ein, verfolgt es damit jedoch unternehmerische Tätigkeiten, die über die Vermietungstätigkeit hinausgehen. Die Erlöse aus der Einspeisung von Photovoltaik-Strom in das Netz der allgemeinen Versorgung unterliegen dann gem. UStAE 2.5 Abs. 9 ff. [5] der Umsatzsteuerpflicht. Bei Inbetriebnahme vor dem 1. April 2012 gilt dies auch für den Direktverbrauch (Abs. 5 ff.). Der in KWK-Anlagen erzeugte Strom erhält im KWKG für den direkt verbrauchten sowie für den eingespeisten Strom einen Förderzuschlag. Aus Abs. 17 ff. folgt die Umsatzsteuerpflicht für alle resultierenden Erlöse.

Die Modellrechnung geht von einer Regelbesteuerung des Wohnungsunternehmens aus, da eingangs die Annahme zur Verteilung der Anschaffungskosten der Abrechnungssoftware auf fünf gleichartige Projekte getroffen wurde. Bei mehrfacher Durchführung überschreiten die Erlöse aus der Stromeinspeisung 17.500 €. Damit liegt eine Regelbesteuerung vor, die kein Wahlrecht zur Kleinunternehmereigenschaft nach § 19 Umsatzsteuergesetz (UStG) zulässt.

Das entstandene Vorsteuerabzugsrecht bezieht sich nach § 15 Abs. 4 UStG aber nur auf den Umsatzsteuerbetrag erhaltener Leistungen, denen ein umsatzsteuerpflichtiger Erlös entgegensteht. Die abziehbaren Teilbeträge sind nach dem UStG sachgerecht zu ermitteln – die Aufteilung nach Kilowattstunden genügt dem. Eine Schätzung auf Basis der Umsätze darf nur in Ausnahmefällen erfolgen.

Zur Unternehmereigenschaft aus dem Betrieb von Stromerzeugungsanlagen hat die Oberfinanzdirektion Karlsruhe [9] eine ausführliche Verfügung veröffentlicht.

Die Erlöse aus der Wärme- und Stromlieferung aus dem BHKW an die Mieter sind umsatzsteuerbefreit. Für die Vergütung des BHKW-Stroms wird, wie eingangs erwähnt, die fiktive Lieferung des Direktverbrauchs und des eingespeisten Stroms an den Verteilnetzbetreiber unterstellt. Der abzugsfähige Teilbetrag errechnet sich hier aus dem Stromanteil des BHKW (96.220 kWh Strom/(224.674 kWh Wärme + 96.220 kWh Strom) = 30 %) und dem Anteil der fiktiven Lieferung der BHKW-Stromerzeugung an den Verteilnetzbetreiber im Verhältnis zu der Summe aus derselben und der von der Teilnahmequote abhängigen Stromlieferung an Mieter (bei 100 % Teilnahmequote: 96.220 kWh/(96.220 kWh + 71.217 kWh) = 57,5 %). Der abzugsfähige Betrag von 17,25 % ist das Produkt beider Faktoren (30 % × 57,5 %). Die gleiche Berechnung wiederholt sich für den Erdgasbezug und die Wartungskosten des BHKW.

Die Installation eines Summenzählers am Hauptanschluss dient der Zählung der Stromeinspeisung bzw. der fiktiven Lieferung der Stromerzeugung an den Verteilnetzbetreiber. Da das Wohnungsunternehmen keine weiteren Umsätze über den Zähler ausführt, muss ein vollständiger Vorsteuerabzug gelten.

Smart-Meter in der Unterverteilung dienen der Erfassung und eine Abrechnungssoftware der Abrechnung der Stromverbräuche belieferter Mietparteien. Deren Strombelieferung ist umsatzsteuerbefreit. Auf die kapital- und betriebsgebundenen Kosten dieser zusätzlichen Zähler wird somit kein Vorsteuerabzug gewährt. Selbiges gilt für Zusatzstrom, den das Wohnungsunternehmen zur Deckung von Lastspitzen belieferter Mieter beschafft hat. Aus der Photovoltaik-Anlage erfolgt keine Einspeisung, sodass auch hier keine Möglichkeit zum Vorsteuerabzug besteht. Die Förderung des BAFA für das BHKW enthält keinen Umsatzsteueranteil.

Bei abnehmender Teilnahmequote sinken einzelne Kostenpositionen, wie der Umbau der Zählermimik, die Investitions- und Betriebskosten der Abrechnungssoftware, der virtuelle Strombezug, die EEG-Umlage auf den Direktverbrauch sowie die Kosten für den Messstellenbetrieb und die Messung der mit Mieterstrom belieferten Mietparteien. Weil sich dabei die umsatzsteuerfreie Stromlieferung an die Mieter reduziert, steigen die Vorsteuerabzugsbeträge.

Es wird angenommen, dass die Modernisierung der Heizzentrale altersbedingt durch gesetzliche Vorgaben aus der Energieeinsparverordnung (EnEV) vorzunehmen ist. Das Mietrecht definiert dies in § 555b Abs. 6 BGB als Modernisierungsmaßnahme und erlaubt nach § 559 Abs. 1 BGB unter Berücksichtigung der definierten Bestimmungen eine Umlage der Ausgaben von bis zu 11 % auf die Mieter.

Die Gebäudehülle des Modellgebäudes wurde bereits energetisch modernisiert. Es wird in einer Vergleichsvariante angenommen, dass aus der Heizungsmodernisierung eine weitere Erhöhung der Miete in Höhe von 15 % innerhalb von drei Jahren über einer zur Orientierung dienenden Vergleichsmiete möglich ist. Diese beträgt im Beispiel 1,23 €/m² bzw. 3724 € für alle Mietparteien.

Neben der ggf. möglichen Mieterhöhung aus der Heizungsmodernisierung entstehen dem Wohnungsunternehmen Erlöse aus der Energielieferung an die Mieter und aus dem BHKW-Betrieb durch die Kraft-Wärme-Kopplungs-Förderung und der Energiesteuererstattung auf das eingesetzte Erdgas.

Die Betriebskostenverordnung erlaubt die Weitergabe der Kosten, die der Wärmeversorgung zuzurechnen sind. Hierzu zählen der Erdgaseinkauf und die Wartungskosten. Für das BHKW darf nur der Wärmeanteil berücksichtigt werden. Im Verhältnis zur Gesamtenergieumwandlung beträgt dieser 70 % (224.674 kWh Wärme/(96.220 kWh Strom + 224.674 kWh Wärme). Das Wohnungsunternehmen darf hierbei die Umsatzsteuer seiner Lieferanten an die Mieter berechnen. Die Wärmeversorgungskosten betragen 21.465 € und liegen wegen den zusätzlichen Wartungskosten des BHKW nur geringfügig unterhalb der Ausgangssituation. Sie entstehen unabhängig von der Teilnahmequote.

Mit dem Stromverkauf an die belieferten Mieter erzielt das Wohnungsunternehmen je nach Teilnahmequote einen Erlös zwischen 37.627 € (100 %) und 11.264 € (30 %).

Im KWKG wird die Stromeinspeisung in das Netz der allgemeinen Versorgung zusätzlich zu einem Marktpreis und vermiedenen Netznutzungsentgelten mit einem Zuschlag von 8 ct/kWh stärker gefördert als der Direktverbrauch (Zuschlag von 4 ct/kWh). Umso weniger Mieter sich am Mieterstrommodell beteiligen, desto höher ist das vom Verteilnetzbetreiber zu leistende Förderentgelt (100 %: 5902 €; 30 %: 9854 €). Der dann niedrigere Umsatz aus der Stromlieferung an die Mieter kann damit allerdings nicht kompensiert werden.

Die Energiesteuererstattung ist unabhängig von der Teilnahmequote mit 1898 €/a beim zuständigen Hauptzollamt erreichbar.

Das Wohnungsunternehmen erzielt mit den getroffenen Annahmen durch Anwendung des Summenzählermodells bei einer Teilnahmequote von 70 % den höchsten Deckungsbeitrag (siehe Tab. 4). Auch bei einer Teilnahmequote von 50 % ergeben sich mit einer Mieterhöhung solide Deckungsbeiträge. Geringere Teilnahmequoten gefährden die Wirtschaftlichkeit des Vorhabens, wenn zu viel im Objekt erzeugter Strom in das Netz der allgemeinen Versorgung eingespeist wird.

Die Mieter können gegenüber der Ausgangssituation mit einem Betrag von bis zu 3913 € entlastet werden, sofern keine Mieterhöhung für die Modernisierung der Heizzentrale durchgesetzt wird. Ist dies nicht möglich, würden die Mieter gegenüber der Ausgangssituation in diesem Beispiel eher belastet. Der Erhalt von Fördermitteln kann dies mildern bzw. eliminieren.

Wohnungsunternehmen nutzen in der Regel die erweiterte Gewerbesteuerkürzung nach § 9 Abs. 1 GewStG. Dadurch sind sie bei ausschließlicher Vermietungstätigkeit von der Gewerbesteuer befreit. Zwar zählt die Stromlieferung zu einer umsatzsteuerfreien

Tab. 4 Variante 1 – Lieferung durch ein Wohnungsunternehmen

Teilnahmequote	100 %	70 %	50 %	30 %
Deckungsbeitrag Wohnungsunternehmen **ohne** Mieterhöhung	51 €	559 €	−1.024 €	−3.475 €
Deckungsbeitrag Wohnungsunternehmen **mit** Mieterhöhung	3.775 €	4.283 €	2.700 €	249 €
Energiekosten aller Mieter	62.816 €	63.452 €	64.403 €	65.352 €
Entlastung aller Mieter gegenüber Status Quo **ohne** Mieterhöhung	3.913 €	3.277 €	2.326 €	1.377 €
Entlastung aller Mieter gegenüber Status Quo **mit** Mieterhöhung	189 €	−447 €	−1.398 €	−2.347 €

Nebenleistung zur Vermietung. Mit der regelmäßigen Einspeisung von Strom in das Netz der allgemeinen Versorgung werden jedoch Gewerbeeinkünfte erzielt. Das Steuerprivileg entfällt damit gänzlich, sodass nur noch die reguläre Gewerbesteuerkürzung möglich ist.

Novellierung des Energiesteuer- und Stromsteuergesetzes

Im Mai 2016 veröffentlichte das Bundesministerium der Finanzen einen Diskussionsentwurf der Bundesregierung zur Änderung des Energiesteuer- und des Stromsteuergesetzes [6]. Dieser sieht am Beispiel der Energiesteuererstattung nach § 53a EnStG n.F. einen Entlastungsvorbehalt vor. Erst wenn erhaltene staatliche Investitionsbeihilfen vollständig mit den rechnerischen Energiesteuererstattungen saldiert sind, werden Zahlungen an den Antragsteller geleistet. Mit dem Entwurf des Stromsteuergesetzes und seinen Auswirkungen auf die Wirtschaftlichkeit des Mieterstroms beschäftigt sich Kapitel „Energiepolitische Rahmenbedingungen".

Im Beispiel beträgt die staatliche Mini-KWK-Förderung 4.375 €. Aus dem Erdgaseinsatz im BHKW entsteht ein jährlicher Energiesteuererstattungsanspruch von 1.898 €. Der Antragsteller erhält erstmalig eine Energiesteuererstattung für das dritte Betriebsjahr von 1.319 € (Tab. 5).

Tab. 5 beispielhafte Verrechnung von Investitionsförderungen mit Betriebsbeihilfen

Betriebsjahr	zu verrechnende Förderung	Betriebsbeihilfe	Energiesteuererstattung
1	4.375 €	1.898 €	0 €
2	2.477 €	1.898 €	0 €
3	579 €	1.898 €	1.319 €
4–10	0 €	1.898 €	1.898 €

Ob weitere Förderungen, wie der KWK-Zuschlag nach dem KWKG ebenfalls als zu verrechnende Betriebsbeihilfen zu verstehen sind, leitet sich aus dem Diskussionsentwurf nicht ab.

Es ist zu erwarten, dass Anlagenbetreiber zur Reduktion von Verwaltungsaufwand auf Investitionsförderungen (z. B. Mini-KWK-Zuschuss des BAFA [4]) verzichten werden, wenn diese geringer ausfallen als die in der Betriebsdauer erwartbaren Betriebsbeihilfen. Diese Annahme ist in der folgenden Berechnung enthalten.

Das Kumulierungsverbot ist in § 80a des EEG 2017 [7] neu hinzugekommen. Demnach dürfen Investitionszuschüsse, die Bund und/oder Länder direkt oder indirekt finanzieren, nur gewährt werden, wenn diese und die Erlöse aus Zahlungen nach dem EEG die Erzeugungskosten nicht übersteigen. In der Modellrechnung ist dies nicht von Relevanz, da für die PV-Anlage keine gesonderte Förderung berücksichtigt wird und keine Einspeisung nach dem EEG erfolgt.

In § 95 EEG 2017 [7] sieht der Gesetzgeber eine reduzierte, aber noch nicht bezifferte EEG-Umlage für die Direktlieferung in Mieterstrommodellen vor, wenn der vor Ort erzeugte Strom aus einer PV-Anlage stammt. Für die weitere Berechnung wird die Gleichstellung mit einer Eigenversorgungslösung angenommen, welche ab 2017 eine Belastung von 40 % der EEG-Umlage vorsieht. Daraus ergibt sich eine Entlastung von 768 €/a. KWK-Anlagen sind – auch bei Einsatz von Biomethan – von diesem Privileg ausdrücklich ausgenommen.

In der Modellrechnung steigen die Deckungsbeiträge des Wohnungsunternehmens (Tab. 6) aufgrund des reduzierten EEG-Umlagesatzes für direktverbrauchten PV-Strom, obwohl die Investitionsförderung unberücksichtigt bleibt. Ab einer Belastung von 60 % des EEG-Umlagesatzes würden sich die Deckungsbeiträge gegenüber Variante 1 verringern.

Der Mieterstromtarif besteht unverändert fort. Die Entlastung der Mieter bleibt somit konstant.

Tab. 6 Variante 2 – Lieferung durch ein Wohnungsunternehmen in neuem Gesetzesrahmen

Teilnahmequote	100 %	70 %	50 %	30 %
Deckungsbeitrag Wohnungsunternehmen **mit** Mieterhöhung	4.030 €	4.538 €	2.956 €	503 €
Energiekosten aller Mieter	62.816 €	63.452 €	64.403 €	65.352 €
Entlastung aller Mieter gegenüber Status Quo **vor** Mieterhöhung	3.913 €	3.277 €	2.326 €	1.377 €
Entlastung aller Mieter gegenüber Status Quo **nach** Mieterhöhung	189 €	–447 €	–1.398 €	–2.347 €

Lieferung durch einen Energiedienstleister

Derzeitiger gesetzlicher Rahmen

Als Alternative zur Umsetzung in Eigenregie können Vermieter auch spezialisierte, vorsteuerabzugsberechtigte Energiedienstleister mit der Umsetzung eines Mieterstrommodells beauftragen. Hierzu zählen beispielsweise Energieversorgungsunternehmen und Contractoren.

Das Vorsteuerabzugsrecht ermöglicht das Verrechnen von gezahlten Vorsteuerbeträgen (Rechnungen von Dritten, z. B. Erdgaseinkauf) mit erhaltenen Umsatzsteuerbeträgen (Rechnungen an Dritte). Auf die Wärme- und Stromlieferung an die Mieter ist Umsatzsteuer fällig. Aus Vereinfachungsgründen erfolgt die Deckungsbeitragsrechnung aus Sicht des Energiedienstleisters mit Nettobeträgen. In den Entlastung der Mieter sind die Umsatzsteuerbeträge enthalten.

Der Mieterstromtarif setzt sich aus einem Arbeitspreis von 20,28 ct/kWh (netto; brutto: 24,13 ct/kWh) und einem Grundpreis von 50,42 €/a (netto; brutto: 60,00 €) zusammen.

Wenn der Energiedienstleister die Wärmeversorgung der Mieter übernimmt, liegt eine gewerbliche Lieferung vor. Nach § 556c BGB dürfen die Kosten der Wärmelieferung nicht über den Betriebskosten der bisherigen Eigenversorgung liegen (Kostenneutralitätsgebot).

Die Kosten- und Erlöspositionen des Mieterstrommodells weichen in Ihrer Struktur im Übrigen nicht von denen des Wohnungsunternehmens aus dem vorangehenden Abschnitt ab.

In der Ausgangssituation betragen die Kosten der Wärmebereitstellung durch den Vermieter 25.930 € (brutto). Da der Energiedienstleister das Kostenneutralitätsgebot einhalten und Umsatzsteuer berechnen muss, werden die Erlöse aus der Wärmelieferung mit 21.790 € (netto) angenommen.

Der Erlös aus der Stromlieferung beträgt je nach Teilnahmequote zwischen 31.623 € (netto; brutto: 37.631 €) und 9.467 € (netto; brutto: 11.266 €).

Die Vergütung des BHKW-Stroms nach dem KWKG wird über das Verfahren der fiktiven Rücklieferung berechnet. Im Gegensatz zu umsatzsteuerbefreiten Unternehmen muss der Energiedienstleister gegenüber dem Verteilnetzbetreiber Umsatzsteuer ausweisen und kann diese bei der Vorsteuer zum Abzug bringen. Je nach Teilnahmequote beträgt die Vergütung 5.902 € (netto; brutto: 7.023 €) und 9.854 € (netto; brutto: 11.716 €).

Die Energiesteuererstattung für das im BHKW eingesetzte Erdgas errechnet sich unabhängig von der Teilnahmequote zu 1.898 €. Die auf das Erdgas gezahlte Umsatzsteuer ist nicht erstattungsfähig.

Der Deckungsbeitrag des Lieferanten schwankt je nach Teilnahmequote zwischen 3.359 € und 1.197 € (Tab. 7). Durch das Summenzählermodell ergibt sich auch hier bei den betrachteten Teilnahmequoten der höchste Deckungsbeitrag bei einer Beteiligung der Mieter von 70 %.

Tab. 7 Variante 3: Lieferung durch einen Energiedienstleister

Teilnahmequote	100 %	70 %	50 %	30 %
Deckungsbeitrag Energiedienstleister	3.359 €	3.787 €	2.800 €	1.197 €
Energiekosten aller Mieter	63.561 €	64.197 €	65.145 €	66.095 €
Entlastung belieferter Mieter gegenüber Status Quo	3.168 €	2.532 €	1.584 €	634 €

Allerdings sinkt der Deckungsbeitrag des Lieferanten bei weiter abnehmender Teilnahmequote kontinuierlich. Die kapital- und betriebsbedingten Kosten verringern sich nicht wesentlich. Für den vor Ort erzeugten Strom sind nicht genügend Mieter vertraglich zur Abnahme gebunden, sodass eine bilanzielle Einspeisung in das Netz der allgemeinen Versorgung zu schlechteren Konditionen vergütet wird.

Die Schwankung des Deckungsbeitrages in Abhängigkeit der Teilnahmequote schmälert sich in der Modellrechnung zusätzlich durch die Struktur der betriebsgebundenen Kosten der Abrechnungssoftware. Der hohe Anteil der Fixkosten entsteht unabhängig von der Zahl der belieferten Mietparten.

Je nachdem, wie effizient die zu ersetzende oder zu erweiternde Heiztechnik ist, kann das Kostenneutralitätsgebot die Marge des Energiedienstleisters positiv wie negativ beeinflussen.

Novellierung des Energiesteuer- und Stromsteuergesetzes

Analog zum Abschnitt „Novellierung des Energiesteuer- und Stromsteuergesetzes" bei Wohnungsunternehmen werden die Auswirkungen der geplanten gesetzlichen Neureglungen auf den Deckungsbeitrag des Energiedienstleisters in Tab. 8 dargestellt.

Der angenommene reduzierte EEG-Umlagesatz von 40 % ermöglicht höhere Deckungsbeiträge als in Variante 3.

Tab. 8 Variante 4 – Lieferung durch einen Energiedienstleister in neuem Gesetzesrahmen

Teilnahmequote	100 %	70 %	50 %	30 %
Deckungsbeitrag Energiedienstleister	3.614 €	4.042 €	3.056 €	1.451 €
Energiekosten aller Mieter	63.561 €	64.197 €	65.145 €	66.095 €
Entlastung belieferter Mieter gegenüber Status Quo	3.168 €	2.532 €	1.584 €	634 €

Die Veränderungen der Ergebnisse beruht somit auf der gleichen Ursache wie in der Variante 2. Beträgt die EEG-Umlage 60 % oder mehr des vollen Satzes, werden niedrigere Deckungsbeiträge als in Variante 3 realisiert. Die beabsichtigte Neuregelung der Gesetze und der damit einhergehende Verlust der Investitionsförderung würde die Deckungsbeiträge dann negativ beeinflussen.

Zusammenfassung

Die Modellrechnung analysiert die Deckungsbeiträge von Wohnungsunternehmen und Energiedienstleistern sowie die finanzielle Entlastung von Mietern bei der Durchführung von Mieterstrommodellen.

Mit einem Mieterstromtarif, der im Arbeitspreis mit 24,13 ct/kWh (brutto) um 1 ct/kWh (brutto) unter dem ortsüblichen Vergleichstarif liegt und einen reduzierten Stromgrundpreis von 60 € (brutto) enthält, zeigen die Ergebnisse der betrachteten Varianten, dass Wohnungsunternehmen und spezialisierte Energiedienstleister bei der Umsetzung von Mieterstrommodellen zusätzliche Deckungsbeiträge generieren können (Abb. 3).

Zwar ergeben sich bei ausschließlich monetärer Betrachtung für eine Teilnahmequote von 70 % die höchsten Deckungsbeiträge. Für Lieferanten von Mieterstrom ist dennoch eine möglichst hohe Teilnahmequote wünschenswert. Letztverbraucher von Strom können nach § 309 Nr. 9 BGB nämlich höchstens zwei Jahre in einem Stromliefervertrag gebunden werden.

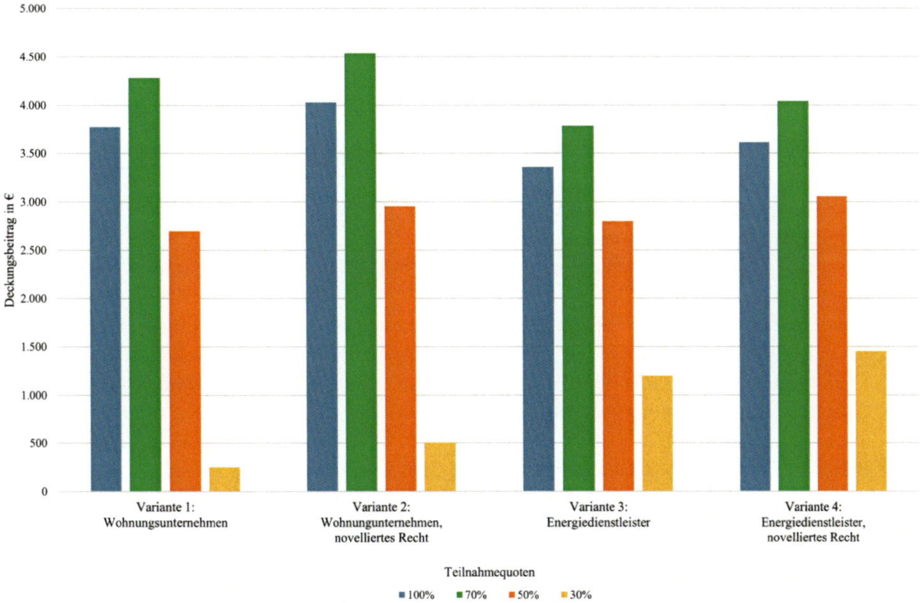

Abb. 3 Vergleich der Deckungsbeiträge in Abhängigkeit der Teilnahmequoten

Da die Betriebsdauer der installierten Stromerzeugungsanlagen erheblich länger ist, kommt es also auch auf eine faire Preisgestaltung, eine Entlastung der Mieter und deren hohe Zufriedenheit an. Die Wechselrate zu anderen Energieversorgern ist so gering wie möglich zu halten, denn zu niedrige Teilnahmequoten führt zu einem höheren Anteil eingespeisten, unrentabel vergüteten Stroms.

Auch die Mieter können durch den Bezug von Strom, der im Wohngebäude mit hocheffizienter Kraft-Wärme-Kopplung und Photovoltaik erzeugt wird, finanziell entlastet werden. Gegenüber der Ausgangssituation ist für alle Mietparteien in etwa eine Einsparung von bis zu 3168 € möglich. Durch die (teilweise) Berücksichtigung von eventuell erhaltenen Rabatten können Wohnungsunternehmen und Energiedienstleister gegebenenfalls weitere preisliche Anpassungen in der Struktur des Mieterstromtarifs vornehmen. Allerdings können Mieterhöhungen infolge von energetischen Modernisierungen zu einer Belastung der Mieter führen, sodass diese im Einzelfall genau abzuwägen sind.

Es ist absehbar, dass Wohnungsunternehmen einen Verlust der erweiterten Gewerbesteuerkürzung durch die vergütete Einspeisung von nicht direkt verbrauchtem Strom riskieren. Vielmehr erscheint dann die Beauftragung eines gewerbesteuerpflichtigen Dienstleisters sinnvoll.

Literaturverzeichnis

[1] ASUE Arbeitsgemeinschaft für sparsamen und umweltfreundlichen Energieverbrauch e.V. (Hrsg.) (2014): BHKW-Kenndaten 2014/2015. energieDRUCK Verlag für sparsamen und umweltfreundlichen Energieverbrauch, Essen

[2] ASUE Arbeitsgemeinschaft für sparsamen und umweltfreundlichen Energieverbrauch e.V. (Hrsg.) (2014): Leitfaden zur Anmeldung und steuerlichen Behandlung von Mikro-BHKWs bis zu 5 kW. energieDRUCK Verlag für sparsamen und umweltfreundlichen Energieverbrauch, Essen

[3] Brosziewsky H (2015): Kraft-Wärme-Kopplung im Mieterstrom-Modell – Umsetzung bei der STAWÖG in Bremerhaven. Vortrag. http://www.iwu.de/fileadmin/user_upload/dateien/energie/ake50_mieterstrom/Brosziewski_IWU_Darmstadt_20150623.pdf. Zugegriffen: 26.07.2016

[4] Bundesamt für Wirtschaft und Ausfuhrkontrolle (BAFA) (2016): Zuschuss für Mini-KWK-Anlagen. http://www.bafa.de/bafa/de/energie/kraft_waerme_kopplung/mini_kwk_anlagen/index.html. Zugegriffen: 20.07.2016

[5] Bundesministerium der Finanzen (2016): Umsatzsteuer–Anwendungserlass – konsolidierte Fassung vom 2. Juni 2016 (BStBl. I S. 846). http://www.bundesfinanzministerium.de/Content/DE/Downloads/BMF_Schreiben/Steuerarten/Umsatzsteuer/Umsatzsteuer-Anwendungserlass/Umsatzsteuer-Anwendungserlass-aktuell-Stand-2016-06-02.pdf?__blob=publicationFile&v=7. Zugegriffen: 22.07.2016

[6] Bundesregierung (2016): Diskussionsentwurf eines Zweiten Gesetzes zur Änderung des Energiesteuer- und des Stromsteuergesetzes. http://www.bundesfinanzministerium.de/Content/DE/Downloads/Gesetze/2016-05-19-Energiesteuer.pdf?__blob=publicationFile&v=3. Zugegriffen: 20.07.2016

[7] Deutscher Bundestag (2016): Gesetzesbeschluss zum Gesetz zur Einführung von Ausschreibungen für Strom aus erneuerbaren Energien und zu weiteren Änderungen des Rechts der erneuerbaren Energien (EEG 2017). Drucksache 355/16. http://www.bundesrat.de/SharedDocs/drucksachen/2016/0301-0400/355-16.pdf?__blob=publicationFile&v=1. Zugegriffen: 15.07.2016

[8] Erneuerbare-Energien-Gesetz vom 21. Juli 2014 (BGBl. I S. 1066), das zuletzt durch Artikel 1 des Gesetzes vom 29. Juni 2015 (BGBl. I S. 1010) geändert worden ist (2015). http://www.gesetze-im-internet.de/bundesrecht/eeg_2014/gesamt.pdf. Zugegriffen: 15.07.2016

[9] Oberfinanzdirektion Karlsruhe (2015): Unternehmereigenschaft und Besteuerung beim Betrieb von Anlagen zur Erzeugung von Strom (Photovoltaikanlagen). http://www.landesrecht-bw.de/jportal/?quelle=jlink&docid=jv-FMNR0b3070015&psml=bsbawueprod.psml&max=true. Zugegriffen: 22.07.2016

[10] PhotovoltaikZentrum (2016): Photovoltaik–Preisindex. http://www.photovoltaik-guide.de/pv-preisindex. Zugegriffen: 20.07.2016

Beispielhafte Umsetzung von Mieterstrom

Vom Modell zur Marke – Erfahrungen der Berliner Energieagentur aus 20 Jahren Mieterstromversorgung

Michael Geißler und Volker Gustedt

Die Berliner Energieagentur GmbH (BEA) hat vor über 20 Jahren damit begonnen, dezentral Strom zu erzeugen, über eigene Hausnetze zu verteilen und an die Bewohner von Gebäuden oder Siedlungen zu vermarkten. Mit über 60 Mieterstromprojekten in Berlin und Umland hat sie eine Vorreiterfunktion und beliefert rund 4000 Haushalts- und Gewerbekunden mit Strom aus Blockheizkraftwerken (BHKW) und Photovoltaikanlagen.

Die ersten Schritte in einem regulierten Umfeld

Bereits drei Jahre vor der 1999 erfolgten Liberalisierung des Strommarktes hat die BEA die ersten Erfahrungen mit Mieterstrommodellen gesammelt. Eine Wohnsiedlung der damals im Besitz des Landes Berlin befindlichen Wohnungsbaugesellschaft GSW in Lankwitz am südlichen Stadtrand wurde von Grund auf modernisiert. Es handelte sich um eine typische Siedlung der Nachkriegszeit, die niedrige energetische Standards aufwies. Die Gebäude wurden vom damaligen Eigentümer vollständig energetisch modernisiert, teilweise um eine Etage aufgestockt und der Wohnwert erheblich verbessert. Die BEA erstellte ein Energiekonzept, wie die Einzelfeuerstätten in den Wohnungen – Allesbrenner, Kachelöfen und Gasthermen – durch eine moderne Zentralheizung ersetzt werden können.

In Verbindung mit einer Wärmedämmung für die Außenfassaden der Gebäude rückte eine Lösung auf Basis dezentraler Kraft-Wärme-Kopplung (KWK) in den Fokus und wurde mit Duldung des damals ebenfalls mehrheitlich im Landesbesitz befindlichen

M. Geißler (✉) · V. Gustedt
Berliner Energieagentur GmbH, Berlin, Deutschland
e-mail: office@berliner-e-agentur.de

I. Behr, M. Großklos (Hrsg.), *Praxishandbuch Mieterstrom*,
DOI 10.1007/978-3-658-17540-5_11

Energieversorgers und Verteilnetzbetreibers BEWAG als Pilotprojekt realisiert. Im Rahmen eines Contracting-Vertrages installierte die BEA ein Blockheizkraftwerk (BHKW), verlegte ein knapp ein Kilometer langes Nahwärmenetz sowie ein Hausstromnetz (siehe unten). Seither beziehen die Mieter der Siedlung den Strom direkt von der BEA.

Die Energielieferung – sie beinhaltet die Versorgung mit Heizwärme, Warmwasser und Strom – begann 1996. Die Laufzeit des Contracting-Vertrages betrug zunächst 15 Jahre bis 2011. Einer der vorhandenen Kellerräume wurde für die Energiezentrale baulich erweitert und mit der damals innovativen Technik ausgestattet. Die Anlagen in dieser Zentrale versorgen seither alle 22 angeschlossenen Häuser mit 402 Wohnungen und vier Gewerbeeinheiten.

In der Heizzentrale hat die BEA eine thermische Gesamtleistung von 1,65 MW installiert. Herzstück ist das BHKW mit einer elektrischen Leistung von 128 kW (kW_{el}) und einer thermischen Leistung (kW_{th}) von 227 kW. Die Wärme-Spitzenlast deckt ein modulierender Niedertemperaturkessel mit Abgaswärmetauscher zur Brennwertnutzung (1450 kW_{th}) ab. Über ein 910 Meter langes Nahwärmenetz mit 21 direkten Hauptanschlussstationen gelangt die Wärme in die einzelnen Wohnungen. Eine speicherprogrammierbare Steuerung mit Visualisierung der Betriebszustände ermöglicht einen vollautomatischen Betrieb der Anlage.

Außerdem musste als weitere Investitionsmaßnahme ein Niederspannungs-Stromnetz mit einer Trassenlänge von 710 Meter zu den jeweiligen Hausanschlüssen verlegt werden. Dieses Netz war von Anfang an aus Gründen der Versorgungssicherheit mit dem Stromnetz des damaligen Netzbetreibers BEWAG (heute Stromnetz Berlin/Vattenfall) verbunden.

Mit diesem Projekt hat die BEA insgesamt gute kaufmännische, technische und ökologische Erfahrungen gesammelt. Die rund 900.000 Euro Investitionskosten für das Gesamtprojekt, die die BEA über einen Kredit aufbrachte, haben sich im Laufe der Jahre durch die Kombination von Wärme- und Stromvermarktung und unter Einbeziehung einer Vertragsverlängerung amortisiert. Mit 900 Tonnen CO_2-Einsparung pro Jahr ist der Klimaschutzeffekt beträchtlich. Technisch mussten im Laufe der Jahre einige Reparaturen an der Anlagensteuerung, der Abgasführung und an Reglern und Speichern durchgeführt werden. Die Aufgabenteilung zwischen Contractor und Gebäudeeigentümer ist klar geregelt. Die BEA ist für die Erzeugung von Wärme und Strom und die Verteilung der Energie bis zu den einzelnen Gebäuden allein verantwortlich. Nicht in die Zuständigkeit fallen zum Beispiel die Heizkörper und deren Wartung oder gegebenenfalls Reparatur.

Aufbauend auf diesen Erfahrungen konnte die BEA wichtige Erkenntnisse sammeln für die Projektierung ähnlicher Anlagen.

20 Jahre WEG-Erfahrung

Mittlerweile hat die BEA Mieterstrommodelle in einer Vielzahl von Gebäuden und Siedlungen realisiert mit ganz unterschiedlichen Eigentumsverhältnissen, Gebäudetypen, Nutzermilieus und technischen Voraussetzungen. Zu den Kunden zählen Wohneigentümergemeinschaften ebenso wie große kommunale Wohnungsbaugesellschaften, nicht-gewerblich tätige Einzeleigentümer ebenso wie Fondsgesellschaften und börsennotierte Immobilienkonzerne.

Ein zweites Mieterstromprojekt aus dieser frühen Phase mit einer hohen Lernkurve befindet sich im Berliner Szeneviertel Prenzlauer Berg unmittelbar am Kollwitzplatz. Vier aneinandergrenzende Gründerzeitbauten wurden dort Mitte der 90er Jahre von einer Projektgesellschaft erworben und schrittweise in den Besitz von vier unterschiedlichen Eigentümergemeinschaften überführt. Bei der Modernisierung der Gebäude legten die jeweiligen neuen Eigentümer Wert auf ein ökologisch ausgerichtetes Energiekonzept. Um sich von den komplexen Aufgaben der Energieversorgung zu entlasten, wurde die BEA mit der Planung, Errichtung und Finanzierung der Energieerzeugungsanlagen für die vier Gebäude als ein Nahwärmeverbund beauftragt.

Dazu war es notwendig, in den Gremien der neu gebildeten Wohneigentümergemeinschaften die entsprechende Überzeugungsarbeit zu leisten, sich einem externen Energielieferanten anzuvertrauen und dafür auch der notwendigen Eintragung einer Grunddienstbarkeit im Grundbuch zur rechtlichen Absicherung des Energieliefervertrages zuzustimmen. Außerdem war es zur damaligen Zeit notwendig, dass alle Nutzer eines Gebäudes der Stromlieferung durch den Contractor anstelle des örtlichen Grundversorgers zustimmen. Eine freie Wahl des Stromlieferanten war gesetzlich noch nicht vorgesehen.

Nach vierwöchiger Bauzeit wurde 1997 die Energiezentrale im Haus Kollwitzstraße 75 in Betrieb genommen. Die BEA hat ein BHKW mit Leistungswerten von 25 kW_{el}/52 kW_{th} installiert und um einen Niedertemperatur-Spitzenlastkessel mit 560 kW_{th} ergänzt. Aus diesen Anlagen wurden zunächst die angrenzenden Gebäude Kollwitzstraße 77 und 79 sowie ein Seitenflügel über ein neu verlegtes Nahwärmenetz sowie ein Hausstromnetz als Kundenanlage im Sinne des EnWG mitversorgt. Zwei Jahre später wurde auch das Haus Kollwitzstraße 73 angeschlossen. Insgesamt erhalten heute 88 Wohnungsnutzer (selbstnutzende Wohnungseigentümer und Mieter) sowie elf Gewerbetreibende Wärme und Strom aus der gemeinsamen Heizzentrale.

Der erste Contracting-Vertrag lief 2012 aus. Die BEA konnte jedoch im Jahr 2005 eine vorfristige Vertragsverlängerung bis Ende 2017 mit allen vier Kunden abschließen und im Jahr 2016 eine Vertragsverlängerung um weitere 10 Jahre mit den vier Kunden verhandeln. Die BEA wird die Energiezentrale modernisieren und die Anlagen dem Stand der Technik anpassen. Es wird ein BHKW mit Leistungswerten von 22 kW_{el}/51 kW_{th} installiert und Auslegung sowie Fahrweise den Förderbedingungen des aktuellen KWK-Gesetzes angepasst.

Folgen der Strommarkt-Liberalisierung

In den Folgejahren konnte die BEA zunächst keine weiteren Mieterstromprojekte realisieren. Das Land Berlin verkaufte Schritt für Schritt seine Mehrheitsanteile an der BEWAG an private Investoren. Auf EU- und Bundesebene kam es durch die Liberalisierung der Strommärkte und die entsprechenden Entflechtungen zwischen Stromerzeugung und Stromverteilung (Unbundling) zu komplett veränderten Rahmenbedingungen. Das Risiko für investive Fehlentscheidungen in diesem politischen Umfeld war zu hoch. Dies änderte sich erst im Jahr 2002 mit Inkrafttreten des ersten Gesetzes zur Kraft-Wärme-Kopplung (KWK). Es schuf die Voraussetzungen dafür, dass BHKW in Gebäuden erstmals auf einer gesicherten gesetzlichen Grundlage errichtet und wirtschaftlich betrieben werden konnten.

Allerdings bestand damals nur die Möglichkeit, nach dem Alle-oder-Keiner-Prinzip Anlagen zu konzipieren und zu betreiben. Das hieß: alle Nutzer eines Gebäudes mussten den dezentralen Strom abnehmen, eine Einzelabrechnung über Summen- und Unterzähler war nicht möglich. Dieser Umstand führte unter anderem dazu, dass sich KWK-basierte dezentrale Versorgungsmodelle noch nicht so entwickeln konnten wie erhofft. Sowohl die Gebäudeeigentümer als auch Energiedienstleistungsunternehmen scheuten davor zurück, im Falle von Widersprüchen einzelner Mieter den Verlust von Investitionen zu riskieren.

Die ersten Genossenschaftler setzen auf Mieterstrom

Das gelang in der Regel nur dann, wenn es sich im gesamten Objekt um einen Neubezug handelte. Ein solcher Fall war die Wohnungsbaugenossenschaft Bremer Höhe e.G. ebenfalls im Prenzlauer Berg. Diese aus dem Alternativ-Milieu hervorgegangene Genossenschaft hat ab dem Jahr 2000 mehrere in der Zeit zwischen 1870 und 1913 errichtete denkmalgeschützte Straßenzüge in Blockrandbebauung mit insgesamt 455 Wohnungen und 13 Gewerbeeinheiten gekauft und saniert.

Abb. 1 Strom- und Wärmeerzeugung in der Anlage „Bremer Höhe" am Prenzlauer Berg mit BHKW

Um ihrem Anspruch an ökologisch und sozial nachhaltiges Wohnen in einem unter Investitionsdruck stehenden Stadtquartier gerecht zu werden, entschieden sich die Genossenschaftsmitglieder für eine hocheffiziente dezentrale Energieversorgung. Mangels eigenem energiewirtschaftlichem Know-how wurde die Wärmeversorgung europaweit ausgeschrieben. Dabei setzte sich die BEA mit einer KWK-basierten Lösung in Kombination mit Mieterstromversorgung durch. Trotz eines durch die Liberalisierung der Strommärkte verschärften Preiswettbewerbes konnte sie ein attraktives Paket aus Wärme- und Strompreisen schnüren und damit die Genossenschaftler auch vom Stromangebot der BEA überzeugen. Durch ausführliche Informationen der Bewohner sowohl durch die Genossenschaft als auch den Energiedienstleister konnte das Einverständnis aller erzielt werden, sodass einer Umsetzung nichts mehr im Wege stand.

Technisch war die KWK-basierte Energieversorgung in diesem Quartier eine Herausforderung. In den Kellerräumen fehlte der Platz, um BHKW, Spitzenlastkessel und die Wärmespeicher unterzubringen. Daher entschieden sich BEA und Genossenschaft, die Erzeugungsanlagen in mehreren Bauabschnitten zwischen 2001 und 2003 in drei Dachheizzentralen zu installieren und dafür die Statik entsprechend zu verstärken (Abb. 1). Erforderlich waren unter diesen erschwerten baulichen Bedingungen höchste Anforderungen an die Schalldämmung, weil sich direkt unter den Energiezentralen die Wohn- und Schlafräume der Bewohner befanden.

Die Gebäudeensemble der Bremer Höhe sind durch öffentliche Straßen voneinander getrennt. Es war daher sowohl aus finanziellen, baurechtlichen als auch energiewirtschaftlichen Gründen nicht möglich, die Wärme- und Stromversorgung aus einer einzigen zentralen Heizzentrale zu gewährleisten. Beim Queren des öffentlichen Grundes wäre zum Beispiel eine Einstufung als Kundenanlage nach EnWG nicht mehr möglich gewesen und es hätten auf den Strompreis Konzessionsabgaben, Stromsteuern und Netznutzungsentgelte aufgeschlagen werden müssen. Daher wurden drei separate Energiezentralen mit BHKW, Spitzenlastkesseln, Pufferspeicher und mit eigenen Nahwärme- und Niederspannungs-Stromnetzen aufgebaut. Insgesamt decken die drei installierten BHKW mit einer Gesamtleistung von 86 kW_{el}/202 kW_{th} in der Summe jetzt rund 50 Prozent des Strombedarfes ab.

Novelle des KWG-Gesetzes 2009 bringt Schub für Mieterstromversorgung

Einen entscheidenden Schub für die dezentrale Mieterstromversorgung brachte die Novelle des KWK-Gesetzes zum 1. Januar 2009, weil erstmals ein Bonus eingeführt wurde in Höhe von 5,41 Cent nicht nur auf jede ins Stromnetz eingespeiste Kilowattstunde Strom, sondern auch für jede erzeugte Kilowattstunde im Eigenverbrauch bzw. Vertrieb an Mieter. Noch bedeutender war jedoch, dass nun erstmals auch einzelne Mieter oder Teile der Mieterschaft dezentral mit BHKW-Strom beliefert werden konnten und über analoge oder digitale Zähler das Messwesen geregelt war. Allein die BEA hat seither die

Abb. 2 Inbetriebnahme eines BHKW bei der HOWOGE Wohnungsbaugesellschaft zusammen mit Schulkindern

Zahl ihrer BHKW verdreifacht, ein ähnlicher Trend ist im gesamten Land Berlin und auch bundesweit zu beobachten. Gemeinsam mit der kommunalen Wohnungsbaugesellschaft HOWOGE hat die BEA 2015 das 1000. BHKW in Berlin in Betrieb genommen. Es ist in einem separaten Maschinenhaus in einer Wohnsiedlung in der Rummelsburger Straße untergebracht und hat eine Leistung von 140 kW_{el} (Abb. 2).

Seit 2009 hat die BEA zahlreiche kleine KWK-Anlagen im Mieterstrommodell in Betrieb genommen. Zwei unterschiedliche Energiedienstleistungsmodelle aus dem Bereich der genossenschaftlichen Wohnungswirtschaft sollen hier exemplarisch dargestellt werden:

Die Genossenschaftliches Wohnen Berlin-Süd eG (GeWoSüd) besitzt im Stadtteil Schöneberg-Tempelhof einen 232 Häuser und 1261 Wohnungen umfassenden Gebäudebestand. Im Kern befindet sich die in den 20er-Jahren des vorigen Jahrhunderts errichtete und heute unter Denkmalschutz stehende Mustersiedlung „Lindenhof" rund um einen kleinen Park und einen Weiher. Diese durch Bombenangriffe teilweise zerstörte sogenannte „Gartenstadt" wurde nach dem 2. Weltkrieg weitgehend originalgetreu wiederhergestellt und im Laufe der Jahrzehnte durch dekadentypische Gebäude ergänzt. 2007 begann die GeWoSüd mit umfassenden Modernisierungsmaßnahmen, um die nicht mehr zeitgemäße Wohnqualität zu steigern, neuen Wohnraum in ausgebauten Dachgeschossen zu schaffen und auch um energetische Verbesserungen mit in der Folge niedrigeren Energiebedarfen und -kosten herbeizuführen.

Wegen der Denkmalschutzauflagen waren bauliche Maßnahmen an der Gebäudehülle nur mit starken Einschränkungen möglich, auch konnten auf den Dächern keine solarthermischen oder photovoltaischen Anlagen zur Energiegewinnung installiert werden. Daher entschied sich die Genossenschaft für eine dezentrale KWK-Lösung und beauftragte nach einer Ausschreibung die BEA mit der Umsetzung der kompletten Wärme- und Stromversorgung für den ersten Bauabschnitt.

Die BEA hat mittlerweile drei BHKW mit einer Gesamtleistung von 104 kW_{el}/215 kW_{th} installiert sowie in jeder der drei Energiezentralen Spitzenlastkessel auf Erdgas-Brennwertbasis und die notwendige Mess-Steuerungs- und Regelungstechnik (MSR). Die

Leistungsgrenze bei diesem Vollcontracting befindet sich zwischen Heizanlage und Wärmeverteilungssystem bzw. zwischen BHKW und Stromverteilsystem (siehe Abb. 3).

Für eine andere vertragliche Lösung hat sich die Charlottenburger Baugenossenschaft eG mit großen Wohnungsbeständen in den Stadtteilen Spandau und Reinickendorf entschieden. Auch diese Wohnungsgenossenschaft führt schrittweise ein Modernisierungsprogramm für ihre aus den 50er Jahren stammenden Wohngebäude in Zeilenbebauung durch. Sie beließ die Wärmeversorgung bei diesen Modernisierungsmaßnahmen jedoch überwiegend in eigener Regie und gliederte lediglich den komplexeren energiewirtschaftlichen Betrieb stromerzeugender Anlagen aus.

So erhielt die BEA 2010 erstmalig den Zuschlag zum Betrieb eines BHKW in einem Wohnblock der „Charlotte" im Spandauer Schwendyweg. Mittlerweile sind nach dem gleichen Modell der BHKW-Beistellung vier weitere dezentrale KWK-Projekte mit

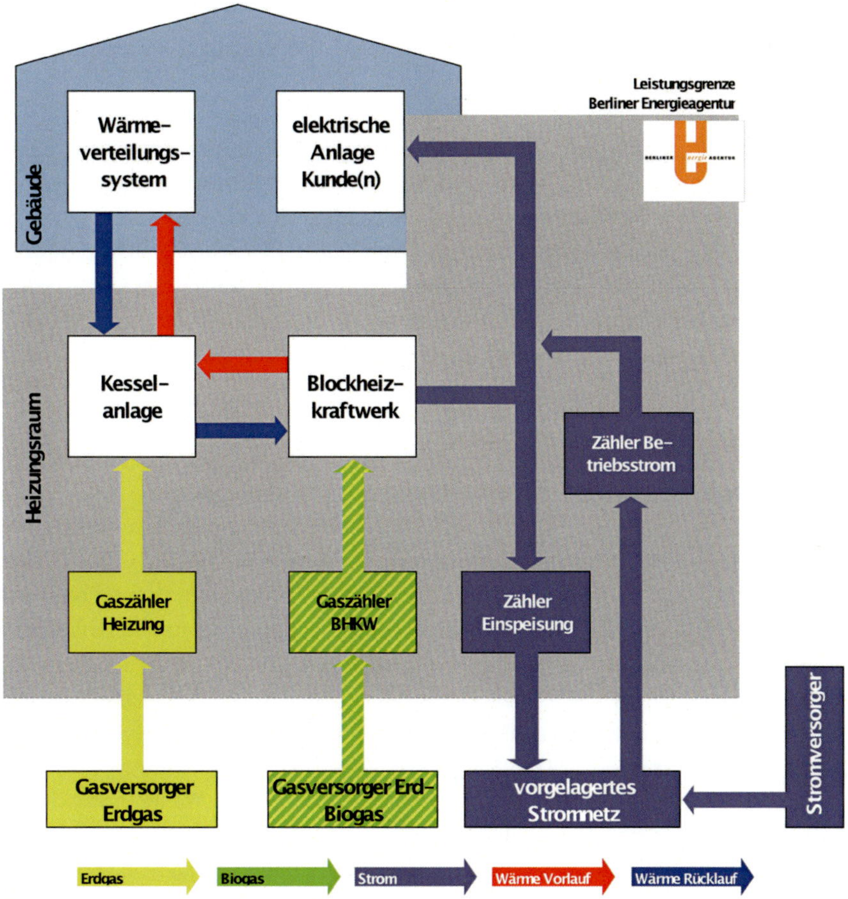

Abb. 3 Organisation des Vollcontractings

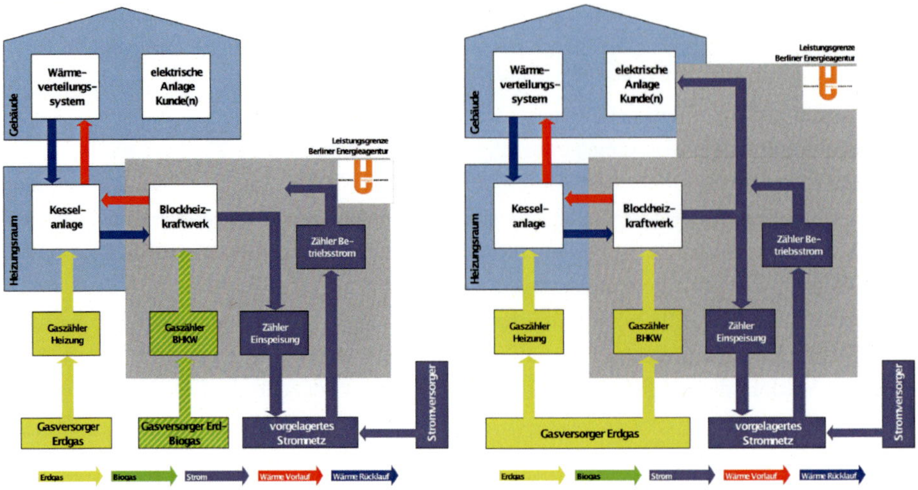

Abb. 4 Aufgabenverteilung Beistellung Einspeisung (links) und Beistellung Mieterstrom (rechts)

Mieterstromversorgung realisiert worden. Bei dieser Vertragsbeziehung ist die BEA für Finanzierung, Planung, Bau und Betrieb des BHKW sowie dessen regelungstechnische Einbindung in die übrige Wärmeversorgung zuständig. Und sie übernimmt – wie beim Vollcontracting auch – die Vermarktung des erzeugten BHKW-Stroms an die Bewohner. Die Kesselanlage zur Abdeckung der Spitzenlast bleibt im Besitz der Genossenschaft und wird auch von ihr betrieben. Abb. 4 verdeutlicht die Arbeitsteilung im Objekt beim Modell BHKW-Beistellung mit Netzeinspeisung (links) und beim Mieterstrommodell (rechts).

Neues Geschäftsmodell – Mieterstrom aus PV-Anlagen

Hat die BEA viele Jahre lang *Mieterstrom* ausschließlich in dezentralen KWK-Anlagen erzeugt, so rückte in den vergangenen Jahren zunehmend Solarstrom in den Fokus. Ebenfalls in Kooperation mit der Charlottenburger Baugenossenschaft hat die BEA im Jahr 2011 die erste sogenannte Hybrid-Anlage realisiert (siehe Abb. 5). Zusätzlich zum BHKW im Keller wurde auf dem Dach eines Gebäudes im Modernisierungsgebiet Hakenfelde eine Photovoltaikanlage installiert. Das BHKW (50 kW_{el}) und die PV-Anlage (187 kW_{p}) erzeugen zusammen rund 397 MWh Strom/Jahr.

Mit der Neufassung des KWK-G zum 1. Januar 2016 ist die Weiterentwicklung von BHKW-basierten Mieterstrommodellen sogar leicht verbessert. Zwar wurde der Bonus für den Eigenverbrauch – das schließt den Verkauf an Wohnungs- und Gewerberaumnutzer mit ein – reduziert, gleichzeitig wurden aber die Zuschläge für die Netzeinspeisung

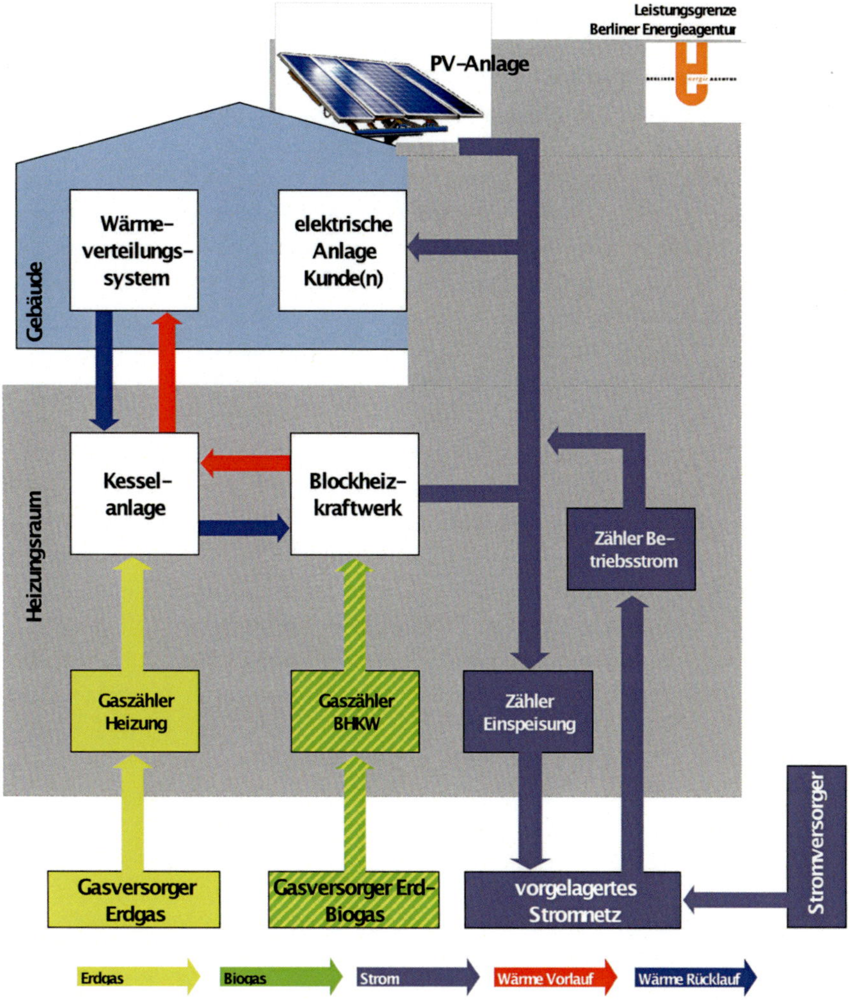

Abb. 5 Ablauf des Hybrid-Contractings

erhöht. Ein weiterer Fortschritt ist, dass Energiedienstleister, die den erzeugten Strom im Gebäude vermarkten, jetzt Eigenheimbesitzern oder Hotelbetreibern rechtlich gleichgestellt sind. Dadurch ergibt sich jetzt für die Wohnungswirtschaft, deren Kernkompetenz nicht im Bereich komplexer energiewirtschaftlicher Fragestellungen liegt, eine noch bessere Möglichkeit, in Kooperation mit Energiedienstleistern *Mieterstrom* anzubieten.

Auch beim *Mieterstrom* aus Photovoltaikanlagen spielt der Gesetzgeber eine wichtige Rolle. In der Vergangenheit wurde der Solarstrom aus Dachanlagen ausschließlich ins allgemeine Netz eingespeist, weil die garantierten Vergütungssätze ausreichten, die Anlagen innerhalb von 20 Jahren zu amortisieren und Überschüsse zu erzielen. Mit zunehmender Degression der Fördersätze – zuletzt nach der im August 2014 in Kraft getretenen letzten Novelle des Erneuerbare Energien Gesetzes (EEG) – waren diese Geschäftsmodelle jedoch nicht mehr tragfähig. Die Modul- und Installationskosten sanken nicht im gleichen Maße wie die Tarife für die Einspeisevergütung. Seither sind auch hier Mieterstrommodelle auf dem Vormarsch, wenngleich die Rentabilität solcher Projekte nur auf Dachflächen mit sehr guten Voraussetzungen (u. a. Statik, keine Verschattung) gegeben ist. Im Fokus steht bei solchen PV-Anlagen jetzt die vermarktbare Strommenge im Objekt, nicht die maximale Stromausbeute auf einem Dach. Die BEA betreibt mittlerweile drei Photovoltaikanlagen mit *Mieterstrom*.

Eines dieser PV-Mieterstromprojekte ist ebenfalls in Kooperation mit der Charlottenburger Baugenossenschaft auf einem Neubau in unmittelbarer Nähe des Wissenschaftsstandortes Adlershof realisiert worden (siehe Abb. 6). Das Gebäude mit 121 Wohnungen und einem Ladengeschäft „Charlotte am Campus" ist Anfang 2016 fertiggestellt worden. Die Wärmeversorgung erfolgt über Fernwärme aus einem nahegelegenen Biomasse-Heizkraftwerk. Die BEA hat auf zwei Dächern insgesamt 270 PV-Module ist Ost-West-Ausrichtung verlegt, aufgeständert auf einer Unterkonstruktion mit 10 Grad Neigungswinkel. Diese Konstruktion zielt darauf ab, zu den Lastspitzenzeiten am Vormittag und späten Nachmittag eine möglichst große solare Stromausbeute zu erzielen.

Die Anlage mit einer Leistung von 69 kW_p hat einen prognostizierten Jahresertrag von 59 MWh. Sie kann damit bilanziell 21 Prozent des Strombedarfes bei einer erwarteten

Abb. 6 Photovoltaikanlagen Adlershof

Mieterstromquote von 70 Prozent abdecken. 70 Prozent des erzeugten Stroms bleiben im Objekt, 30 fließen in das vorgelagerte allgemeine Stromnetz und werden nach EEG vergütet. 150 MWh Strom kauft die BEA über einen Ökostromvertrag hinzu. Daraus ergibt sich eine preisliche Mischkalkulation. Auch bei diesem Mieterstromprojekt bietet die BEA den Strom zu einem Arbeitspreis von 24,97 ct/kWh (brutto) und einem Grundpreis von 70,83 €/Jahr an.

Mieterstromquote wichtiges Erfolgskriterium

Die entscheidende Stellschraube bei allen Mieterstromanlagen ist die sogenannte Mieterstromquote. Nach Erfahrungen der BEA müssen durchschnittlich mehr als 50 Prozent aller Haushalte oder Gewerbebetriebe gewonnen werden, damit das Projekt wirtschaftlich erfolgreich ist. Um die notwendige Quote zur Erreichung der Wirtschaftlichkeit zu erzielen, setzt die BEA im Vertrieb auf das Prinzip des Mikro-Marketing. Statt kostspieliger Werbemaßnahmen erfolgt eine Ansprache der jeweiligen Zielgruppen durch individuelle, teilweise sehr kleinteilige Maßnahmen, die Ausdauer und einen langen Atem erfordern.

Als erster Anbieter von *Mieterstrom* in Deutschland hat die BEA flankierend eine eigene Website gelauncht, über die potenzielle Kunden über das Produkt BEA-Kiezstrom® informiert werden, die Verfügbarkeit prüfen und den Strom bestellen können (www.bea-kiezstrom.de). In einem neuen Mieterstromprojekt (BHKW: 50 kW_{el}) im Wedding, einem besonders einkommensschwachen Berliner Stadtteil, bietet die BEA außerdem seit Herbst 2015 eine weitere Leistung an.

Energielieferung plus Einsparberatung

Die 116 Mieter eines Wohnquartiers der kommunalen Wohnungsbaugesellschaft GESOBAU AG erhielten erstmals die Möglichkeit, mit ihrem Stromvertrag eine Energiesparberatung in den eigenen vier Wänden in Anspruch zu nehmen. Dazu kommt ein Experte der BEA in die Wohnung, vermittelt wirksame Energiespartipps und übergibt zusätzlich eine Energiespar-Box mit energieeffizienter Beleuchtung und anderen Soforthilfen. Mittlerweile können alle Neukunden der BEA – auch an anderen Standorten – diese Beratung in Anspruch nehmen.

Die Beratung zur Energieeinsparung dient nicht nur der Kundengewinnung und -bindung. Sie entspricht vor allem dem Selbstverständnis eines modernen Energiedienstleisters. Dessen Geschäftsmodell beruht nicht auf einer Ausweitung der verkauften Energiemengen, also der Absatzsteigerung, sondern im Gegenteil auf Lösungen zur Reduzierung des Energieverbrauches im Sinne des Klimaschutzes.

Die Marke BEA-Kiezstrom® ist in Berlin inzwischen bei den Unternehmen der Wohnungswirtschaft fest verankert. Die BEA ist sich aber auch bewusst, dass die Energiewende ein Prozess ist, der immer neue Lösungen hervorbringen muss. Berlin will bis 2050 klimaneutrale Stadt werden, daher ist ein sukzessiver Übergang weg von fossilen hin zu erneuerbaren Energien notwendig. Dazu müssen verschiedene Technologien besser miteinander verzahnt werden.

Gemeinsam an neuen Konzepten arbeiten

Daher arbeitet die BEA gemeinsam mit anderen Partnern in dem vom Borderstep Institut für Innovation und Nachhaltigkeit gesteuerten Projekt „Pro Shape" zusammen, mit dem das Bundesministerium für Wirtschaft und Energie (BMWi) neue Erkenntnisse zur dezentralen Energieerzeugung gewinnen will. Unter realen Praxisbedingungen soll das Projekt ProSHAPE wissenschaftliche Erkenntnisse liefern, wie die dezentrale KWK besser mit der schwankenden Stromerzeugung aus Sonne und Wind in Einklang gebracht werden kann (siehe Kapitel „ProSHAPE").

Über die nächsten Heizperioden sollen in einem Objekt im Prenzlauer Berg Erkenntnisse darüber gewonnen werden, in welchem Maße das Quartier, neben der Versorgung mit Wärme, auch mit günstigem und ökologisch vorteilhaftem Objektstrom beliefert und wie dieser Anteil maximiert werden kann. In einem weiteren BMWi-geförderten Projekt unter dem Titel WindNODE sollen Projekte im Bereich der Systemintegration von erneuerbaren Energien im Zusammenspiel mit der Digitalisierung realisiert werden. Daran beteiligt sich die BEA mit einer Power-to-heat-Anlage, die in Verbindung mit einem BHKW ebenfalls Mieterstrom bereitstellt.

Die Vision ist, zukünftig dezentrale Erzeugungsanlagen im Verbund auch dafür zu nutzen, Regelleistung zur Verfügung zu stellen und Lastspitzen im Stromnetz abzufangen. Die Anlagen können damit einen wirtschaftlich und ökologisch sinnvollen Beitrag zur Integration von fluktuierenden, erneuerbaren Energien in das Netz leisten, ohne dass hierfür neue Energieerzeugungs- oder Speichereinheiten gebaut werden müssen.

Fazit

Mieterstromprojekte sind für die Wohnungswirtschaft eine Chance, Mieterinnen und Mieter an den Vorteilen der Energiewende zu beteiligen und insbesondere die warmen Nebenkosten und die Bezugskosten für Strom zu reduzieren. Die BEA als langjähriger Energiedienstleister für Berlin hat das Modell *Mieterstrom* unter der Produktnahmen BEA-Kiezstrom® zu einer starken regionalen Marke entwickelt. Es soll auch dazu beitragen, dass das Land Berlin die Klimaschutzziele erreicht und bis 2050 klimaneutral werden kann. Daher beteiligt sich die BEA auch an Modellvorhaben, damit die dezentrale Erzeugung von Energie beständig weiterentwickelt und an die veränderten Rahmenbedingungen angepasst werden kann.

Energiewende in der Region aktiv gestalten – ENTEGA AG und bauverein AG realisieren hocheffiziente Energieversorgung in Darmstadt

Sönke Seehaus und Jannes Kreis

Energie als Ressource ist kostbar und wird immer teurer. Dies macht sich auch in stetig steigenden Nebenkosten bemerkbar, die dazu beigetragen haben, dass sich die Warmmieten in Darmstadt in den vergangenen Jahren immer weiter erhöht haben. Mieter sind durch die Energiewende überproportional belastet, da sie nur geringe Möglichkeiten haben, finanziell durch Investitionen in eigene EEG-Anlagen zu profitieren. In Darmstadt ist man davon überzeugt, dass es für die weitere Akzeptanz und die Erreichung der Klimaziele enorm wichtig ist, die hohe Anzahl der Mieter mit einzubinden. Dazu müssen Anreize geschaffen und innovative Geschäftsmodelle aktiv im Markt etabliert werden.

Die Projektpartner

Die ENTEGA AG ist einer der größten ökologischen Regionalversorger Deutschlands und befindet sich mehrheitlich über die HEAG Holding AG im Besitz der Wissenschaftsstadt Darmstadt. Mit seinen Tochtergesellschaften ist das Unternehmen in den Geschäftsfeldern Energieerzeugung, Energiehandel, Energievertrieb, Energienetze, öffentlich-rechtliche Betriebsführung und Shared Services aktiv. Das Unternehmen verfolgt eine konsequente Nachhaltigkeitsstrategie, für die es 2013 mit dem renommierten Deutschen Nachhaltigkeitspreis ausgezeichnet wurde. Die Vertriebstochter ENTEGA Energie ist auf Absatzmenge bezogen einer der größten Anbieter von klimaneutralen Energien in Deutschland.

S. Seehaus (✉) · J. Kreis
Entega AG, Darmstadt, Deutschland
e-mail: Soenke.Seehaus@entega.ag

I. Behr, M. Großklos (Hrsg.), *Praxishandbuch Mieterstrom*,
DOI 10.1007/978-3-658-17540-5_12

ENTEGA verkauft nicht nur Ökostrom, sondern investiert auch in den Umbau der Energieversorgung. Dabei verfolgt das Unternehmen das strategische Ziel, den Bedarf seiner Ökostromprivatkunden mit selbst erzeugtem Strom abzudecken, den das Unternehmen in eigenen Anlagen mit seinen Partnern erzeugt. ENTEGA gestaltet die Energiewende aktiv mit und nutzt die daraus erwachsenden Chancen. Kunden werden ökologisch hochwertige und gleichzeitig preiswerte Produkte und Dienstleistungen für ein atomstromfreies und klimafreundliches Leben und Arbeiten geboten.

Die bauverein AG ist der größte Immobiliendienstleister Südhessens. Als kommunales Immobilienunternehmen der Stadt Darmstadt kümmert sich die 1864 gegründete bauverein AG seit mehr als 150 Jahren darum, der Bevölkerung in und um Darmstadt preiswerten Wohnraum zur Verfügung zu stellen. Ein Fokus lag dabei stets auf gefördertem Wohnraum für Menschen, die ansonsten Probleme haben, sich am Markt mit Wohnraum zu versorgen. 46 % der Wohnungen unterliegen deshalb Mietpreis- und Belegungsbindungen. Der Bestand der bauverein AG umfasst aktuell rund 16.000 Wohnungen in der Region Südhessen, darunter knapp 12.000 Wohnungen in Darmstadt. Neben der Vermietung ist die bauverein AG im Bauträgergeschäft und in der Quartiersentwicklung tätig.

Ausgangsituation – Die Rahmenbedingungen erfordern neue Lösungsansätze

Der gestiegene Bedarf an bezahlbarem Wohnraum im Rhein-Main-Gebiet führte 2013 zum Abschluss einer Kooperationsvereinbarung zwischen der bauverein AG und der Stadt Darmstadt zur Sicherung geförderten Wohnraums.

Zu den gestiegenen Warmmieten haben in den letzten Jahren auch die Energiekosten wesentlich beigetragen. Zugleich sind die Anforderungen und Ansprüche an Nachhaltigkeit und Ressourcenschonung erheblich gestiegen, sodass CO_2-Emissionen verringert werden müssen, um die Klimaschutzziele zu erreichen.

Verantwortungsbewusst suchen die städtischen Tochtergesellschaften – bauverein AG und ENTEGA AG – nach Lösungen, die Warmmiete durch zeitgemäße Energiekonzepte konstant zu halten oder sogar zu senken, ohne dabei die Renditeanforderungen die von Seiten der kommunalen Stakeholder gestellt werden, zu vernachlässigen.

Vor diesem Hintergrund erfolgte 2013 durch bauverein AG und ENTEGA AG gegenüber der Stadt Darmstadt die Zusage, ein ökologisch und ökonomisch vorbildliches Energiekonzept zu realisieren.

Motivation – Mehrwerte für Umwelt, Mieter und Bauträger

Energie dezentral zu erzeugen und vor Ort ohne Durchleitung durch das Netz der allgemeinen Versorgung an die Nutzer zu vermarkten, das sehen die städtischen Tochterunternehmen als Chance, um die beschriebenen Herausforderungen zu meistern.

Durch ein Mieterstromprojekt können die Kernkompetenzen von Wohnungsbau und Energieversorgung sinnvoll ergänzt und gut miteinander verzahnt werden. Durch das attraktive und innovative Modell wird die gemeinsame Vision in die Praxis umgesetzt und Mieter mit bezahlbarer Energie versorgt, was gerade für den sozialen Wohnungsbau wesentlich ist.

Die ENTEGA AG positioniert sich durch das richtungsweisende Projekt als integrierten Energiedienstleister und sieht Entwicklungspotenzial für weitere Zukunftsthemen wie Smart Grids, Energiespeicher und virtuelle Kraftwerke. „Als Energieversorger bieten wir Mehrwert für die Region und unsere Partner. Das aktuelle Vorhaben unterstreicht dabei deutlich, dass wir auch für den Wohnungsbau passende Energielösungen aus einer Hand anbieten können", so Dr. Marie-Luise Wolff-Hertwig, Vorstandsvorsitzende der ENTEGA AG.

Die effiziente Anlagentechnik trägt zur Verbesserung der energetischen Gebäudebilanz bei, so dass weniger in die Gebäudehülle investiert werden muss, um die EnEV-Anforderungen zu erfüllen. Durch die Einsparung entsteht wiederum Spielraum für die Realisierung bezahlbaren Wohnraums.

Praxisbeispiel Blütenallee

Aufgrund der identifizierten Potenziale hinsichtlich der Entlastung des Spannungsfelds aus verantwortbaren Warmmieten, steigenden Baukosten und Renditeanforderungen haben sich ENTEGA AG und bauverein AG bereits im Jahr 2014 entschieden, in Vorleistung zu gehen. In Kooperation sollte das Mieterstromprojekt „Blütenallee", ein Neubauprojekt in Darmstadt-Arheilgen mit insgesamt 88 Wohneinheiten und einer Kindertagesstätte, entwickelt und realisiert werden (Abb. 1). Das Angebot an die Mieter besteht aus der Wärmeversorgung zu günstigen Heizkosten und einem attraktiven Mieterstromtarif. Nach weniger als einem Jahr haben sich 86 der insgesamt 88 Mieter sowie die Kindertagesstätte für den günstigen Mieterstrom entschieden.

Projektbeschreibung

Der jährliche Wärmebedarf des Neubaus für die Raumheizung und Trinkwarmwassererwärmung beträgt rund 350.000 kWh. Das hocheffiziente Blockheizkraftwerk mit einer thermischen Leistung von 40 kW erzeugt jährlich 220.000 kWh Wärme. So werden ca. 60 % des benötigten Wärmebedarfs durch das im Quartier installierte BHKW bereitgestellt. Der übrige Wärmebedarf wird durch einen Gas-Brennwert-Kessel gedeckt.

Der mit dem BHKW-Konzept erreichte Primärenergiefaktor f_{PE} von 0,72 ermöglicht aus Sicht der beteiligten Akteure ausreichend Freiheitsgrade, um ein optimiertes Verhältnis aus bautechnischer Qualität der Gebäudehülle und effizienter Anlagentechnik zu erreichen.

Abb. 1 Innenhof der Blütenallee (Bildquelle: Andreas Kelm)

Beschreibung und Leistungsgrenzen Wärmetarif

ENTEGA AG hat für dieses Pilotprojekt den Wärmetarif „ENTEGA Wärme kombi“ aufgelegt, der auch auf zukünftige Mieterstromquartiere übertragbar ist. Die Abrechnung des Wärmeverbrauchs erfolgt direkt zwischen ENTEGA AG und den Mietern. In diesem Zusammenhang vermeidet die bauverein AG das Inkassorisiko und spart dadurch die im Rahmen der Nebenkostenabrechnung erforderliche Heizkostenverteilung und -umlage ein.

Die Kunden zahlen an ENTEGA AG für den Wärmetarif wohnungsgrößenabhängig einen Grund- und Messpreis, der zwischen 16 € und 22 € je Monat liegt. Der verbrauchsabhängige Arbeitspreis beträgt 7,75 ct/kWh. Für eine 70 m² Wohnung ergeben sich Kosten für Heizung und Warmwasserbereitung von ca. 50 €/Monat. Das Messkonzept zur Wärmeverbrauchserfassung beinhaltet je Verbrauchsstelle einen geeichten Wärmezähler, dessen Parameter stündlich gespeichert und einmal täglich an ein zentrales Energiedaten-Management-System fernübertragen werden. Dies ermöglicht einerseits Analysen und Optimierungen z. B. hinsichtlich der BHKW-Betriebsstrategie und andererseits weitere Dienstleistungen wie stichtagsgenaue Wärmeverbrauchsabrechnung z. B. bei Mieterwechsel oder Energie-Monitoring.

Beschreibung und Leistungsgrenzen Mieterstromtarif

Aus Sicht der beteiligten Akteure werden im Mieterstromprojekt die grundsätzlichen Vorteile herkömmlicher BHKW-Projekte mit zusätzlichen Chancen der BHKW-Strom-Direktvermarktung innerhalb der Kundenanlage kombiniert.

Da die Nutzung des erzeugten BHKW-Stroms innerhalb der Kundenanlage erfolgt, entfällt die Nutzung des öffentlichen Netzes. Damit entfallen die bei Netzbezug zu berücksichtigenden Netzentgelte, Konzessionsabgaben sowie die Stromsteuer, wodurch sich Spielraum für Mehreinnahmen in Bezug auf den vor Ort erzeugten und verbrauchten Strom ergibt.

Die lokale Sichtbarkeit des günstigen, preisstabilen und umweltfreundlichen Mieterstromprojekts trägt zum positiven Image von ENTEGA AG und bauverein AG als kundenorientierte, umweltverantwortliche Unternehmen bei.

Allerdings müssen die zusätzlichen Aufwände der Direktvermarktung hinsichtlich Messung, Kommunikation, Bilanzierung, und Abrechnung berücksichtigt werden.

ENTEGA AG hat für das Pilotprojekt „Blütenallee“ den Spezialstromtarif „ENTEGA Ökostrom daheim“ aufgelegt, der wie auch der Wärmetarif auf zukünftige Mieterstromquartiere übertragbar sein sollte. Der Grundpreis beträgt jährlich 96 €, der Arbeitspreis liegt mit 23,8 ct/kWh (brutto) knapp 1 ct/kWh unter dem günstigsten Haushaltsstromtarif des im Netzgebiet der Liegenschaft ansässigen Grundversorgers (ENTEGA).

Die Direktstromversorgung aus der lokalen Anlage wird im Rahmen des Spezialstromtarifs „ENTEGA Ökostrom daheim“ mit Ökostrom aus dem öffentlichen Netz ergänzt, wodurch jederzeit eine bedarfsgerechte und gesicherte Stromversorgung gewährleistet ist – auch in Zeiten, in denen das BHKW außer Betrieb ist oder weniger Strom liefert als benötigt wird. Ins Netz der allgemeinen Versorgung wird nur der BHKW-Strom zurückgespeist, der nicht innerhalb der Kundenanlage abgenommen wird.

Design des Energieversorgungssystems

Die Auswahl des BHKW (inklusive Wärme-Pufferspeicher) erfolgte mit Hilfe eines von der ENTEGA AG entwickelten Berechnungs-Tools. Dieses simuliert u. a. auf Basis der geplanten Nutzungseinheiten im Quartier sowie anhand passender statistischer Jahresverbrauchsprofile für Wärme und Strom Betriebsszenarien für unterschiedliche BHKW-Leistungsgrößen. Die Deckung der Spitzenlast wird durch einen Gas-Brennwert-Kessel mit ca. 260 kW sichergestellt. Das Pufferspeichervolumen beträgt 2.000 Liter.

Für das gewählte BHKW (20 kW_{el}) ergeben sich im vorliegenden Quartier folgende Planzahlen:

- jährliche Gesamtstromerzeugung: ca. 110.000 kWh
- Direktvermarktung im Quartier: mind. 70 % des erzeugten BHKW-Stroms
- Autarkiegrad im Quartier durch BHKW-Strom: mind. 25 % des Gesamtstrombedarfs

Messkonzept & Bilanzierung

Als Messkonzept wurde das unter dem geläufigen Begriff „Summenzählermodell" bekannte Messkonzept D3 des VBEW für „Selbstversorgergemeinschaften" realisiert (siehe Abb. 2 in Kapitel „Messkonzepte"). Dieses erlaubt die Abrechnung der relevanten Strommengen mit Verbrauchern in Mehrparteiengebäuden, die Strom von einer BHKW-Anlage beziehen, die direkt in die Kundenanlage Strom einspeist. Jeder Verbraucher innerhalb der Kundenanlage erhält einen Unterzähler. Darüber hinaus sind der Erzeugungszähler (BHKW-Strom) sowie die Übergabemessung (Bezugsregister und Einspeiseregister) notwendig. Die Ausgestaltung dieses Messkonzepts, hinsichtlich Messgeräteeinsatz, die Zählerdatenerfassung sowie die Abrechnungsmodalitäten wurde mit dem Netzbetreiber intensiv abgestimmt.

Jedem Endverbraucher muss die Möglichkeit zur diskriminierungsfreien Stromlieferantenwahl gegeben werden. Die Bilanzierung der aus dem Netz fremdbelieferten Anschlussnutzer mit dem Übergabezähler erfolgt durch den Verteilnetzbetreiber via Softwarelösung und mit Hilfe virtueller Zählpunkte. Praktisch wird die am Bezugsregister des Übergabezählers gemessene Strommenge um die Strommenge der fremdbelieferten Verbraucher vermindert. Führt die Berechnung im Bezugsregister des 2-Richtungszählers zu negativen Werten, wird der Wert des Bezugsregisters stattdessen auf null gesetzt und der Betrag des negativen Wertes dem Einspeiseregister zugeschlagen. Die fremdbelieferten Verbraucher werden stattdessen virtuell aus der Kundenanlage ausgelöst und im Netz der allgemeinen Versorgung abgebildet.

Die Anzahl der Endverbraucher innerhalb der Kundenanlage, die sich fremdbeliefern lassen möchten, stellt sich als wichtige Annahme bei der Konzeptionierung, Kalkulation und Risikobewertung des Projekts dar. Überschreiten die Stromverbräuche der fremdbelieferten Kunden die gemessene Menge am Bezugsregister des Übergabezählers, wird zunehmend mehr BHKW-Strom zu ungünstigeren Konditionen ins Netz der allgemeinen Versorgung abgegeben.

Darüber hinaus fordern nach Abschnitt 5.3.2 der VDE-AR-N 4400 (Metering Code) [1] an allen Messstellen identische Messverfahren, sobald mehrere Messstellen zu einer Summe bzw. Summendifferenz zusammengefasst werden. Hiervon betroffen sind also ganz speziell die Untermessungen der fremdbelieferten Endverbraucher, da diese bei Bildung der virtuellen Zählpunkte mit der Übergabemessung verrechnet werden. Aufgrund der jährlichen Zusatzstrommenge von über 100.000 kWh, wird vom Netzbetreiber die Übergabemessung als RLM-Messung gefordert. In Konsequenz wurden auch die Unterzähler der fremdbelieferten Endverbraucher als RLM-Messungen ausgeführt, was sich grundsätzlich negativ auf die Kosten des Messkonzepts auswirkte. Diese Art der Messtechnik wird üblicherweise nur bei Großkunden mit Stromverbrauch größer 100.000 kWh/a eingesetzt und ist für private Verbraucher unverhältnismäßig kostenintensiv.

In Abgrenzung zum Planungsstand 2014 regelt das KWK-Gesetz 2016 diesen Sachverhalt mittlerweile eindeutig: *„Eine Verrechnung von Leistungswerten, die durch* *standardisierte Lastprofile nach § 12 Absatz 1 der Stromnetzzugangsverordnung in der jeweils geltenden Fassung ermittelt werden, mit Leistungswerten aus einer registrierenden Lastgangmessung ist hierbei zulässig.*"

Für Kunden im Mieterstromtarif sind damit heute kostengünstige SLP-Zähler ausreichend. Die Herausforderung besteht im Wechsel eines Kunden vom Mieterstrom in die Fremdbelieferung durch einen beliebigen anderen Stromversorger, da sich in diesem Fall die Anforderungen an das Messkonzept grundlegend ändern. Um die Messstellen im Falle eines Lieferantenwechsels nicht individuell und mit hohem administrativen Aufwand umbauen zu müssen, wurde in diesem Projekt entschieden, sämtliche Untermessungen präventiv mit RLM-Messungen auszustatten. Die Zählerdaten werden viertelstündlich gespeichert und einmal täglich an das zentrale Energiedaten-Management-System fernübertragen. Analog zu den Wärmedaten sind auch hier Analysen und Optimierungen z. B. hinsichtlich der BHKW-Betriebsstrategie sowie weitere Dienstleistungen wie stichtagsgenaue Stromverbrauchsabrechnung bei Mieterwechsel und Energie-Monitoring möglich.

Der in Abb. 2 gezeigte Report aus dem Energiedaten-Management-System zeigt für einen exemplarischen Zeitraum das Verbrauchsprofil des Quartiers (Gesamtverbrauch Strom), den Selbstnutzungsanteil (Eigenverbrauch) vom lokal erzeugtem BHKW-Strom (Selbstnutzung BHKW), den Einspeiseanteil vom erzeugten BHKW-Strom (Einspeisung) sowie den Zusatzstrombezug (Bezug).

Abb. 3 zeigt für den exemplarischen Zeitraum den Autarkiegrad: 54 % des Gesamtbedarfs werden aus dem BHKW gedeckt.

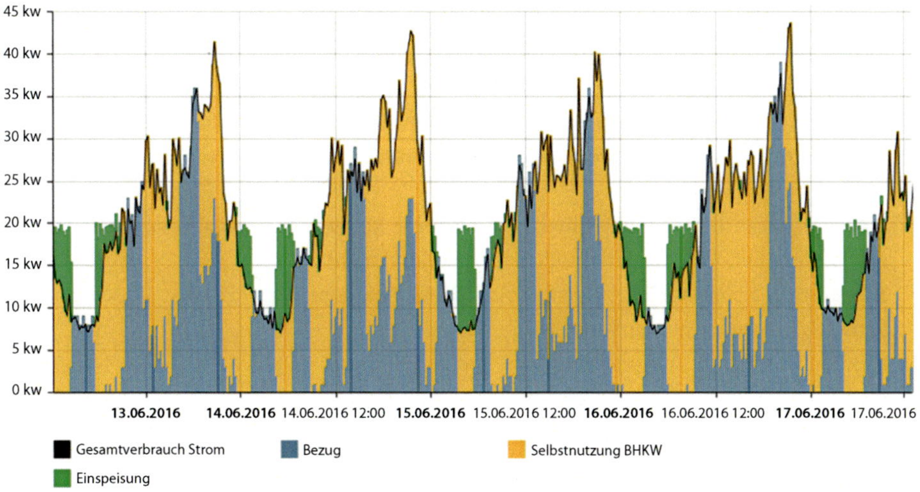

Abb. 2 Report aus dem Energiedaten-Management-System für 4 Tage

Abb. 3 Eigenverbrauch (Selbstnutzung) und Fremdbezug für einen Beispielzeitraum

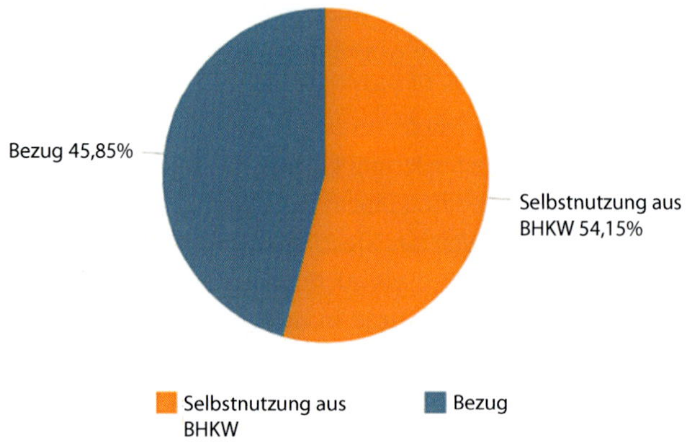

Zwischenfazit

Für das Projekt Blütenallee wurden der KWK-Wärmetarif „ENTEGA Wärme kombi“ sowie der Spezialstromtarif „ENTEGA Ökostrom daheim“ aufgelegt. Beide Tarife werden direkt zwischen ENTEGA und den Endverbrauchern abgerechnet und leisten einen wertvollen Beitrag zur Reduzierung der „zweiten Miete“, da sie dazu beitragen, die Nebenkosten zu reduzieren und zu stabilisieren.

Herausforderungen in der Umsetzung

Notwendige Voraussetzungen für die Realisierung des Mieterstromprojekts:

- Ein klares Konzept zur Bereitstellung des dezentral erzeugten Stroms gegenüber dem Kundenanlagenbetreiber, insbesondere da Betreiber der Erzeugungsanlage und Mieterstromversorger unterschiedliche juristische Personen waren
- Konsens mit dem Netzbetreiber über ein akzeptables und hinsichtlich Kosten vertretbares Messkonzept
- Bilanzierungs- und Abrechnungskonzept für die außerhalb der etablierten Marktkommunikation befindlichen Unterzähler in der Kundenanlage
- Klärung der Schnittstellen zu ggfs. vorhandenen Systemen z. B. SAP
- Prozess: Einzug bzw. Neuvertrag
- Prozess: Auszug bzw. Kündigung
- Wechselprozess aus Mieterstrom zur Fremdbelieferung
- Wechselprozess aus Fremdbelieferung zum Mieterstrom
- Vorhandener Business Case mit Chancen und Risiken zum Geschäftsmodell inklusive Wärme- und Stromtarif
- Verträge und Marketingunterlagen

Planungs- und Bauphase

In der Planungs- und Bauphase von Mieterstromprojekten ist die offene und intensive Kommunikation zwischen allen Projektbeteiligten besonders wichtig. Gegenseitiger Respekt und Selbstverpflichtung gegenüber dem gemeinsamen Ziel müssen gelebt werden. Besonderes Augenmerk muss auf frühzeitiger Einbindung und regelmäßigem Informationsaustausch zwischen allen Projektbeteiligten liegen. Aufgaben, Zuständigkeiten und Schnittstellen der Projektbeteiligten unterscheiden sich teilweise erheblich von herkömmlichen Projekten. Die Nichtberücksichtigung dieser Aspekte führt zwangsläufig zu Problemen in der Projektumsetzung. Begonnen beim Energiedienstleister, über Gebäudeeigentümer, Verteilnetzbetreiber, Messstellenbetreiber, Elektroplaner, Installationsbetrieb bis hin zum Vermieter, müssen alle Beteiligten über die Besonderheiten des Mieterstromprojekts informiert sein. Speziell die Zuständigkeiten und Aufgaben bei Planung und Bau der Kundenanlageninfrastruktur müssen geklärt, zugewiesen und verstanden werden. Wird dies berücksichtigt, unterscheidet sich der eigentliche Bauablauf im Mieterstromprojekt nur unwesentlich von dem einer Voll-Einspeiseanlage. Hervorzuheben sind die folgenden Punkte:

- Beantragung und Planung des Netzanschlusses unter Berücksichtigung von Anschlusswerten, voraussichtlichen Jahresstrommengen und aller in der Kundenanlage vorhandenen Stromverbraucher- und -erzeugertypen.
- Planung und Einbau des Summenzählers in der Kundenanlageninfrastruktur
- Beschaffung, Einbau und Inbetriebnahme der Unterzähler
- Planung, Einbau und Inbetriebnahme ggfs. notwendiger Kommunikationstechnik
- Erstellung Vertriebs- und Kommunikationskonzept für ein „erklärungsbedürftiges Produkt"

Elemente der erfolgreichen Zusammenarbeit

Als erfolgskritisch hat sich rückblickend die Einhaltung nachfolgender Elemente erwiesen:

- Abgestimmte Projektorganisation, -vision, -ziele und Arbeitskultur
- verbindliche Zeitfenster
- Zeitplan
- regelmäßige Termine zur teaminternen Koordination, Vorstellung und Abnahme von Zwischenergebnissen, Identifikation möglicher Verbesserungsmaßnahmen in der Zusammenarbeit
- beschriebene und priorisierte Aufgaben und Kriterien
- Kernprojektteam (kontinuierlich mitarbeitend)
  - Projektleiter bauverein AG
  - Projektleiter ENTEGA AG

- Erweitertes Team (kontinuierlich informiert und bei Bedarf zur Mitarbeit zugezogen)
  - Architekt, Elektroplaner und TGA-Planer
  - Verteilnetzbetreiber
  - Recht
  - Marketing und Vertrieb (Kundenbetreuung/Mietmanagement)

Fazit & Ausblick

Rückblickend zeigten sich neben vielen rechtlichen Fragestellungen vor allem die hohe Komplexität und die Unklarheiten bei der Auslegung von Verbraucherschutz und Messwesen als gewaltige Herausforderungen. Dazu kamen vergleichsweise hohe Kosten für Projektplanung und -realisierung. In der Konsequenz hat die ENTEGA AG allein für die Befähigung der Abrechnungssoftware einen großen fünfstelligen Euro-Betrag aufgewandt. Vor dem Hintergrund komplexer und sich fortwährend ändernder rechtlicher Rahmenbedingungen (EEG, KWKG, StromStG) ist dieser Schritt eine bemerkenswerte Zukunftsinvestition, da für das Geschäftsmodell eine langfristige und verbindliche Planungssicherheit aktuell nicht gegeben ist.

Da die Anzahl der Neubauprojekte limitiert ist, böte vor allem der Baubestand großes Potenzial. Bei der damit in der Regel verbundenen „erstmaligen Umstellung auf gewerbliche Wärmelieferung“ ist jedoch gemäß Wärmelieferverordnung [2] ein Kostenvergleich nach § 556c BGB zu erstellen. Dabei konkurrieren die Betriebskosten der Altanlage mit den Betriebs- und Kapitalkosten der Neuanlage. Das bedeutet, dass die Refinanzierung der Investitionen in moderne und effiziente Anlagentechnik über eine Betriebskostenersparnis, i.d.R. über effizienteren Brennstoffeinsatz, zu realisieren ist. Im Ergebnis dürfen die Heizkosten für Mieter bei der Wärmelieferung aus neuen Anlagen nicht höher sein als die aus weitgehend abgeschriebenen Altanlagen, bei denen kein Kapitaldienst mehr erwirtschaftet werden muss. („Wärmekosten- bzw. Heizkostenneutralität“). Eine Kostenbeteiligung des Vermieters an den Investitionen ist unter diesen Umständen oft unvermeidbar.

Mit dem Pilotprojekt Blütenallee wurde unter Beweis gestellt, dass die wirtschaftliche Realisierung eines effizienten und innovativen Mieterstrommodells im geförderten Neubau von Wohnraum möglich ist. Dabei wurden wertvolle Erfahrungswerte gesammelt und weitere Optimierungspotenziale identifiziert. Im nächsten Schritt gilt es nun die gewonnenen Erkenntnisse zur Weiterentwicklung der Prozesse und Systeme zu nutzen, um das Gesamtkonzept noch weiter optimieren zu können.

Aus diesem Grund haben die bauverein AG und die ENTEGA AG beschlossen, gemeinsam ein weiteres Mieterstromprojekt zu realisieren. Ziel ist, in diesem Zuge den Standardisierungsgrad erneut zu erhöhen und dadurch die Umsetzungskomplexität weiter zu reduzieren. In der Konsequenz werden im Laufe des Jahres 2017 weitere 32 Parteien von einer günstigen Wärmeversorgung und einem attraktiven Strompreis profitieren können.

Literatur

[1] VDE-AR-N 4400 (2011): Messwesen Strom (Metering Code). VDE Verlag, Berlin

[2] Wärmelieferverordnung (2013): Verordnung über die Umstellung auf gewerbliche Wärmelieferung für Mietwohnraum (Wärmelieferverordnung - WärmeLV), durch Bundesregierung am 7. Juni 2013 verabschiedet

STÄWOG Bremerhaven – 10 Jahre Erfahrung mit Mieterstrom

Sieghard Lückehe, Axel Kluck und Marc Großklos

Die STÄWOG Bremerhaven besitzt als kommunales Wohnungsunternehmen 5.150 Wohneinheiten, 135 Gewerbeeinheiten und 700 Garagen. Sie hat bereits im Jahr 2007 ihr erstes Mieterstromprojekt geplant und umgesetzt. Hintergrund waren Preisverhandlungen mit dem Fernwärmelieferanten, die zu keinem befriedigenden Ergebnis geführt hatten. Die STÄWOG beauftragte das Bremer Energie Institut mit der Prüfung, ob es nicht günstiger sei, selbst in die Energieproduktion einzusteigen. In der Folge wurde in der Feldstraße 41 das erste BHKW mit 20 kW_{el} installiert. Für Bau und Betrieb der Anlagen wurde das Tochterunternehmen STÄWOG Service GmbH gegründet (siehe Kasten) nachfolgend STÄSERVICE genannt.

Umsetzung von Mieterstromprojekten

Im Zuge der energetischen Sanierungen werden die Heizungsanlagen der STÄWOG einer Effizienzbetrachtung unterzogen. Besitzt das Gebäude oder der Wohnblock eine passende Größe, so wird geprüft, ob die elektrische Versorgung mehrerer Gebäude an einem Punkt zusammengelegt werden kann. Meist besitzt eine Wohnanlage mehrere Hauseingänge und für jeden dieser Hauseingänge einen eigenen elektrischen Hausanschluss. Da der Mieterstrom nur innerhalb der Kundenanlage wirtschaftlich sinnvoll vertrieben werden kann, müssen möglichst große Kundenanlagen bei einem entsprechenden Wärmebedarf

S. Lückehe (✉) · A. Kluck
Städtische Wohnungsgesellschaft Bremerhaven mbH, Bremerhaven, Deutschland
e-mail: sieghard.lueckehe@staewog.de

M. Großklos
Institut Wohnen und Umwelt GmbH, Darmstadt, Deutschland

I. Behr, M. Großklos (Hrsg.), *Praxishandbuch Mieterstrom*,
DOI 10.1007/978-3-658-17540-5_13

geschaffen werden. Jede Maßnahme muss einzeln auf ihre Wirtschaftlichkeit überprüft werden. Die Verteilung der Wärme erfolgt innerhalb der Gebäude, so dass die Verteilverluste noch teilweise genutzt werden können und nicht im Erdreich verloren gehen. Durch den Einsatz der KWK ergeben sich bessere Förderbedingungen für die energetische Sanierung (z. B. KfW-Förderung).

Für ein BHKW sind ca. 6000 Betriebsstunden im Jahr erforderlich, damit die Wirtschaftlichkeit erreicht wird. Je kleiner die Anzahl der Wohneinheiten ist, desto schwieriger wird dies. Übers Jahr werden ca. 85 % des Strombedarfs der versorgten Mieter vom BHKW selbst erzeugt, wobei der Bezug des notwendigen Zusatzstroms im Sommer höher ist als im Winter.

Generell setzt die STÄSERVICE auf das Summenzählermodell mit virtuellen Zählpunkten, wobei die virtuellen Zählpunkte nur dann vom Netzbetreiber gebildet werden müssen, wenn es in der Anlage Mieter gibt, die von Dritten versorgt werden. Die Absprachen mit dem Netzbetreiber zur Umsetzung dieses Messkonzeptes waren langwierig, da bei einer hohen Anzahl von fremdbelieferten Mietern am Summenzähler ein negativer Zusatzstrombezug gemessen werden kann. In einem solchen Fall muss die Einspeisung aus dem BHKW bilanziell erhöht werden, damit die Gesamtbilanz stimmt. Zur Umsetzung der ersten Mieterstromprojekte wurde externe technische und juristischen Beratung hinzugezogen.

Innerhalb der Kundenanlage fungiert die STÄSERVICE als Messstellenbetreiber. Als Abrechnungszähler werden Standard-Lastprofil-Zähler (SLP) eingesetzt, ca. 90 % mit Ferraris-Zählern, in Neubauprojekten auch elektronische Zähler. Die Erzeugungs- und Summenzähler am Übergabepunkt zum öffentlichen Netz sind Vierquadranten- bzw. registrierende Lastgangzähler (RLM).

STÄWOG Service GmbH

Die STÄWOG SERVICE GmbH wurde 2007 als 100 %iges Tochterunternehmen der Städtischen Wohnungsgesellschaft Bremerhaven mbH gegründet. Zweck der Gesellschaft ist im Rahmen eigener und fremder Gebäudewirtschaft alle Maßnahmen zu planen, zu koordinieren und mit eigenen oder fremden Kräften durchzuführen, die mit der Ver- und Entsorgung der Gebäude, insbesondere mit der Energieversorgung zu tun haben. Im Rahmen dessen kann sie z. B. Blockheizkraftwerke, Heizwerke und Solaranlagen errichten und/oder betreiben sowie die daraus gewonnenen Gewinne verwerten. Wirtschaftliche Energieversorgung für die Nutzer steht dabei genauso im Blickpunkt wie der ökologische Einsatz von Primärenergie. Es besteht ein Organvertrag mit Ergebnisabführungsvereinbarung an die STÄWOG.

Die STÄSERVICE betreibt die Heizzentralen der Muttergesellschaft STÄWOG und liefert die hieraus gewonnene Wärme über ein Energieliefercontracting an ihre Muttergesellschaft. Die Heizzentralen befinden sich grundsätzlich beim jeweiligen Vertragsbeginn im Eigentum der STÄWOG, d. h. das Wohnungsunternehmen investiert in die Energieanlagen, die der STÄSERVICE unentgeltlich im Wege der Beistellung überlassen werden. Muss eine Heizzentrale während der Vertragslaufzeit erneuert werden, investiert die STÄSERVICE und wird damit auch Eigentümerin der neuen Heizzentrale. Ende 2015 war die STÄSERVICE für die Betriebsführung von insgesamt 116 Heizanlagen verantwortlich, wovon sich 11 im Eigentum der STÄSERVICE befanden. Der gesamte Wärmeabsatz lag bei 15,6 GWh im Jahr 2015.

Neben den Heizanlagen betreibt die STÄSERVICE in den Gebäuden der STÄWOG eigene und von der STÄWOG gepachtete Blockheizkraftwerke (BHKW). Die insgesamt 10 BHKW, die die STÄSERVICE betreibt (darunter drei eigene Anlagen), erzeugten 2015 insgesamt 1,27 GWh Strom. Der produzierte Strom wird innerhalb der Kundenanlage an die STÄWOG (für Allgemein- und Hilfsstrom), die Wohn- und Gewerbemieter der STÄWOG sowie an das öffentliche Netz geliefert. Für den Mieterstrom wird ein separater Stromliefervertrag zwischen STÄSERVICE und Mieter abgeschlossen.

Die STÄSERVICE liefert Strom an Letztverbraucher und ist als Energieunternehmen bei der Bundesnetzagentur registriert. Sie unterliegt den üblichen Meldepflichten nach EnWG und EEG und muss die Zusammensetzung des von ihr gelieferten Stromes kennzeichnen. Über 85 % der in den Kundenanlagen gelieferten Energie werden mit Erdgas-betrieben BHKW erzeugt. Im Jahr 2015 ergaben sich inklusive Reststrombezug CO_2-Emissionen von 196 g/kWh, was deutlich unter dem bundesdeutschen Strommix mit 508 g CO_2-Emissionen pro kWh liegt.

Mieteransprache

Um Mieter für den im Gebäude selbst erzeugten Strom zu gewinnen, sind umfangreiche Informationen erforderlich. Das beginnt mit Informationen in der Mieterzeitung über Kraft-Wärme-Kopplung und die Vorteile des lokal erzeugten Mieterstroms. Das alleine reicht jedoch nicht aus. Das Energieschaufenster (siehe Abschnitt Beispiele) zeigt den Bewohnern, wo ihre Energie herkommt. In Gebäuden mit Mieterstrom werden zusätzlich Informationen zum Angebot, dem Preis und den Vorteilen verteilt. Außerdem kümmert sich die STÄSERVICE um den Wechsel des Anbieters und bietet auch Unterstützung bei Fragen und den erforderlichen Unterlagen – teilweise auch vor Ort bei den Mietern. Als Wohnungsunternehmen ist man ein glaubwürdiger Partner für die Mieter, auch bei elektrischer Energie. Ein weiteres wichtiges Vermarktungsargument ist der niedrige CO_2-Ausstoß des Mieterstroms. Der Preis des Mieterstromangebotes der STÄSERVICE liegt mindestens 1 Ct/kWh unter dem Strompreis des örtlichen Grundversorgers. Zusätzlich können sich Mieter Strommessgeräte beim Vermieter ausleihen, um die großen Stromverbraucher in ihrer Wohnung zu identifizieren.

Wenn ein Gebäude grundlegend saniert und anschließend neu bezogen wird, entscheiden sich meist 100 % der Mieter für das Mieterstromangebot. Bei Bestandsmietverträgen ist der Vermarktungsaufwand höher und es dauert eine Weile, bis hohe Teilnahmequoten erreicht werden. Unter Berücksichtigung der ohnehin vorhandenen Mieterfluktuation schließen mittelfristig etwa 70 bis 80 % der Mieter Stromlieferverträge mit der STÄSERVICE ab.

Erfahrungen

Neben technischen und juristischen Anforderungen müssen bei der Umsetzung von Mieterstrom auch Verträge mit dem Netzbetreiber geschlossen werden. Die Vertragsverhandlungen waren in der Anfangszeit langwierig, zwischenzeitlich läuft die Zusammenarbeit aber besser. Ein weiterer Punkt, an dem Erfahrung gesammelt werden musste, war die Stromabrechnung. Grundsätzlich erhöht sich das finanzielle Ausfallrisiko durch die Verantwortung für die Stromabrechnung. Allerdings hat die STÄWOG insgesamt die Erfahrung gemacht, dass bei nicht bezahlten Stromrechnungen aufgrund der Möglichkeit einer Stromsperre die Mieter schneller bereit sind Hilfen in Anspruch zu nehmen, um die finanziellen Probleme beseitigen zu können. Dadurch können schneller Lösungen gefunden werden als bei einer Räumungsklage in ferner Zukunft.

Die Erfahrungen der STÄWOG zeigen, dass sich ein Wohnungsunternehmen intensiv mit dem Thema Stromproduktion auseinandersetzen muss. Das gilt für die Ausgestaltung der Verträge, aber auch für die technische Umsetzung. Das kaufmännische Wissen stellt dann auch die Basis für ein Geschäftsmodell dar, das aus betriebswirtschaftlichen und strategischen Gründen ausgebaut werden sollte. Unter wirtschaftlichen Gesichtspunkten ist es notwendig, sich für Mieterstrom als ein dauerhaftes Betätigungsfeld zu entscheiden, die Durchführung eines einzelnen Projektes alleine ist nicht ausreichend. Zur Vereinfachung und Verbesserung der Wirtschaftlichkeit werden bisher nur wenige verschiedene Anlagentypen eingesetzt. Außerdem besitzt die STÄSERVICE einen eigenen Techniker, der die wichtigsten Arbeiten selbst umsetzen kann. Das vereinfacht den Betrieb und reduziert die Stillstandszeiten der Motoren. Als Contractor ist die STÄSERVICE auch am reibungslosen Betrieb und bestmöglicher Effizienz der Anlagen interessiert. Mit den installierten Messeinrichtungen kann der optimale Anlagenbetrieb anhand des Wirkungsgrads überprüft werden. Davon profitieren letztlich auch die Mieter durch niedrige Nebenkosten.

Nach fast 10 Jahren Aktivität bei Wärmeerzeugung und Mieterstrom versorgt die STÄSERVICE über 2.274 Einheiten bzw. 43 % des STÄWOG-Bestandes mit Wärme sowie 85 % der möglichen 698 Einheiten über Stromlieferverträge.

Beispiele

Die STÄWOG hat bisher 10 BHKW mit elektrischen Leistungen zwischen 5,5 kW_{el} und 34 kW_{el} in Betrieb. Die Anzahl der zu versorgenden Wohn- und Gewerbeeinheiten je Objekt liegt zwischen 12 und 106.

Feldstraße 41

Beim ersten Mieterstromprojekt der STÄSERVICE wurden im Jahr 2007 insgesamt 72 Wohneinheiten mit Wärme und Strom aus einem BHKW mit 20 kW elektrischer und 46 kW thermischer Leistung versorgt (Abb. 1 links). Der Spitzenlastkessel besitzt eine Leistung von 225 kW, so dass das BHKW auf ca. 20 % der Wärmeleistung ausgelegt ist. Im Zuge einer

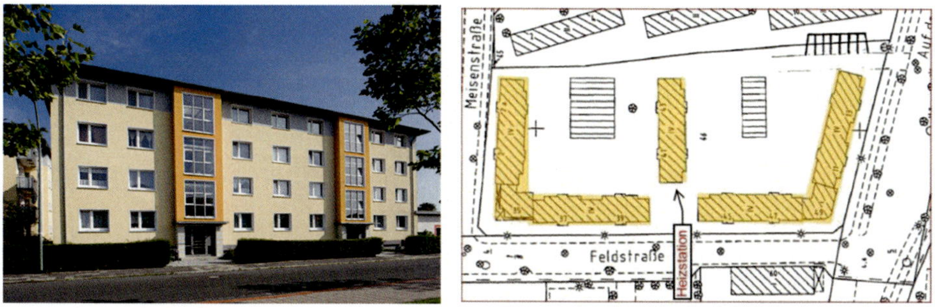

Abb. 1 Ansicht Gebäude in der Feldstraße und Lageplan mit den versorgten Hausnummern

energetischen Sanierung wurden insgesamt 10 Hauseingänge mit einer gemeinsame Energiezentrale versorgt und eine zusammenhängende Kundenanlage geschaffen (Abb. 1 rechts). Die Gesamtwohnfläche beträgt 3.776 m². Bei diesem Objekt wurde eine Teilnahmequote von 100 % erreicht und es sind bisher auch noch keine Mieter wieder zu anderen Stromversorgern weggewechselt.

Bürgermeister-Schmidt-Straße 173

In der Bürgermeister-Schmidt-Straße (Abb. 2 links) werden seit 2013 insgesamt 96 Wohn- und Gewerbeeinheiten (6.991 m² beheizter Wohnfläche) mit Wärme und Strom aus einem BHKW mit 34 kW_{el} und 78 kW_{th} versorgt. Bei dem denkmalgeschützten Gebäude war keine Außendämmung möglich, so dass neben erforderlichen Fugensanierungen an der Gebäudehülle zur Energieeinsparung eine neue Heiztechnik installiert wurde. Hier deckt das BHKW ca. 22 % der Wärmeleistung ab, der Spitzenleistungsbedarf wird in Erdgas-Spitzenlastkesseln erzeugt.

Auch bei diesem Projekt wurden insgesamt 10 Hauseingänge zusammengelegt, um eine gemeinsame Kundenanlage zu schaffen und die Wärme von der einzigen Heizzentrale zu den Wohnungen zu verteilen (Abb. 2 rechts).

Abb. 2 Ansicht Bürgermeister-Schmidt-Straße 173 (links) und Lageplan mit den versorgten Gebäuden (rechts)

Abb. 3 Gebäude Neuelandstraße 76 (links) und Lageplan mit den versorgten Gebäuden (rechts)

Neuelandstraße 76

Die Gebäude der Neuelandstraße und An der Pauluskirche stammen aus den 1950er Jahren und wurden 2014 grundlegend energetisch saniert (Abb. 3 links). Die 54 Wohnungen wurden barrierefrei umgestaltet, Gemeinschaftseinrichtungen geschaffen und durch die Verglasung der alten Laubengänge zusätzlicher öffentlicher Raum direkt vor der Haustür geschaffen, der einen Beitrag gegen die Vereinsamung der Bewohner leisten kann. Das Gebäude wurde sehr gut gedämmt, so dass es nach der Sanierung 30 % besser ist, als ein Neubau nach der Energieeinsparverordnung 2009. Auch hier wird Mieterstrom angeboten. Das Gebäude verfügt neben einem BHKW auch über eine Photovoltaikanlage (siehe unten).

Eine Besonderheit des Projekts ist das Energieschaufenster an einem Eingang des Gebäudes (Abb. 4). Die Heizzentrale mit BHKW, Spitzenlastkessel und Pufferspeicher befindet sich hier in diesem zentralen Bereich und rückt durch Fensterscheiben ins Bewusstsein der Bewohner. Ein zusätzlicher Monitor informiert über die Technik und den Betrieb der Anlage. Dieses Energieschaufenster soll einerseits mehr Interesse für das Thema Energie bei den Mietern schaffen, andererseits den Ort der Erzeugung des Mieterstroms verdeutlichen. Das Energieschaufenster schafft zusätzliche Aufmerksamkeit für den angebotenen Mieterstrom und dient somit auch dem Marketing.

Das BHKW mit 20 kW_{el} und 47 kW_{th} versorgt die Wohnungen mit insgesamt 3.549 m^2 beheizter Fläche in 7 Treppenhäusern (Abb. 3 rechts). Auch hier ist die Leistung des BHKW auf ca. 23 % der gesamten Wärmeleistung der Häuser ausgelegt. Alle Treppenhäuser wurden zu einer gemeinsamen Kundenanlage zusammengelegt und durch ein Nahwärmenetz verbunden. Die Photovoltaikanlage ist auf dem Dach so integriert, dass sie von weitem kaum zu erkennen ist (Abb. 5). Aufgrund des erforderlichen Zusatzaufwandes für das Messkonzept (Abstimmung mit dem Netzbetreiber zur getrennten Erfassung von Erzeugungsmengen mit unterschiedlicher Vergütung), die Abrechnung und die damaligen Förderbedingungen wurde entschieden, die PV-Anlage mit Volleinspeisung zu realisieren.

Abb. 4 Energieschaufenster direkt neben Hauseingang

Abb. 5 Solardach im Gebäude Neuelandstraße 76 (links) und Innenhof der Anlage (rechts)

Ausblick

Die Gründung der STÄWOG Service GmbH im Jahre 2007 wurde durch die damalige Rechtslage mit weniger strikten rechtlichen Rahmenbedingungen im Energiewirtschaftsgesetz begünstigt. Daraus entstand ein Geschäftsmodell, das sowohl der Muttergesellschaft STÄWOG als auch den Mietern nützt und auch unter heutigen rechtlichen und wirtschaftlichen Rahmenbedingungen tragfähig ist. Allerdings liegt das Unternehmensziel der STÄSERVICE nicht in der Profitmaximierung – die Energietochter muss keine zweistelligen Gewinne erwirtschaften.

Auch in Zukunft werden BHKW und Photovoltaikanlagen gebaut werden, wenn die erforderliche Größe der Kundenanlage und eine gute Auslastung des BHKW mit vertretbarem Aufwand umgesetzt werden kann. Die STÄWOG sieht sich auf dem richtigem Weg, die Energieversorgung selbst in die Hand nehmen. Zukünftig soll in Objekten mit Gas-Etagenheizung ein zentraler Übergabepunkt für Wärme und Strom geschaffen werden, um flexibel auf zukünftige Anforderungen reagieren zu können. Hierzu werden die je Wohnung vorhandenen Gas-Etagenheizungen ausgebaut und die Wärmeversorgung zentralisiert. Außerdem sollen im Neubau verstärkt BHKW eingesetzt werden.

Mieterstrom für Wohnungseigentümergemeinschaften

Lena Cielejewski, Daniel Netter und Christopher Neumann

Mieterstrom hat sich als Begriff durchgesetzt, um die Belieferung von Nutzern einer Mehrparteienimmobilie mit vor Ort erzeugtem Strom – im Folgenden mit Solarstrom vom eigenen Dach – zu beschreiben. Gesetzlich ist dies eine sogenannte Lieferung an Dritte ohne Netznutzung im Unterschied zur Eigenversorgung, welche u. a. Eigenheimbesitzer nutzen. Genau genommen ist der Begriff Mieterstrom aber verwirrend, da natürlich auch Wohnungseigentümer, nicht nur Mieter, in den Genuss von Mieterstrom kommen können. Denn das Konzept lässt sich selbstverständlich auch auf Immobilien im Besitz einer Wohnungseigentümergemeinschaft übertragen.

Ein Blick auf die Eigentümerstruktur der 3,4 Mio. Mehrfamilienhäuser in Deutschland zeigt, dass sich über die Hälfte der Immobilien im Eigentum von Privatleuten befindet. Wiederum 40 Prozent dieser Häuser, dies entspricht 805.000 Gebäuden, ist in der Hand von Wohnungseigentümergemeinschaften (WEG) (Abb. 1).

Damit ist klar, dass diese ein signifikantes Marktsegment darstellen. Soll Mieterstrom ein Baustein für eine urbane Energiewende sein, um die Stromerzeugung zum Ort des Verbrauchs zu bringen, muss auch dieses Segment bedient werden. Allerdings ist dies alles andere als trivial, da Entscheidungen gemäß des Wohnungseigentumsrechts von allen Eigentümern getroffen werden müssen, was naturgemäß mehr Zeit in Anspruch nimmt, als eine Einzelperson zu überzeugen. Daher empfiehlt es sich, bevor es an die konkrete Planung geht, bereits im Vorfeld den Entschluss der Wohnungseigentümergemeinschaft herbeizuführen, dass grundsätzlich Interesse an der Umsetzung eines Mieterstromprojekts besteht. Denn wenn auch nur ein Eigentümer gegen das Projekt stimmt, steht das ganze Vorhaben vor dem Aus. Daher sollten solche Umstände frühzeitig geklärt werden.

Lena Cielejewski (✉) · Daniel Netter · Christopher Neumann
Mitbegründer und Geschäftsführer von prosumergy, Kassel, Deutschland
e-mail: info@prosumergy.de

I. Behr, M. Großklos (Hrsg.), *Praxishandbuch Mieterstrom*,
DOI 10.1007/978-3-658-17540-5_14

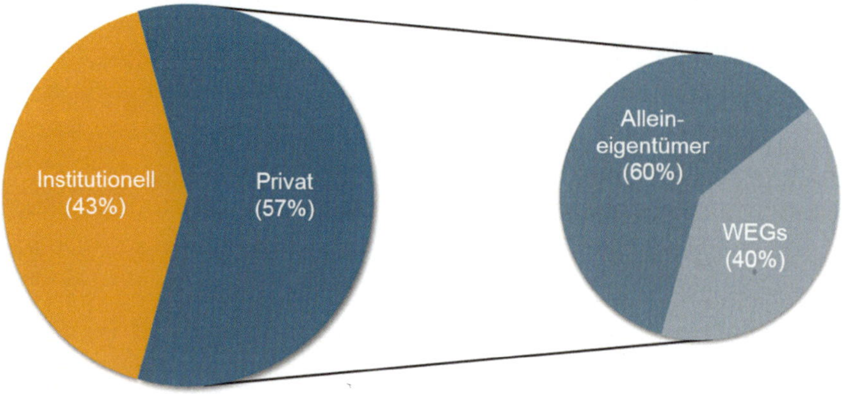

Abb. 1 Struktur der Eigentümer von Mehrfamilienhäusern in Deutschland [1]

Um die Möglichkeiten für Mieterstrom in Mehrfamilienhäusern im Besitz von Wohnungseigentümergemeinschaften zu beleuchten, werden im Folgenden zwei Projekte des Unternehmens prosumergy vorgestellt, die sich in mehreren Punkten unterscheiden.

Projekt 1: WEG mit Dachmietvertrag

Hier handelt es sich um ein zur Wohnungseigentümergemeinschaft umgewandeltes Mehrfamilienhaus in Frankfurt am Main (Abb. 2). In diesem Fall hat die WEG die Initiative ergriffen, ein Mieterstromprojekt auf dem eigenen Dach umzusetzen und ist auf prosumergy, einen spezialisierten Dienstleister für Mieterstromprojekte, aufmerksam geworden. In der Immobilie leben insgesamt sieben Parteien, wobei die Mehrzahl selbstnutzende Eigentümer ihrer Wohnung sind.

Der Ablauf der Projektentwicklung für das Mieterstromvorhaben soll im Folgenden kurz dargestellt werden.

Abb. 2 Mehrfamilienhaus in Frankfurt mit Dach in Süd-West-Ausrichtung

Schritt 1

Wie bei jedem anderen Mieterstromprojekt auch wird zunächst eine umfangreiche Checkliste ausgefüllt. Dieser Fragebogen klärt u. a. die Gebäudevoraussetzungen hinsichtlich der Installation einer Photovoltaik-Anlage, die elektrotechnischen Gegebenheiten und die Größenordnung des Strombedarfs im Gebäude. Gibt es dazu keine historischen Daten, wird der Verbrauch auf Basis von Lastprofilen prognostiziert, die der Bewohnerstruktur in besonderer Weise Rechnung tragen. Je vollständiger die Checkliste ausgefüllt wird, desto präziser kann ein erstes Exposé angefertigt werden. Dieses gibt Auskunft über die Dimensionierung der Anlage, den darstellbaren Strompreis für die Bewohner sowie die Wirtschaftlichkeit für den Investor der Photovoltaik-Anlage. Im vorliegenden Projekt wird eine Anlage mit einer Leistung von ca. 10 kWp empfohlen und den Bewohnern im Haus kann ein Strompreis angeboten werden, der nicht nur im Arbeitspreis, sondern auch im Grundpreis günstiger ist als der beste Tarif des Grundversorgers. Diese Preise werden in Abhängigkeit diverser Faktoren, wie etwa der Kosten der PV-Anlage und der Messtechnik, aber auch der prognostizierten Eigenverbrauchsquote, projektspezifisch kalkuliert. Da prosumergy als Energievollversorger im Haus auch Strom liefert, wenn die Sonne nicht scheint, bezieht das Unternehmen Zusatzstrom aus dem Netz, für den natürlich sämtliche staatliche Strompreisbestandteile gezahlt werden müssen. Diese fallen abgesehen von der EEG-Umlage für den direkt an die Bewohner gelieferten Solarstrom vom eigenen Dach nicht an. Damit stellt der von prosumergy angebotene Preis eine Mischkalkulation aus dem Netzstrompreis und dem Solarstrompreis dar, da jede Kilowattstunde zum gleichen Preis an die Kunden geliefert wird, egal, wann diese verbraucht wird. Dieses erste Exposé ist nicht verbindlich, sondern dient als Entscheidungsgrundlage, auf deren Basis Schritt 2 erfolgt. Beispielsweise gab es seitens der WEG Wünsche, wie das Dach mit Modulen belegt werden soll. Was Mietern häufig nicht wichtig ist, interessiert Eigentümer, die selbst vor Ort leben, in der Regel stärker.

Schritt 2

Anders als bei einem Einzeleigentümer eines Gebäudes bestehen bei WEGs umfassende Regelungen im Wohnungseigentumsrecht, die es im Zuge der Umsetzung eines Mieterstromprojektes in Zusammenarbeit mit einer WEG zu beachten gilt. Letzten Endes muss die WEG den Beschluss fassen, dass die Photovoltaikanlage auf dem Dach installiert werden soll. Da eine Solaranlage eine bauliche Veränderung des Gebäudes darstellt, muss der Beschluss einstimmig gefasst werden. Dies kann entweder im Umlaufverfahren per Brief oder bei der Wohnungseigentümerversammlung geschehen. In diesem Beispiel investiert prosumergy in die PV-Anlage und wird so zur Eigentümerin der PV-Anlage. Um die PV-Anlage auf dem Dach installieren zu können, schließt die WEG einen Dachmietvertrag mit prosumergy. Für die Zurverfügungstellung der Dachfläche erhält die WEG jährlich eine Dachmiete, die als Einnahme aus Vermietung und Verpachtung umsatzsteuerfrei in der Hausgeldabrechnung der WEG berücksichtigt werden kann.

Schritt 3

Nach Absprache des Messkonzepts mit dem Netzbetreiber sowie nach Anmeldung der PV-Anlage bei diesem, kann nun die Photovoltaikanlage installiert werden (Abb. 3). Die Anlage wurde von prosumergy so geplant, dass sie unter Berücksichtigung der Dachgegebenheiten optimal zum Verbrauch im Haus passt, sodass sich ein wirtschaftliches Optimum zwischen Vor-Ort-Verbrauchsquote und Autarkiegrad ergibt. Hier gehen wir von einem Vor-Ort-Verbrauch von mindestens 60 Prozent aus.

Nach der Installation erfolgt in Abstimmung mit dem Netzbetreiber die Inbetriebnahme. Erst ab diesem Zeitpunkt kann die Stromlieferung an die Bewohner beginnen (siehe Abb. 4). Wie bei jedem Mieterstromprojekt besteht die Stromanbieterwahlfreiheit, sodass es jedem Nutzer völlig frei steht, Stromkunde von prosumergy zu werden oder nicht. Bei dieser WEG wohnt allerdings ein Großteil der Wohnungseigentümer in den eigenen Wohnungen,

Abb. 3 Vertragskonstellation zur Miete eines Daches

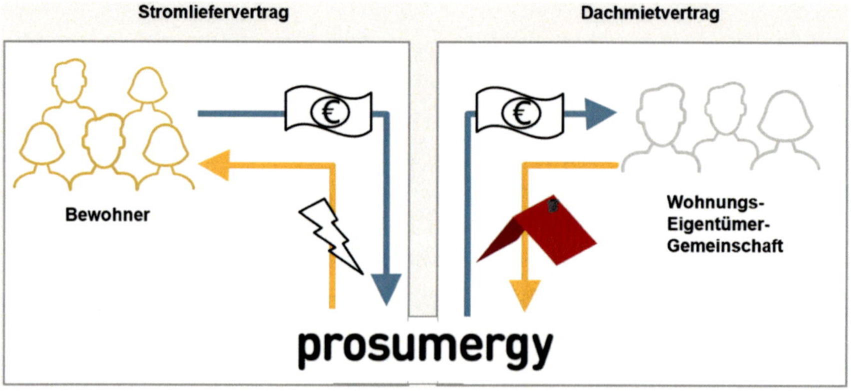

Abb. 4 Installierte Photovoltaikanlage auf dem Dach des Hauses der WEG

weshalb sich mit dem Beschluss zur Errichtung der PV-Anlage bereits eine hohe Beteiligungsquote abgezeichnet hat. Tatsächlich sind alle Bewohner Kunde von prosumergy und auch der Allgemeinstrom wird durch das Unternehmen bereitgestellt. Damit besteht eine Beteiligungsquote von 100 Prozent, welche das große Potenzial für Mieterstrom bei WEGs unterstreicht. Denn im Gegensatz zu Immobilien im Eigentum von institutionellen Vermietern, wohnen die Eigentümer selbst vor Ort oder kennen die Mieter oftmals persönlich. Dieses hohe Maß an Unmittelbarkeit führt zu hohen Beteiligungsquoten.

Das Messkonzept ist das Summenzählermodell, welches über die Einrichtung virtueller Zählpunkte auch ohne den Einbau zusätzlicher Technik ermöglicht, Kundenabrechnungen zu erstellen (siehe Kapitel „Messkonzepte"). So können ggf. auch Kundenwechsel problemlos abgewickelt werden. Es wurden intelligente Zähler verbaut, die eine Fernauslesbarkeit der Zählerstände ermöglichen. Ab 2017 soll damit auch den Kunden im Haus die Möglichkeit gegeben werden, ein Portal zu nutzen, auf dem sie Solarertrag und ihren individuellen Verbrauch einsehen können. Dadurch wird den Konsumenten weitere Teilhabe an der Solarproduktion und eine größere Verbrauchs- und Kostentransparenz ermöglicht.

Mieterstrom versus Eigenversorgung im Falle von WEGs

Mieterstrom richtet sich an einen zweiseitigen Markt: An die Bewohner, welche im Normalfall Mieter sind und an den oder die Vermieter. Im Falle von Wohnungseigentümergemeinschaften kann es somit zu Überschneidungen kommen: Die Wohnungseigentümer können ihre Wohnung vermieten oder selbst dort wohnen. Im letzten Fall ist also eine Person gleichzeitig Stromnutzer und Gebäudeeigentümer, was üblicherweise bei Mieterstrom eben nicht der Fall ist. Dies führt jedoch nach Auffassung der Bundesnetzagentur dennoch nicht dazu, dass die gesetzliche Lieferung an Dritte zu einer Eigenversorgung wird wie im Fall vom freistehenden Eigenheim.

Augenblicklich – solange die noch offene Mieterstromverordnung nach § 95 Nummer 2 EEG 2017 nichts Gegenteiliges regelt – ist lediglich die Eigenversorgung hinsichtlich der EEG-Umlage privilegiert, Mieterstrom hingegen nicht. Aus diesem Grund hat es in der Vergangenheit immer wieder Versuche gegeben, auch bei Mieterstromprojekten eine Eigenversorgung zu konstruieren, um den wirtschaftlichen Vorteil der EEG-Umlage-Privilegierung nutzen zu können. Jedoch hat die Bundesnetzagentur klargestellt [2], dass dies selbst im Falle von ausschließlich selbst genutzten Eigentumswohnungen nicht möglich sei. Denn dafür müsse zwingend eine strikte Personenidentität bestehen, welche selbst dann nicht gegeben sei, wenn eine WEG in eine Solaranlage investiert, diese selbst betreibt und die Mitglieder der WEG versorgt. Denn durch den gemeinsamen Betrieb der PV-Anlage werde die WEG, so die Auffassung der Bundesnetzagentur, zu einer Betreiber-GbR, die nicht personenidentisch mit den einzelnen sie konstituierenden WEG-Mitgliedern sei. Daher muss diesen Versuchen eine Absage erteilt werden, um nicht das Risiko einzugehen, irgendwann die EEG-Umlage nachzahlen zu müssen und den weiteren umfangreichen Energieversorgerpflichten ungewollt zu unterliegen.

Projekt 2: WEG mit Solarstromanlagen-Mietvertrag

Das zweite Beispiel ist eine WEG-Immobilie in Lippstadt. Auf dem Gebäude ist bereits 2013 eine Photovoltaikanlage mit einer Leistung von gut 16 kWp installiert worden (Abb. 5). Eigentümer der Anlage ist die Wohnungseigentümergemeinschaft, welche prosumergy mit dem Betrieb der Anlage beauftragt hat. Alle Wohnungen in der Immobilie sind vermietet: es wohnen tatsächlich nur Mieter im Haus.

Schritt 1

Auch im Fall von Bestandsanlagen müssen vor der Realisierung von Mieterstromprojekten umfangreiche Informationen eingeholt werden, um zu kalkulieren, welcher Strompreis im Gebäude angeboten werden kann. Aufgrund besonderer Umstände der Anlagenfinanzierung kann hier der Strom zu einem deutlich günstigeren Arbeitspreis als beim günstigsten Tarif des Grundversorgers angeboten werden, der Grundpreis entfällt sogar gänzlich. Daher machen 100 Prozent der Bewohner mit. Auch der Allgemeinstrom wird von prosumergy geliefert. Ansonsten orientiert sich das Verfahren in Schritt 1 an dem Vorgehen im ersten Beispiel. Um eine Fernauslesbarkeit der Anlage sicherzustellen, wurde hier eine Schnittstelle im Wechselrichter nachgerüstet, damit dieser mit dem Datenlogger verbunden werden kann. Ansonsten sind in diesem Fall keine weiteren technischen Installationen notwendig, da auch die bestehende Zählerstruktur übernommen werden konnte.

Schritt 2

Hinsichtlich der Vertragskonstellation ergibt sich im zweiten Beispiel eine andere Konstellation als im ersten Projekt. Da die WEG bereits Eigentümerin der Photovoltaikanlage ist, muss das Dach nicht vermietet werden. In diesem Fall mietet prosumergy die

Abb. 5 Bestandsanlage auf dem Flachdach der WEG in Lippstadt

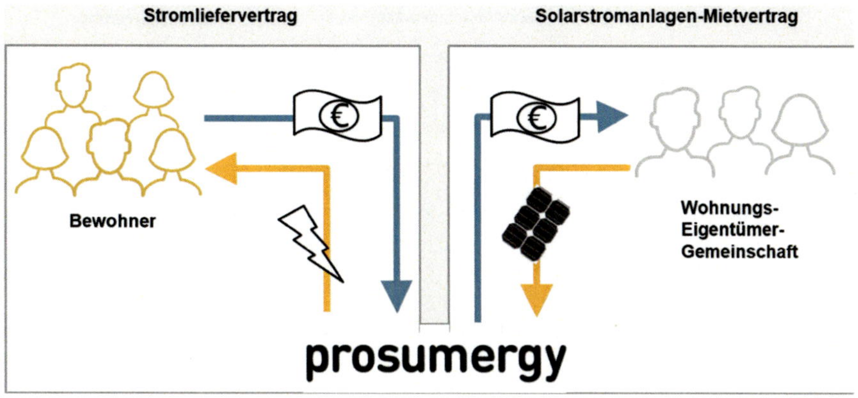

Abb. 6 Vertragskonstellation zur Miete einer Solarstromanlage

Anlage über einen Solarstromanlagen-Mietvertrag, sodass der Dienstleister Betreiber der Anlage wird und somit alle gesetzlichen Melde- und Transparenzpflichten wahrnehmen kann (siehe Abb. 6). Damit kann der Dienstleister zum Anlagenbetreiber und Energieversorgungsunternehmen in der Kundenanlage werden.

Schritt 3

Bei dieser Bestandsanlage erfolgte die Inbetriebnahme bereits in der Vergangenheit. Es muss allerdings eine Ummeldung der PV-Anlage im Anlagenregister der Bundesnetzagentur gegenüber dem örtlichen Verteilnetzbetreiber sowie dem regelverantwortlichen Übertragungsnetzbetreiber erfolgen. Die Stromlieferung an die Bewohner kann mit Datum des Mietbeginns der Photovoltaikanlage starten. Die Aussagen zur Stromanbieterwahlfreiheit im ersten Beispiel treffen auch im zweiten Projekt gleichermaßen zu.

Fazit

Die zwei Beispiele decken die Szenarien ab, bei welchen die WEG dem Mieterstromanbieter entweder nur das Dach zur Verfügung stellt oder selbst in die Photovoltaikanlage investiert. Das bedingt den Einsatz verschiedener Verträge. In beiden Fällen kann es aber auch zu anderen Vertragskonstellationen kommen. Wenn die WEG nicht selbst investieren möchte und auch der Mieterstromanbieter nicht selbst investiert, kann ein externer Investor hinzugezogen werden. Dieser könnte zum Beispiel eine örtliche Bürgerenergiegenossenschaft (BEG) sein. In diesem Fall wird ein Dachmietvertrag zwischen der Bürgerenergiegenossenschaft und der WEG geschlossen. Die Genossenschaft wird Eigentümer der PV-Anlage und vermietet diese wiederum über einen Solarstromanlagen-Mietvertrag an

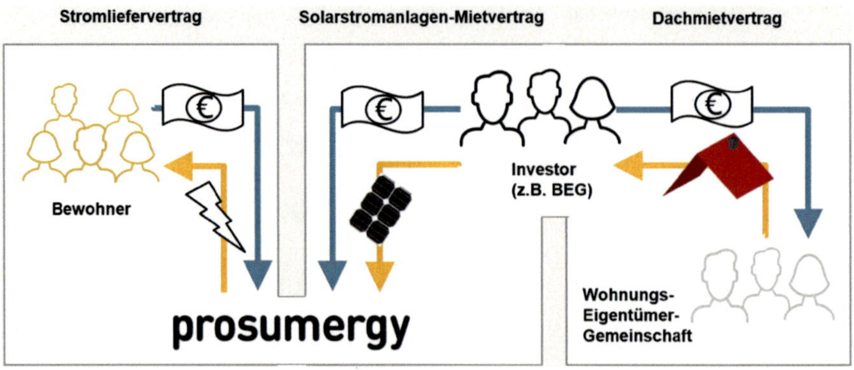

Abb. 7 Vertragskonstellation mit Energiegenossenschaft oder GbR als Anlageneigentümer

den Mieterstromanbieter oder tritt mit Unterstützung eines Dienstleisters selbst als Mieterstromanbieter auf. Auch so ist ein reibungsloser Ablauf gegeben.

Auch ist ein Szenario denkbar, in dem die WEG nicht als Ganzes investiert, sondern nur ein Teil der Eigentümer als Investor auftritt (Abb. 7). Auch in diesem Fall wird zwischen der WEG und der Gruppe der Geldgeber, welche eine GbR zu diesem Zweck gründen können, ein Dachmietvertrag geschlossen, welcher nicht notwendig ist, wenn die WEG als Ganzes investiert. Immer ist zu empfehlen, dass die Eigentümer einen Steuerberater zu Rate ziehen, da sich aus der individuellen Situation, z. B. wenn ein Eigentümer selbstständig tätig ist, bestimmte Implikationen für die steuerliche Betrachtung ergeben, die sich auf die Gestaltung der Mietzahlungen auswirken.

Die Zusammenarbeit mit WEGs gestaltet sich vor allen Dingen reibungslos, wenn unter den Eigentümern ein Ansprechpartner das Projekt in die Hand nimmt und auch innerhalb der Wohnungseigentümerversammlung koordiniert und forciert. Diese Rolle kann auch von einem Verwalter übernommen werden. Insgesamt ist die Konstellation bei WEGs besonders anfällig für Störenfriede, da wie erläutert, Einstimmigkeit in der Entscheidung für ein Mieterstromprojekt bestehen muss. Scheut der Verwalter den Aufwand für sich oder ist ein Eigentümer gegen das Projekt eingenommen, ist der Projektierungsaufwand umsonst. Deshalb ist es in diesem Zusammenhang wichtiger als bei anderen Eigentümerkonstellationen, dass frühzeitig ermittelt wird, ob seitens aller Eigentümer Interesse und Umsetzungsbereitschaft bestehen oder eben nicht. Gelingt die Umsetzung, profitiert das Projekt im besonderen Maße, da üblicherweise hohe Beteiligungsquoten winken.

Literatur

[1] Diagrammquelle: BBSR-Online-Publikation, Nr.02/2015. Privateigentümer von Mietwohnungen in Mehrfamilienhäusern

[2] Bundesnetzagentur zu Eigenstrom: Bundesnetzagentur (2016) – Leitfaden zur Eigenversorgung (Juli 2016)

Weiterentwicklung von Mieterstrommodellen mit Hilfe von Smart Building Technik – Ergebnisse des Projektes ProSHAPE

Severin Beucker, Manfred Riedel, Friedrich Sick, Jürgen Tacken, Thomas Dittmann und Oliver Zernahle

Mieterstrommodelle und Smart Building Technik

Smart Building Technik spielt bei der Umsetzung und Weiterentwicklung von Mieterstrommodellen eine zentrale Rolle. Der Einsatz von automatisierten und dezentralen Steuerungssystemen in Gebäuden und Quartieren ermöglicht, bisher schwer erfassbare Energieeinsparmöglichkeiten im Gebäudesektor zu erschließen und dezentral erzeugten Strom und Wärme lokal zu nutzen. Eine besondere Bedeutung kommt der Technik in Verbindung mit Mieterstrom und einer zukünftigen, regenerativen Energieversorgung zu. Die damit einhergehende Dynamik bei Energiepreisen und Netzgebühren wird Anreize für die netzdienliche Einbindung von Wohnquartieren mit ihren Erzeugungsanlagen und Speichermöglichkeiten schaffen [3]. Smart Building Technik und insbesondere Dezentrale

S. Beucker (✉)
Borderstep Institut für Innovation und Nachhaltigkeit, Berlin, Deutschland
e-mail: beucker@borderstep.de

M. Riedel
Dr. Riedel Automatisierungstechnik GmbH, Berlin, Deutschland

F. Sick
Hochschule für Technik und Wirtschaft (HTW), Berlin, Deutschland

J. Tacken
Firma Redknee, Berlin, Deutschland

T. Dittmann
Wohnungsbaugenossenschaft Zentrum eG, Berlin, Deutschland

O. Zernahle
Berliner Energieagentur GmbH, Berlin, Deutschland

I. Behr, M. Großklos (Hrsg.), *Praxishandbuch Mieterstrom*,
DOI 10.1007/978-3-658-17540-5_15

Energiemanagementsysteme bilden die Grundlage hierfür, da sie eine Flexibilisierung der Energienutzung in Gebäuden und Quartieren erlauben.

Dezentrales Energiemanagement ist ein Steuerungsansatz der Smart Building Technik, der es ermöglicht, den Energiebedarf in Gebäuden verlässlich zu prognostizieren, Erzeugungsanlagen, z. B. Blockheizkraftwerke (BHKW), bedarfsgerecht zu betreiben und einen hohen Anteil der erzeugten Energie (Wärme und Strom) für die Eigenversorgung in Gebäuden oder Quartieren zu nutzen.

Eine solche Steuerung von BHKW, die sowohl eine wärme- als auch eine stromorientierte Betriebsführung zulässt, ist ein neuer Ansatz, der auch für die Versorgung von Quartieren mit eigenerzeugtem Mieterstrom sehr gut anwendbar ist. Bisher werden BHKW in erster Linie wärmegeführt betrieben und lassen dann nur wenig Flexibilität für die Eigennutzung des erzeugten Stroms zu. Dieser wird meist gegen Vergütung in das öffentliche Stromnetz eingespeist.

Mithilfe von Dezentralem Energiemanagement können Wärme- sowie Strombedarfe in Gebäuden und Quartieren auf Grundlage von Gebäudephysik, Wetterdaten und vergangenen Verbräuchen der Bewohner mit großer Genauigkeit prognostiziert werden. Zudem können die thermische Speicherfähigkeit der technischen Anlagen (Heizungssystem, Warmwasserpufferspeicher, etc.) und der Gebäudemasse als zusätzliche Parameter für die Steuerung eines BHKW verwendet werden. So können hohe Anteile der erzeugten Wärme und des Stroms innerhalb eines Gebäudes oder Quartiers genutzt werden, ohne das Komforteinbußen für die Bewohner entstehen.

Das Forschungsvorhaben ProSHAPE

Der beschriebene Steuerungsansatz wurde im Rahmen des Verbundforschungsprojektes ProSHAPE[1] entwickelt und in einem Wohnquartier in Berlin, Prenzlauer Berg, erprobt. Die nachfolgenden Ergebnisse wurden im Rahmen dieses Projektes gewonnen.

[1] Das Verbundvorhaben ProSHAPE (FKZ 01MG13002) wurde vom Bundesministerium für Wirtschaft und Energie im Rahmen des Themenfeldes Konvergente IKT von Januar 2014 bis September 2016 gefördert. Die Projektpartner des Verbundes waren: das Borderstep Institut (Koordination), die Berliner Energieagentur, das DAI-Labor der TU Berlin, die Dr. Riedel Automatisierungstechnik GmbH, die Redknee Deutschland GmbH sowie die Wohnungsbaugenossenschaft Zentrum eG. Außerdem gehörten zu dem Verbund die assoziierten Partner Bundesverband deutscher Wohnungs- und Immobilienunternehmen (GdW), der Verband Berlin-Brandenburgischer Wohnungsunternehmen sowie die Unterauftragnehmer B.A.U.M. Consulting, das Innovationszentrum Connected Living, die Hochschule für Technik und Wirtschaft (HTW) Berlin und SKW Schwarz Rechtsanwälte.

Entwicklungsziele im Vorhaben

Das Verbundforschungsprojekt ProSHAPE zielt darauf ab, die bereits existierende Technik des Dezentralen Energiemanagements so weiterzuentwickeln, dass sie für die Energiekostenminimierung in städtischen Quartieren eingesetzt werden kann. Dies soll durch folgende Ziele erreicht werden:

1. Die Entwicklung einer technischen Lösung, die das Dezentrale Energiemanagementsystem für die Energiekostenminimierung (Wärme und Strom) in Quartieren mit eigenen BHKW nutzt. Dabei sollen verschiedene Optimierungsfragen gelöst werden. Z. B. die Frage, ob der Betriebszeitpunkt des BHKW durch Nutzung der thermischen Speicherfähigkeit der Gebäudemasse und seiner wärmetechnischen Anlagen verlagert werden kann. Dadurch soll es möglich werden, die Bewohner mit einem hohen Anteil an Mieterstrom zu versorgen und wenig Strom aus dem Netz zu beziehen (stromorientierte Betriebsführung des BHKW).
2. Da zukünftig mit einer Dynamisierung von Energiepreisen (Strom und Gas) zu rechnen ist, sollte auch untersucht werden, wie ein Dezentrales Energiemanagement im Quartier auf variable Preise reagieren kann und diese für die Reduktion von Energieverbrauch und Kosten im Quartier nutzen kann. Hierfür sollten Geschäftsmodelle und Software-Mehrwertdienste entwickelt werden, die auf sich verändernde Preise reagieren und eine Entscheidungshilfe für Betreiber des Energiemanagements (Wohnungsbauunternehmen, Contractoren, etc.) in Quartieren bereitstellen.
3. Schließlich sollten die entwickelte Technik sowie die Dienste in einem Feldversuch bzw. realitätsnahen Demonstratoren erprobt werden. Dadurch sollten Erkenntnisse für die Umsetzung im Gebäudesektor sowie zur Verbesserung von Produkten und Geschäftsmodellen über das Projektende hinaus gewonnen werden.

Im Vorhaben ProSHAPE steht somit die Analyse und Optimierung des Energieverbrauchs in städtischen Wohnquartieren im Mittelpunkt. Zentrales Ziel ist es, das Quartier effizient mit Wärme aus einer Heizungsanlage (BHKW und Spitzenlastkessel) zu versorgen. Darüber hinaus sollen die Bewohner mit Mieterstrom aus dem BHKW beliefert werden.

Üblicherweise wird der in dezentralen BHKW gewonnene Strom direkt in das öffentliche Netz eingespeist und über das Kraft-Wärme-Kopplungsgesetz vergütet. Im Vorhaben ProSHAPE wird der Strom dagegen zur Eigenversorgung der Bewohner des Quartiers genutzt. Die Steuerung der Wärme- und Stromversorgung im Quartier erfolgt über das Dezentrale Energiemanagementsystem.

Die in ProSHAPE verfolgten Ziele und Optimierungsfragen sind in Abb. 1 zusammengefasst.

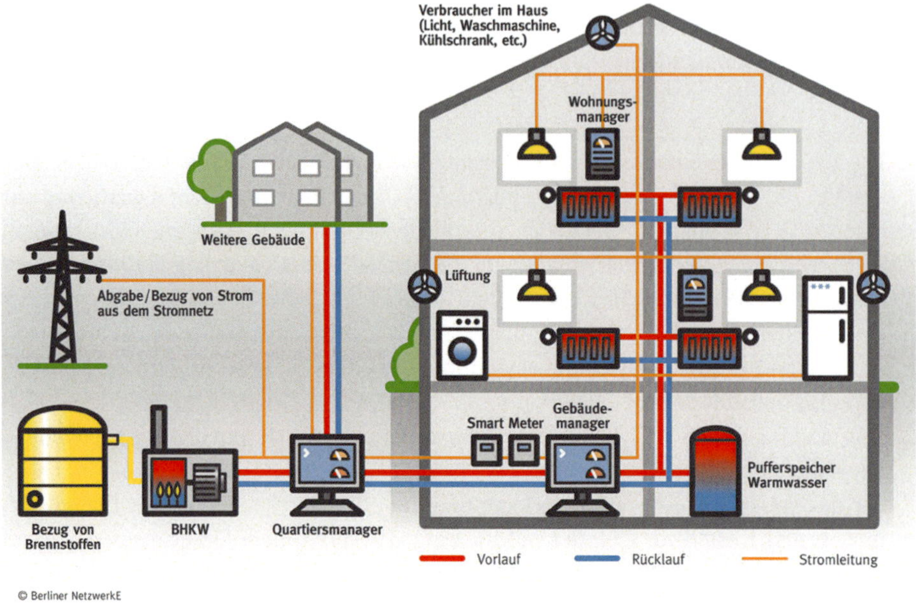

Abb. 1 Gesamtdarstellung der in ProSHAPE verfolgten Ziele und Optimierungsfragen (Quelle: Berliner NetzwerkE)

Genutzte Technik und Vorgehensweise

Die für das Energiemanagement genutzte Smart Building Technik besteht aus einem gebäudetechnischen Steuerungs- und Automatisierungsansatz der Firma Dr. Riedel Automatisierungstechnik GmbH. Dieser umfasst Steuerungskomponenten (Sensoren, Aktoren, Steuerungselektronik) und Software (Betriebssystem, Optimierungsalgorithmen, Softwaredienste), die den Energieverbrauch in einem Gebäude optimieren. Sensoren und Aktoren auf Raum-, Wohnungs- und Gebäudeebene sind miteinander vernetzt.

Das System besitzt eine hierarchische Steuerungslogik. D. h. dass Regelgrößen zunächst auf der Raum- bzw. Wohnungsebene erfasst (z. B. gemessene Temperatur) bzw. von den Bewohnern in einem Wohnungsmanager definiert werden (z. B. Nutzungszeiten eines Raums). Diese Daten werden an eine zentrale Steuerungseinheit, den Gebäudemanager, weitergeleitet, der die Optimierung und Steuerung der zentralen Heizanlage und Energieversorgung übernimmt. Eine detaillierte Beschreibung des Systems erfolgt in Abschn. „Umsetzung des Dezentralen Energiemanagements im Quartier“.

Da das Dezentrale Energiemanagement in Gebäuden und Quartieren meist mit Investitionen verbunden ist, die auf mehrere Partner verteilt werden (z. B. Wohnungsunternehmen,

Versorgungsunternehmen, Contractoren), beschäftigt sich das Vorhaben auch mit Geschäftsmodellen[2] für die Umsetzung der entwickelten Technik. Im Vorhaben wurde analysiert, wie unter heutigen und zukünftigen Rahmenbedingungen (Energiekosten, Recht, Standards und umweltpolitische Ziele) die Finanzierung und der Betrieb des Dezentralen Energiemanagements wirtschaftlich umgesetzt werden kann. Zudem wurde untersucht, wie die Geschäftsmodelle durch Anpassungen oder die Integration neuer Partner übertragbar gemacht werden können (siehe auch Abschn. „Betriebs- und Finanzierungsmodelle ...").

Außerdem war es Ziel des Vorhabens zu bewerten, ob und in welchem Umfang Wärme in der Gebäudemasse gespeichert werden und somit innerhalb der Komfortgrenzen der Bewohner eine zeitliche Verschiebung und Anpassung der Wärmeversorgung erfolgen kann. Dies ist für Mieterstrommodelle von Bedeutung, da durch eine Verlagerung des Betriebszeitpunktes von BHKW höhere Eigennutzungsquoten für den Strom erzielt werden können. Für diesen Zweck wurde das Quartier thermisch modelliert. Mit einer dynamischen Simulation sollte das thermische Verschiebepotenzial unter Ausnutzung der Gebäudeträgheit bestimmt werden (siehe Abschn. „Thermische Simulation ...").

Schließlich sollte mit ProSHAPE auch gezeigt werden, wie Gebäude und Quartiere mit Dezentralem Energiemanagement zukünftig auf variable Preise von Strom und Wärme reagieren können. Dies würde es ermöglichen, den Gebäudesektor stärker als bisher bei der Umsetzung der Energiewende zu berücksichtigen. Hierfür wurden Abrechnungsdienste entwickelt, die eine netzdienliche Einbindung von Quartieren und deren Bewohner über Preismechanismen ermöglichen (siehe Abschn. „Mehrwertdienste ...").

Erprobung in einem Quartier in Berlin

Für die praktische Erpobung der in ProSHAPE entwickelten Technik sowie die Bewertung der Übertragbarkeit der Ergebnisse auf vergleichbare Quartiere wurde die Berliner Wohnungsbaugenossenschaft Zentrum eG als Partner gewonnen. Zeitgleich mit dem Vorhaben war von der Genossenschaft in dem Quartier eine Sanierung der Heizung und Wärmeversorgung geplant, die durch das Vorhaben unterstützt und mit einem innovativen Ansatz für das Energiemanagement erweitert wurde.

Mit der Sanierung wurde in dem Quartier, das aus 6 Wohngebäuden mit insgesamt 224 Wohnungen besteht (siehe Abb. 2), ein Nahwärmenetz geplant und umgesetzt. Die Wärmeversorgung erfolgt über ein leistungsgeregeltes BHKW (34 kW_{el} / 78 kW_{th}). Dieses stellt die Grundlastversorgung für Wärme sicher und produziert Strom für den quartierseigenen Bedarf. Vier zusätzliche Spitzenlastkessel mit einer Gesamtleistung von 520 kW

[2] Nach Wirtz [6] bildet ein Geschäftsmodell in stark vereinfachter und aggregierter Form ab, welche Ressourcen in ein Unternehmen fließen und wie diese durch den innerbetrieblichen Leistungserstellungsprozess in vermarktungsfähige Informationen, Produkte und/oder Dienstleistungen transformiert werden. Ein Geschäftsmodell ist demnach eine modellhafte und idealtypische Beschreibung eines Nutzerversprechens, einer Wertschöpfungssystems und eines Ertragsmodells.

Abb. 2 Das Erprobungsquartier von ProSHAPE in Berlin Prenzlauer Berg (Quelle: WBG Zentrum eG)

sichern die Wärmeversorgung bei höheren Lasten im Winter. Zur Heizungs- und Warmwasserversorgung der einzelnen Gebäude wurden Unterstationen eingebaut.

Parallel wurde das Quartier im Rahmen von ProSHAPE mit der Technik des Dezentralen Energiemanagements ausgestattet. Der reguläre Betrieb der Wärmeversorgung und der Pilotbetrieb des Dezentralen Energiemanagements im Quartier wurden im Oktober 2015 aufgenommen. Die Pilotphase ist zum Zeitpunkt dieser Veröffentlichung nicht abgeschlossen. Alle im Folgenden dargestellten Zwischenergebnisse beziehen sich daher auf die seit dem Start des Piltobetriebs gewonnenen Erkenntnisse.

Betreiber- und Finanzierungsmodell für das Dezentrale Energiemanagement

Die Umsetzung des Dezentralen Energiemanagements in Gebäuden und Quartieren erfordert je nach Zustand der vorhandenen Heiz- und Anlagentechnik unterschiedliche Investitionen in Planung, Technik und Ausführung. Da mit der Umsetzung zudem oft weitere Modernisierungsmaßnahmen, wie eine Sanierung von Heizungstechnik, ein Austausch von Fenstern oder Dämmmaßnahmen, einhergehen, sind Investitions- und Amortisationsrechnungen immer von den konkreten Rahmenbedingungen eines Vorhabens abhängig. Ziel von ProSHAPE war es, aus diesen Erfahrungen verallgemeinerbare Erkenntnisse zu Geschäftsmodellen abzuleiten.

Die Maßnahmen in dem Quartier in Berlin, Prenzlauer Berg, verfolgten somit mehrere Absichten. Zum einen sollte die bestehende Heiztechnik (Gasetagenheizung) durch eine zentrale, wirtschaftlichere und wartungsärmere Anlage ersetzt werden. Zum anderen bestand seitens der Wohnungsbaugenossenschaft die Bereitschaft, mit dem Energiemanagement im Quartier eine innovative Möglichkeit zur Energieeinsparung zu erproben und damit einen Beitrag zum Umwelt- und Klimaschutz zu leisten. In Abstimmung mit einem energietechnischen Planer entschied sich die Wohnungsbaugenossenschaft für eine Kombination aus dezentraler Energieversorgung (BHKW + Spitzenlastkessel + Nahwärmenetz) und Dezentralem Energiemanagement als Steuerungsansatz im Quartier.

Neben der Wärmversorgung wurde auch die Eigenstromversorgung der Mieter als interessant gewertet, da aus der Kombination eines attraktiven Tarifs und selbsterzeugtem Strom ein weiterer Anreiz für einen effizienten Umgang mit Energie im Quartier entsteht. Über das Nutzerinterface des Dezentralen Energiemanagements wird den am Mieterstrommodell teilnehmenden Bewohnern zudem ihr kumulierter Stromverbrauch angezeigt. Sie können ihren Stromverbrauch so besser nachvollziehen.

Die Umsetzung des Energiemanagements im Quartier stellte die Wohnungsbaugenossenschaft vor eine komplexe Entscheidungssituation. Diese war mit der Frage verbunden, wie die notwendigen Investitionen getätigt bzw. verteilt werden können und ob die Genossenschaft selbst als Stromerzeuger und -lieferant auftreten kann. Aufgrund möglicher steuerlicher Risiken beim Gewerbesteuerrecht für die Genossenschaft und der komplexen energietechnischen sowie -wirtschaftlichen Anforderungen entschied sich die Genossenschaft gegen die Rolle des Betreibers und Stromlieferanten. Mit der Berliner Energieagentur als langjährigem Betreiber von BHKW-Anlagen im Mieterstrommodell in Berlin wurde im Rahmen einer Ausschreibung ein erfahrener Partner für diese Rolle ausgewählt.

In dem im Erprobungsquartier Berlin, Prenzlauer Berg umgesetzten Modell, wurden die Investitionen auf zwei Partner verteilt. Während die Wohnungsbaugenossenschaft das Nahwärmenetz, die Sanierung der Heizungsanlagen (inklusive Spitzenlastkessel) sowie das Dezentrale Energiemanagementsystem finanzierte, wurde das BHKW durch die Berliner Energieagentur als Contractor bereitgestellt, geplant und errichtet. Es wird auch durch diese als Energiedienstleister betrieben. Das Modell, die an ihm beteiligten Partner sowie die ihm zugrunde liegenden Beziehungen sind in der folgenden Abb. 3 dargestellt.

Die Abbildung verdeutlicht, dass dem Modell mehrere, vertraglich zu regelnde Leistungen zu Wärme- und Stromlieferungen zugrunde liegen. Neben der Wohnungsbaugenossenschaft und dem Contractor sind an dem Modell auch Technologieunternehmen und Dienstleister beteiligt, die mit dem Wärmemanagement und der Abrechnung von Wärme bzw. Heizkosten befasst sind. Den oben skizzierten Beziehungen liegen drei Verträge zugrunde: ein Stromliefer-, ein Wärmeliefer- sowie ein Dienstleistungsvertrag für die Ablesung/Abrechnung der mieterbezogenen Heiz- und Wasserkosten.

Zusätzlich wurden zwei weitere Modelle entwickelt, die mit anderen Partner- bzw. Finanzierungsvarianten umgesetzt werden können. Alle Modelle wurden mit der Methode der szenariobasierten Geschäftsmodellentwicklung erarbeitet und dokumentiert [1].

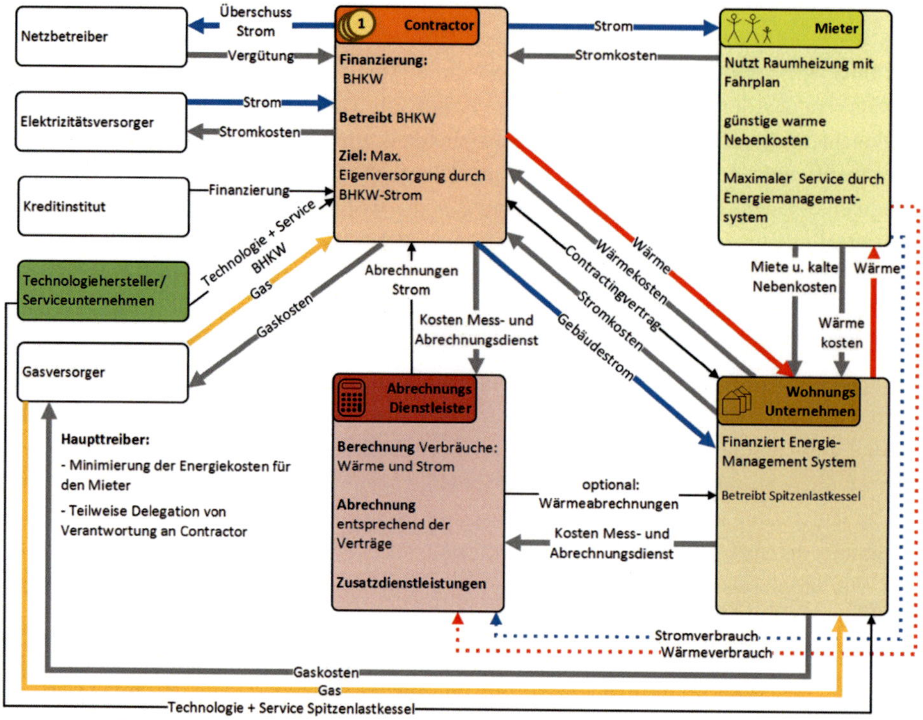

Abb. 3 Modell einer zwischen Contractor und Wohnungsunternehmen geteilten Finanzierung des Dezentralen Energiemanagements im Quartier (Quelle: Eigene)

Ergebnisse des Vorhabens ProSHAPE

Umsetzung des Dezentralen Energiemanagements im Quartier

Steuerungsansatz und Technik des Dezentralen Energiemanagements

Zur Umsetzung des Dezentralen Energiemanagements im Quartier in Berlin, Prenzlauer Berg, wurden die Wohnungen sowie Gebäude mit Automatisierungstechnik, Sensorik und Aktorik ausgestattet. Dadurch wurde eine digitale Infrastruktur in den Wohnungen und Gebäuden geschaffen. Diese besteht aus 224 Wohnungsmanagern (R50T) und 6 Gebäudemanagern (R100T) der Firma Dr. Riedel Automatisierungstechnik GmbH, die sowohl funkbasiert als auch drahtgebunden mit den Aktoren, Sensoren und Messgeräten in den Wohnungen und Gebäuden kommunizieren. Neben Raumsensoren und Stellantrieben der Heizkörper sind in dem Quartier auch die Zähler für Heizungswärme, Kalt- und Warmwasser an die Wohnungsmanager angebunden. Bei den am Mieterstrommodell teilnehmenden Bewohnern ist zusätzlich eine Einbindung der Stromzähler umgesetzt worden, die eine Anzeige des kumulierten Stromverbrauchs ermöglicht. In Abb. 4 sind

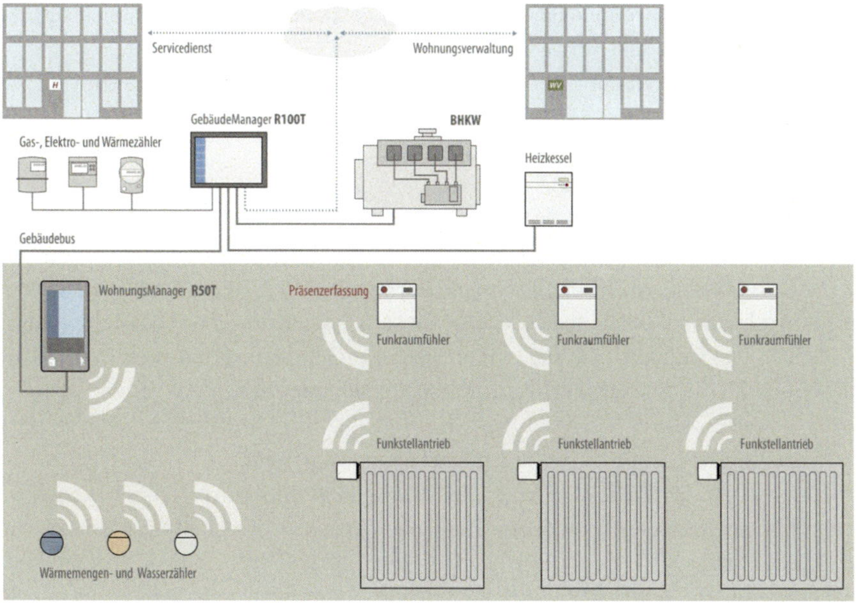

Abb. 4 Digitale Infrastruktur Wohnungsmanager und Gebäudemanagement mit Aktorik und Sensorik (Quelle: Eigene)

die auf Wohnungsebene installierten Aktoren und Sensoren im grau hinterlegten Kasten dargestellt.

Der Wohnungsmanager ist mit einem Touchdisplay zur Dateneingabe sowie zur Visualisierung ausgestattet und verarbeitet die Informationen aus den im Abb. 4 dargestellten Komponenten. Er sammelt die wohnungsbezogenen Daten und leitet diese über einen Gebäudebus an den Gebäudemanager für alle nachgelagerten Serviceprozesse weiter.

Der Gebäudemanager wiederum aggregiert die wohnungsbezogenen sowie gebäudezentralen Daten und fungiert als Gateway für alle nachgelagerten Serviceprozesse. Er errechnet aus den einzelnen raum- und wohnungsbezogenen Bedarfen den Gesamtheizenergiebedarf des Gebäudes und steuert die zentrale Heizungsanlage. Der Gebäudemanager übernimmt zudem zentrale Regelaufgaben, wie die Bedarfsermittlung und Bereitstellung des warmen Trinkwassers sowie die bedarfsoptimierte Versorgung der Heizkreise. Für diese Anwendungen werden Daten mit den Wohnungsmanagern kommuniziert.

Im Vorhaben ProSHAPE wurde das System um die Ebene des Quartiersmanagers erweitert. Dies ist eine logische Komponente, die auf einem der im Quartier installierten Gebäudemanager angesiedelt ist und die energetische Optimierung des gesamten Quartiers übernimmt. Gebäude- und Quartiersmanager zusammen übernehmen damit folgende Aufgaben:

- Aggregation der Wohnungsdaten zur Steuerung der Heizzentrale (bestehend aus BHKW und Spitzenlastkesseln),
- Übergabe der Zielwertvorgaben an das BHKW und die Spitzenlastkessel,

- Archivierung aller wohnungsbezogenen und gebäudezentralen Verbrauchsdaten für Wärme, Strom, Gas und Wasser,
- Aggregation und Verteilung der Nachrichten für Servicedienstleister (Vermieter, Contractor, etc.).

Die Interoperabilität der Komponenten des Dezentralen Energiemanagements wird über eine standardisierte Middleware auf Basis des Smart Home Internet Protokolls (SHIP) der EEBus-Initiative[3] hergestellt und setzt auf einer offenen Plattform der Heimvernetzung auf. Dadurch können zusätzliche Angebote der intelligenten Heim- und Gebäudevernetzung (Abrechnungs-, Gesundheits- sowie Sicherheitsdienste) ohne Zusatzinvestitionen eingebunden werden. Auch die Integration weiterer Aktoren und Sensoren (z. B. Fensterkontakte und Steckdosenschalter) ist dadurch jederzeit möglich.

Zwischenergebnisse zum Dezentralen Energiemanagement

Grundsätzlich ist das BHKW wärmegeführt ausgelegt und wird auch so betrieben. In einem nächsten Schritt soll modellhaft erprobt werden, welcher Mehrerlös sich durch eine stromorientierte Betriebsweise ergeben kann. Dabei soll unter Einbeziehung der Gebäudemasse als temporärer Wärmespeicher zusammen mit den Pufferspeichern (8000 l) sowie Verbrauchsdaten der am Mieterstrommodell teilnehmenden Haushalte eine stromgeführte Steuerung des BHKW erprobt werden. Ziel ist es, einen möglichst hohen Anteil des im Quartier erzeugten Stroms auch dort zu nutzen. Dadurch sollen die Energiekosten für Bewohner gesenkt und Stromerlöse für den Energiedienstleister gesteigert werden.

Deutliche Effizienzgewinne konnten bereits aus der Steuerung der Heizzentrale über das Dezentrale Energiemanagement erzielt werden. Eine Zwischenauswertung auf Grundlage der von Januar bis November 2016 gemessenen Heizenergieverbräuche hat ergeben, dass die für das ganze Jahr 2016 prognostizierten Heiz- und Nebenkosten rund 0,70 €/m^2 und Monat betragen. Damit würden die Gebäude 18 % unter den durchschnittlichen Kosten der Berliner Wohnungsunternehmen liegen, obwohl sie lediglich einen Dämmstandard gemäß der alten Wärmeschutzverordnung von 1995 aufweisen. Abb. 5 verdeutlicht die prognostizierten Einsparungen bei den Heiz- und Nebenkosten, die durch das Vorhaben erreicht werden.

Die durchschnittlichen Kosten der Berliner Wohnungsunternehmen wurden als Vergleichswert herangezogen, da keine Daten über die individuellen Betriebskosten der Bewohner vor der Sanierung existieren. Die Wohnungen waren mit Gasetagenheizungen ausgerüstet und der Gasverbrauch wurde über individuelle Verträge mit dem lokalen

[3] Die EEBus-Initiative ist eine europäische Initiative, die sich mit der gewerke- und technologieübergreifende Interoperabilität und Standardisierung von Komponenten und Angeboten im „Internet der Dinge" (Internet of Things) befasst. Sie hat Ihren Ursprung im Themenfeld der intelligenten und erneuerbare Energien, wurde jedoch mittlerweile auf andere Themenfelder ausgeweitet (siehe www.eebus.org/ueber-uns/, abgerufen im Oktober 2016).

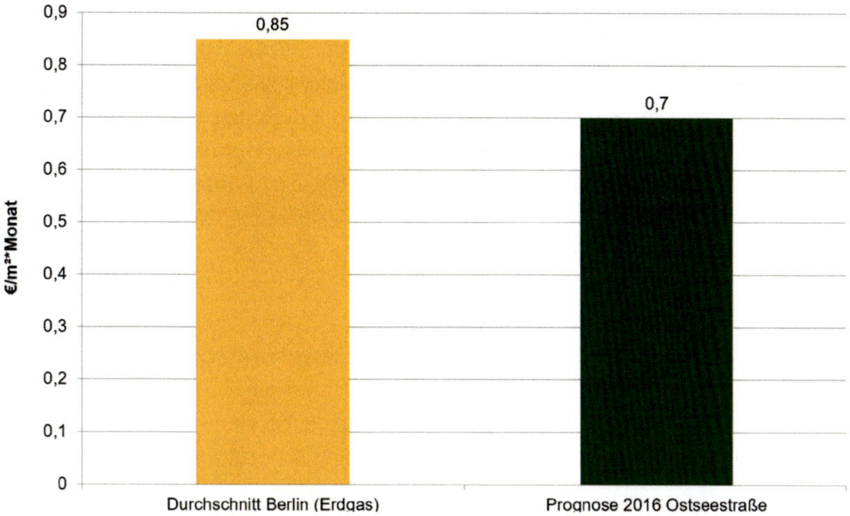

Abb. 5 Klimabereinigte Heiz- und Nebenkosten des Versuchsquartiers in Berlin, Prenzlauer Berg (Heizung und Warmwasser, Quelle: Eigene Messung im Vergleich mit Daten von Techem, siehe [5])

Versorger abgerechnet, so dass die Wohnungsbaugenossenschaft keine Kenntnis über die vorherigen Betriebskosten ihrer Mieter besitzt.

Zwischenergebnisse zum Mieterstrommodell

Während alle Mieter des Quartiers an der neuen Wärmeversorgung teilnehmen, ist die Teilnahme am Mieterstrommodell aufgrund der gesetzlich garantierten Wahl des Versorgers freigestellt. Angeboten wird der Mieterstrom als BEA Kiezstrom® durch die Berliner Energieagentur als Betreiber der Anlage (siehe auch Abschn. „Betriebs- und Finanzierungsmodelle ...“). Ergänzend zu dem im BHKW produzierten Mieterstrom wird vom Betreiber bedarfsgerecht bilanziell echter Wasserkraftstrom aus dem Netz bezogen, da die wärmegeführte Anlage in Zeiten hoher Nachfrage den Eigenbedarf nicht decken kann. Der angebotene Stromtarif liegt derzeit rund 15 % unter dem Preis des Grundversorgers.

Vor Projektbeginn wurde eine Mindestteilnahmequote der Mieter am Strommodell von 50 % als Zielwert formuliert, die seit der Inbetriebnahme auch erreicht wurde. Da es sich um ein Vorhaben im Bestand handelt, erfolgte die Zustimmung der Mieter zu dem Modell jedoch schrittweise und langsamer als bei Mieterstromprojekten im Neubau.

In einem nächsten Schritt sollen die Auswirkungen einer angepassten Fahrweise des BHKW auf die Verfügbarkeit und den Preis des Mieterstroms ermittelt werden (siehe auch Abschn. „Thermische Simulation ...“). Dazu werden aktuelle Verbrauchswerte der beteiligten Mieter in die Steuerung des BHKW einbezogen. Erste Abschätzungen seit der Inbetriebnahme haben bereits deutlich gemacht, dass eine stromorientierte Betriebsweise des BHKW zu geringen Mehrerlösen des Contractors führen könnten, diese jedoch genau gegen einen Mehrverbrauch an Wärme abgewogen werden müssen.

Eine weitere zukünftige Option für die BHKW-Steuerung könnte im Falle einer netzdienlichen Betriebsweise des Quartiers darin bestehen, für die Aufstockung des Mieterstroms kostengünstigen Strom aus erneuerbaren Quellen (siehe Abschn. „Mehrwertdienste ...") abzunehmen bzw. den im Quartier erzeugten Strom in Zeiten eines hohen Bedarfs zu einem attraktiven Preis in das öffentliche Netz einzuspeisen. Hierfür bestehen derzeit aufgrund statischer Netzentgelte und Abgaben sowie fehlender (Förder-)Anreize noch keine Handlungsoptionen. Die möglichen Effekte sollen aber in einem Nachfolgeprojekt untersucht werden.

Thermische Simulation und netzdienliche Steuerungsoptionen

Ziel des Vorhabens ProSHAPE war auch zu analysieren, ob es möglich und sinnvoll ist, die thermische Speicherfähigkeit der Gebäude für einen netzreaktiven Betrieb der thermischen Anlagentechnik (BHKW) zu nutzen. Diese Fragestellung ist von hoher Relevanz, da vorhandene Gebäude kostenlose thermische Speicher darstellen und durch ihre Nutzung Investitionen in andere (teurere) Alternativen (z. B. Batterien) vermieden werden könnten. Alternativ lässt sich die Netzdienlichkeit der Gebäude als Speicher mit einer elektrisch angetriebenen Wärmepumpe (WP) erschließen. Da sich Wärmepumpen durch ihren Stromverbrauch invers zu stromerzeugenden BHKW verhalten, können sie im Verbund auf alle Situationen im Netz stabilisierend reagieren. Sie werden deshalb als eine weitere Option netzreaktiver Anlagen in die Simulation einbezogen. Folgende Teilfragen ergeben sich hieraus:

- Falls Gebäude grundsätzlich für die thermische Speicherung genutzt werden können, kann dann auch der – i. d. R. bautechnisch nicht optimale – Gebäudebestand hierfür herangezogen werden?
- Welche Wärmemengen (absolut und spezifisch) lassen sich potenziell und im gegebenen Quartier in die Gebäudemasse verschieben?
- Was bedeutet dies für (elektrische) Regelenergie?
- Wie würde sich der Einsatz einer stromorientiert betriebenen Wärmepumpe als (invers zum BHKW betriebene) Anlage zur Stabilisierung des Stromnetzes verhalten?
- Welchen Einfluss hat die Baukonstruktion von Gebäuden auf ihre Netzdienlichkeit?

Zur Beantwortung dieser Fragen wurde ein Modell der Quartiersgebäude in der Simulationsumgebung IDA ICE erstellt [2]. Ein optimal dimensioniertes BHKW und ein Pufferspeicher in der tatsächlich installierten Dimension wurden zugrunde gelegt.

Annahmen für die Modellierung

Für das Modell wurde die netzreaktive Heizungsregelung auf Basis der elektrischen Lasten nach Standardlastprofil (SLP) des BDEW [4] so festgelegt, dass zu Zeiten hoher Lasten das BHKW tendenziell länger als thermisch erforderlich betrieben wird und zu

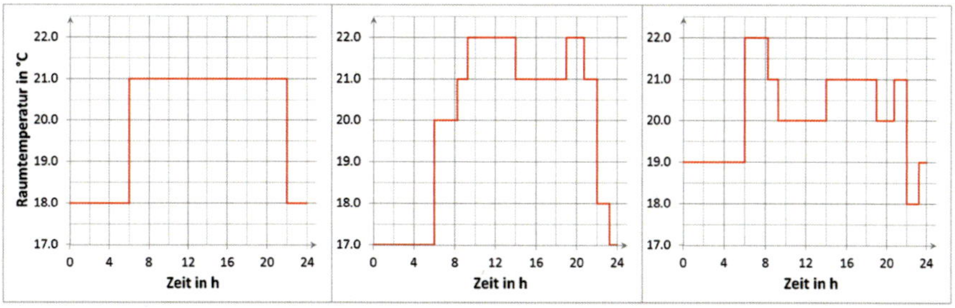

Abb. 6 Raumluft-Solltemperaturprofile für einen Sonntag im Oktober: Referenz (links), nach SLP gesteuert für BHKW (Mitte) und WP (rechts) (Quelle: Eigene)

Zeiten geringer Lasten umgekehrt. Im Basisfall ist ein Sollwert der Raumlufttemperatur von 21°C zwischen 6:00 Uhr und 22:00 Uhr vorgegeben. Zwischen 22:00 Uhr und 6:00 Uhr wird der Sollwert auf 18 °C gesenkt. Der Basisfall ist für das ganze Jahr gültig. Für die stromorientierte Betriebsweise des BHKW wird eine Regelung nach SLP vorgesehen: In Zeiten mit hohem Strombedarf wird zugelassen, auf eine Temperatur von 22 °C (+ 1 K gegenüber Basisfall) zu heizen. In Zeiten mit geringem Strombedarf werden gegenüber dem Basisfall um 1 K niedrigere Temperaturen von 20 °C bzw. 17 °C (Absenkung) zugelassen. Beim Wärmepumpen(WP)-Betrieb wird das Temperaturprofil invers angepasst. Für einen Sonntag im Oktober sehen die für einen BHKW- bzw. für einen WP-Betrieb angepassten Profile wie in Abb. 6 gezeigt aus:

Die Simulationen wurden einmal nach Referenz-Steuerung und einmal nach SLP-Steuerung jeweils für ein ganzes Jahr durchgeführt. Zur Illustration der Funktionalität sind in Abb. 7 beispielhaft Tagesverläufe der Raumlufttemperatur (links) und der Heizleistung (rechts) eines Oktober-Sonntags dargestellt. Oben für den BHKW- und unten für den WP-Betrieb. Schwarz ist der Temperatur- bzw. Heizleistungsverlauf im Referenzfall dargestellt, aus den roten Kurven lassen sich die SLP-gesteuerten Verläufe ablesen.

Die veränderten Temperaturprofile sind gut zu erkennen, ebenso wie die dadurch bedingten Leistungsverschiebungen. Bei diesen sind positive wie negative Differenzen zwischen Referenz- und SLP-Steuerung nahezu ausgeglichen. Gut erkennbar ist auch das inverse Verhalten der WP- gegenüber der BHKW-Steuerung.

Auswertung der Modellierung

Für die Gesamtliegenschaft ergibt sich eine verschiebbare Wärmemenge von rund 73 MWh. Dies entspricht knapp 16 % des gesamten Wärmeverbrauchs. Dieser liegt mit SLP-Steuerung etwa 3,7 % über dem Referenzfall und begründet sich aus zusätzlichen Wärmeverlusten. Im ebenfalls betrachteten Wärmepumpenbetrieb wäre der Verbrauch sogar geringfügig niedriger. Die Höhe des Mehr- oder Minderverbrauchs ist v.a. von den Zeiträumen abhängig, in denen erhöhte oder verminderte Temperaturen gegenüber dem Referenzprofil zugelassen werden. Schließlich wurde untersucht, wie sich ein sehr gut

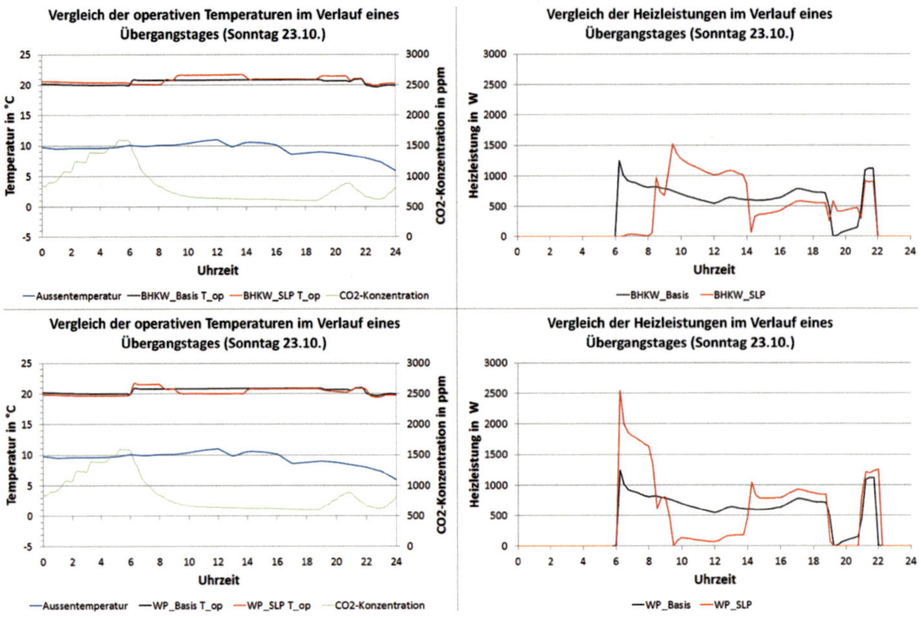

Abb. 7 Ergebnisse für einen Oktober-Sonntag für BHKW-Betrieb (oben) und WP-Betrieb (unten), links: Raumlufttemperaturen (außerdem Außentemperatur und CO_2-Gehalt der Raumluft), rechts Heizleistungen. Der Referenzfall ist schwarz, die SLP-Steuerung rot dargestellt (Quelle: Eigene)

gedämmtes, deutlich massiver gebautes Objekt verhalten würde. Trotz eines um 55 % reduzierten Gesamtverbrauchs könnten immer noch 56 MWh verschoben werden, anteilig sind das beachtliche 27 %.

Die Ergebnisse zeigen deutlich, dass ein netzdienlicher Betrieb von Gebäuden unter Ausnutzung der thermischen Speicherfähigkeit der Gebäudestruktur möglich ist. Das gilt insbesondere auch für bestehende, nicht speziell dafür optimierte Gebäude wie im Fall des in ProSHAPE genutzten Versuchsquartiers.

Stromorientierte Betriebsweisen von BHKW und Wärmepumpen können somit ohne nennenswerten Zusatzaufwand realisiert werden. Damit kann ein großes Potenzial an Netzdienlichkeit für die Energiewende erschlossen werden. Falls BHKW oder Wärmepumpen vorhanden sind und diese Aggregate in ein Dezentrales Energiemanagement eingebunden werden, können sie für die flexible Bereitstellung von Last und auch Erzeugung genutzt werden. Ein noch größeres Potenzial kann erschlossen werden, wenn solche Anlagen systematisch für größere Quartiere geplant und in den Neubau oder die Sanierung einbezogen werden.

In dem Projekt ProSHAPE stellte die Heizwärme die wichtigste Optimierungsgröße für das Energiemanagement dar. Die Netzdienlichkeit des Quartiers beschränkt sich folglich auf den Winter und die Übergangszeiten, da in diesen Jahreszeiten das BHKW sicher in Betrieb ist. Zu einer ganzjährigen Netzstabilisierung kann dieser Fall nicht beitragen.

Sie ist aber möglich, wenn auch sommerliche Kühlfälle in die Betrachtung einbezogen werden. Vor allem Nichtwohngebäude werden häufig klimatisiert. Die Kühlung über Kompressions- oder Absorptionskältemaschinen kann im Sommer ebenso netzdienlich gesteuert werden wie im Winterfall die Heizung über Wärmepumpen oder BHKW.

Mehrwertdienste für variable und dynamische Energiepreise

Anpassungsfähigkeit an schwankende Energiepreise

Neben dem Ziel von ProSHAPE, die Energiekosten zu verringern, stellt die Fähigkeit eines Quartiers auf zukünftige, variable Energiepreise reagieren zu können, einen entscheidenden Schritt zur Optimierung von Mieterstrommodellen sowie den netzdienlichen Betrieb von Quartieren dar (siehe auch Abschn. „Entwicklungsziele ..."). Derzeit ermöglichen die Rahmenbedingungen des Energierechts und -marktes nur wenig Spielräume für eine Versorgung von Endverbrauchern mit variablen Strom- oder Gaspreisen. In dem Vorhaben ProSHAPE wird jedoch davon ausgegangen, dass sich zukünftig schwankende Börsenpreise für Strom und Gas auch in einem dynamischen Tarifangebot niederschlagen werden. Dies könnte der Fall sein, wenn der Anteil erneuerbarer Energien am Gesamtenergieaufkommen weiter steigt und damit auch der Bedarf wächst, stärker über laststeuernde Maßnahmen in die Energieversorgung einzugreifen.

Quartiere können als netzdienliche Elemente in eine solche Steuerung einbezogen und aus den schwankenden Energiepreisen Renditen erwirtschaftet werden, die zwischen Wohnungswirtschaft, Contractoren und Mietern geteilt werden können. Des Weiteren könnten schwankende Energiepreise gezielt genutzt werden, um Mieterstrommodelle attraktiver zu gestalten, z. B. indem zu Zeiten niedriger Stromkosten verstärkt Elektrizität aus dem Netz bezogen und die eigene Erzeugung gedrosselt wird. Damit Kosten und Einnahmen direkt zur Steuerung verwendet werden können, müssen sie zeitnah aus den aktuellen Verbrauchs- und Bedarfswerten ermittelt und analysiert werden können. Eine geeignete Technologie dafür ist die im Telekommunikationsumfeld etablierte Abrechnung in Echtzeit, die dort beim vorausbezahlten mobilen Telefonieren (Prepaid) eingesetzt wird.

Ein solcher Ansatz erlaubt die Bewertung und Abrechnung von Kosten in dem Moment der Entstehung. Sie ermöglicht es dem Anbieter, eine Übersicht über aktuelle Umsätze und die Konkurrenzfähigkeit ihrer Angebote zu gewinnen bzw. unmittelbar zu erkennen, wann die Preisgestaltung für ihn unvorteilhaft ist. Er hat die Möglichkeit rasch zu reagieren und die Preisgestaltung anzupassen. Zudem können die Informationen für Feedbackmechanismen an die Kunden genutzt werden und so unerwartet hohen Rechnungen („Bill Shock") verhindern. Die direkte Interaktion mit Kunden, in Abhängigkeit von deren aktuellen Verbrauchs- und Kostenentwicklung, kann zusätzlich für Bonusprogramme oder spontane Kampagnen genutzt werden. Bei einer dynamischen Preisgestaltung hat ein Abrechnungsdienst in Echtzeit weitere Vorteile. Die ermittelten Kosten können zur Steuerung verwendet oder den Endkunden angezeigt werden.

Modellhafte Erprobung von Abrechnungsdiensten

Im Vorhaben ProSHAPE wurden entsprechende Abrechnungsdienste entwickelt. Diese ermöglichen neben der Verwaltung von Anbietern und Diensten sowie einem Tarif-Management auch die Abrechnung ausgewählter Tarife in Echtzeit. Die Abrechnungsdienste erlauben die Abfrage von aktuellen Kontoständen, Erlösen, Kosten und Detailinformationen zu Abrechnungsvorgängen. Eine grafische Oberfläche gestattet es, Anbietern Tarife für ihre angebotenen Dienste zu definieren und den Diensten zuzuordnen. Die entwickelten Dienste werden als Web-Services zur Verfügung gestellt, so dass sie einfach in eigene Anwendungen, Web-Seiten oder Apps integriert werden können.

Modellhaft für das Erprobungsquartier im Prenzlauer Berg wurden Abrechnungsdienste entwickelt, die dem Betreiber des BHKW eine Auswertung und Analyse von Verbrauchs-, Kosten- und Einnahmeszenarien erlauben. Diese Dienste erzeugen Übersichten über (1) Verbräuche und Einnahmen von Strom und Wärme, (2) die Kosten für den Bezug von Gas und Strom, (3) die Einnahmen die aus der Einspeisung von Strom entstehen sowie (4) eine Gesamtübersicht über alle Kosten und Einnahmen (vgl. Abb. 8).

Die Darstellung ermöglicht verschiedene Szenarien anhand von variablen Parametern, z. B. dem Betriebsmodus des BHKW, zu bewerten und die Kosten sowie Einnahmen für Verbräuche und Bedarfe anhand von definierten Tarif-Modellen zu ermitteln und zu visualisieren. Damit bietet sich auch die Möglichkeit, verschiedene Tarif-Modelle, z. B. mit statischen, variablen (tag- oder tageszeitabhängig) oder dynamischen Preisen (abhängig von Verfügbarkeit oder den Preisen an der Strombörse), zu erproben. Im letzten Fall kann durch eine dynamische Preisgestaltung, verbunden mit einer Visualisierung der Preise und prognostizierte Kosten in den Mietwohnungen, das Verbrauchsverhalten der Mieter so beeinflusst werden, dass sich ein optimaler Kompromiss zwischen wärme- und stromgeführtem Betrieb des BHKW ermitteln lässt.

Die Ergebnisse zeigen, dass Mehrwertdienste für die Tarifgestaltung und Abrechnung von variablen und dynamischen Energiepreisen umsetzbar sind und für die netzdienliche Steuerung von Quartieren genutzt werden können. Neue Marktakteure, z. B. Unternehmen aus

Abb. 8 Übersicht über Erzeugung und Verbräuche für den Betreiber eines BHKW (Quelle: Eigene)

der Energie- oder Wohnungswirtschaft, verfügen damit bereits heute über geeignete Werkzeuge, schwankende Energiepreise zu nutzen, wenn der Energiemarkt dies zulässt. Wenngleich eine Umsetzung variabler bzw. dynamischer Tarife derzeit im Stromsektor wahrscheinlicher erscheint, so ließen sich doch im Gassektor ähnliche Preismechanismen nutzen.

Zusammenfassung und Fazit

Die Ergebnisse des Vorhabens ProSHAPE zeigen, dass mit Smart Building Technik und Dezentralem Energiemanagement bereits heute der Energieverbrauch in Wohngebäuden und Quartieren sehr gut optimiert und Einsparungen bei den Betriebskosten erreicht werden können. In dem Vorhaben ist es gelungen, den aus der Automatisierungstechnik stammenden Ansatz so weiterzuentwickeln, dass man mit ihm nun auch ganze Wohnquartiere sowie deren Wärme- und Stromverbrauch optimieren kann.

Dies ist von großer Relevanz für die Energiewende im Gebäudesektor, denn neben der Notwendigkeit zur deutlichen Steigerung der Energieeffizienz, ist davon auszugehen, dass mit zunehmendem Anteil erneuerbarer Energien alle Erzeuger und Verbraucher flexibler werden müssen, um sich einem zeitlich variablen Angebot von Energie anzupassen. Dies gilt auch für den Gebäudesektor. Dezentrales Energiemanagement wird hierbei eine entscheidende Rolle spielen, denn mit der Technik können:

- dezentrale Erzeugungsanlagen (z. B. BHKW oder Wärmepumpe) nach dem Energiebedarf des Quartiers sowie Lastzuständen des Netzes oder Preissignalen gesteuert bzw. für die Bereitstellung flexibler Last, wie auch Erzeugung genutzt werden;
- komplexe Optimierungsaufgaben einer Wärme- und Stromversorgung gelöst und zwischen verschiedenen Prioritäten wie energieeffizienter Wärmeversorgung und maximaler Mieterstromversorgung durch Anpassung an den Bedarf entschieden werden;
- durch den Verbund vieler vergleichbarer Quartiere und Anlagen virtuelle Kraftwerkskapazitäten für ein Lastmanagement geschaffen werden;
- weitere Angebote einer intelligenten Gebäude- und Heimvernetzung einfach integriert und den Bewohnern angeboten werden und
- eine sozial förderliche Energiewende in Quartieren mit Bürgerbeteiligung direkt vor Ort umgesetzt werden.

Die Umsetzung des Dezentralen Energiemanagements, auch das zeigen die Erfahrungen des Projektes ProSHAPE, wird derzeit noch stark durch Einsparungen im Bereich von Heizenergie und Betriebskosten motiviert. Die Investitionen für die Technik sind abhängig von der Art und dem Zustand des Gebäudes bzw. des Quartiers. Sie bewegen sich jedoch im Normalfall im niedriginvestiven Bereich. Auch größere Modernisierungs- oder Sanierungsvorhaben, wie im Falle des Erprobungsquartiers im Prenzlauer Berg, können durch die Hinzuziehung von Partnern, z. B. Energiedienstleistern oder Contractoren, realisiert und das wirtschaftliche Risiko damit gestreut werden.

Komplexer ist die Situation bei Mieterstromprojekten. Dezentrales Energiemanagement kann, wie die Simulationsergebnisse im Vorhaben zeigen, dafür genutzt werden, gezielt den im Quartier genutzten Mieterstromanteil zu erhöhen und damit den Bezug von Fremdstrom zu reduzieren. Quartiere und die in ihnen installierten dezentralen Erzeugungsanlagen könnten sich auch netzdienlich verhalten und für ein Lastmanagement genutzt werden. Durch eine stromorientierte Fahrweise eines BHKW kann z. B. eine Erhöhung der Eigenstromversorgung erreicht werden. Ebenso können Erzeugungsanlagen und Quartiere über Einspeisung von Strom in das Netz oder die Abnahme von Strom aus dem Netz zum Lastmanagement beitragen.

Beide Fälle sind jedoch mit geringfügigem Mehrverbrauch an thermischer Energie verbunden, so dass zusätzliche Anreize geschaffen werden müssen, die diesen Mehrverbrauch kompensieren. Diese könnten beispielsweise aus reduzierten Netzentgelten, Vergütungen für netzstabilisierende Leistungen von Quartieren und Anlagen oder auch variablen Strompreisen bestehen, die sich positiv in den Geschäftsmodellen niederschlagen. Die Rahmenbedingungen, unter denen sich solche Modelle rechnen können sowie die Skaleneffekte, die sich aus dem Zusammenschluss vieler vergleichbarer Quartiere und Erzeugungsanlagen ergeben können, werden in einem Folgeprojekt untersucht.

Literatur

[1] Beucker, S.; Bergset, L.; Beeck, H.; Bogdanova, T., Bormann, F.; Riedel, M.; Bierter, W. (2012): Geschäftsmodelle für den Zukunftsmarkt des Dezentralen Energiemanagements in Privathaushalten, Ergebnisse aus dem Forschungsprojekt Connected Energy – SHAPE, Berlin, http://www.borderstep.de/wp-content/uploads/2014/07/Beucker_et_al-Geschaeftsmodelle_fuer_den_Zukunftsmarkt_des_dezentralen_Energiemanagements_in_Privathaushalten-2012.pdf. Zugegriffen: Oktober 2016

[2] EQUA (2016) Simulation AB, Stockholm, Sweden: IDA Indoor Climate and Energy, Version 4.7

[3] Klein, K; Kalz, D.; Herkel, S. (2014): Netzdienlicher Betrieb von Gebäuden: Analyse und Vergleich netzbasierter Referenzgrößen und Definition einer Bewertungskennzahl, Bauphysik 36 (2014), No.2, pp.49–58

[4] KommEnergie (2016): Standardlastprofile (SLP), www.kommenergie.de/netz/lastprofilverfahren/standardlastprofile-slp/. Zugegriffen: Oktober 2016

[5] Techem (2014): Energiekennwerte 2014, Techem Energy Services, Frankfurt a.M.

[6] Wirtz, B. W. (2010): Business Model Management: Design - Instrumente - Erfolgsfaktoren von Geschäftsmodellen, Wiesbaden

Stichwortverzeichnis

I. Behr, M. Großklos (Hrsg.), *Praxishandbuch Mieterstrom*,
DOI 10.1007/978-3-658-17540-5